旗 標 FLAG

好書能增進知識　提高學習效率　卓越的品質是旗標的信念與堅持

旗 標 FLAG
http://www.flag.com.tw

旗 標 FLAG

好書能增進知識 提高學習效率 卓越的品質是旗標的信念與堅持

旗 標 FLAG

http://www.flag.com.tw

從零開始
邁向數據分析
SQL
SQL 第2版ゼロからはじめるデータベース操作
資料庫語法入門
Learning Effectively

ミック 著　　陳禹豪 譯

感謝您購買旗標書，
記得到旗標網站
www.flag.com.tw
更多的加值內容等著您…

● FB 官方粉絲專頁：旗標知識講堂

● 旗標「線上購買」專區：您不用出門就可選購旗標書！

● 如您對本書內容有不明瞭或建議改進之處，請連上旗標網站，點選首頁的 聯絡我們 專區。

若需線上即時詢問問題，可點選旗標官方粉絲專頁留言詢問，小編客服隨時待命，盡速回覆。

若是寄信聯絡旗標客服 emaill, 我們收到您的訊息後，將由專業客服人員為您解答。

我們所提供的售後服務範圍僅限於書籍本身或內容表達不清楚的地方，至於軟硬體的問題，請直接連絡廠商。

學生團體　訂購專線：(02)2396-3257 轉 362
　　　　　傳真專線：(02)2321-2545

經銷商　服務專線：(02)2396-3257 轉 331
　　　　將派專人拜訪
　　　　傳真專線：(02)2321-2545

國家圖書館出版品預行編目資料

從零開始！邁向數據分析 SQL 資料庫語法入門
ミック 作；陳禹豪 譯 -- 臺北市：旗標, 2018.06
面；　公分

ISBN 978-986-312-449-8 (平裝/附光碟)

1. 資料庫管理系統　2. SQL (電腦程式語言)

312.7565　　106007988

作　　者／ミック
翻譯著作人／旗標科技股份有限公司
發 行 所／旗標科技股份有限公司
台北市杭州南路一段15-1號19樓
電　　話／(02)2396-3257(代表號)
傳　　真／(02)2321-2545
劃撥帳號／1332727-9
帳　　戶／旗標科技股份有限公司
監　　督／陳彥發
執行企劃／張根誠
執行編輯／張根誠
美術編輯／林美麗
封面設計／古鴻杰
校　　對／張根誠

新台幣售價：520 元
西元 2022 年 7 月 初版 7 刷
行政院新聞局核准登記-局版台業字第 4512 號
ISBN 978-986-312-449-8

序

近來資料庫的重要性不斷地提高，從以前開始，專家們便嘗試使用資料庫輔助統計分析的工作，而將這樣的做法推展至極大規模的資料處理、甚至應用於整個商業體系的革新，已經是無法改變的大趨勢。象徵此動向的「大數據 (Big Data)」或「資料科學 (Data Science)」等詞彙，不僅流傳於資訊相關領域之中，更成為熱門的討論話題。

另外一方面，資料庫也在技術層面上持續地革新，例如運用 KVS (鍵值式資料儲存) 等具有代表性的非關聯式資料庫，已經不是什麼稀奇的事情。還有為了追求大規模資料處理的效能提升，記憶體資料庫 (In-Memory Database) 和欄位導向式資料庫 (Column-Oriented Database) 等技術亦有相當大的進展，逐漸邁入實用化的階段。

但是也有維持不變的地方，那便是資料庫形式的主流仍然為**關聯式資料庫**，這意味著學習關聯式資料庫以及其操作用的 **SQL 語言**，現今仍然是探究資料庫世界的入門基礎。不過這樣的狀況並不是因為關聯式資料庫與 SQL 完全沒有進步，大部分的 DBMS 已經支援視窗函數和 GROUPING 運算子 (兩者的解說均在第 8 章)，這些是為了提升大規模資料處理的效率而補足的相關功能。若能完全掌握 SQL 語言，就能自由自在的取用資料、或是建構出高效率的資料系統。

由衷地期望本書能成為幫助您自我提升的小小契機，或是能向您傳達資料庫世界的有趣之處。

ミック

關於本書

本書編排上除了針對自力學習的讀者，也顧及大學、技職院校或企業新人培訓等場合的教學需求，收錄了許多範例碼以及詳細的執行步驟，讓每位學習者都能親自動手操作、融入實務上可能遇到的問題。

對於各章節學習上的重點內容，還在章節末尾準備了相關的自我練習，您可藉此確認對內容的吸收程度。

本書的目標讀者

- 完全沒有資料庫以及 SQL 相關知識的人
- 已經接觸過 SQL、希望再以有系統的方式重新學習的人
- 需要使用資料庫的功能，卻不知從何處著手的人
- 大學、技職院校或企業教育部門的教學用書

本書適用的關聯式資料庫

書中所列的 SQL 敘述語法，已經確認能在下列的關聯式資料庫管理系統 (RDBMS) 上順利執行。

- Oracle Database
- SQL Server
- DB2
- PostgreSQL
- MySQL
- MariaDB 10.1

針對這 6 個 RDBMS 之間寫法有所差異的 SQL 敘述、或只能在特定 RDBMS 上執行的 SQL 敘述，本書特別加上如下的圖示，藉以表示能順利執行該段 SQL 敘述的 RDBMS。

沒有加上這些圖示即表示可以在所有 RDBMS 上執行。

本書的學習方式

閱讀本書的時候，先藉由第 1 章的前半段學習關聯式資料庫與 SQL 的基礎知識，然後跟著書中的具體 SQL 範例碼繼續往下學習。

想學好 SQL 有下列 2 件最重要的事情。

- 親自動手撰寫 SQL 敘述
- 執行 SQL 敘述並理解其運作方式

為了提高學習效率，在閱讀本書的過程中，請盡可能地嘗試實際動手輸入並執行書中所列的範例碼。做為 SQL 的練習環境，書中的內容主要針對初學者也能簡單運用的「MySQL / MariaDB」資料庫，開始練習前，請先在您的電腦上安裝好軟體，完成 SQL 執行前的準備工作，相關說明已經收錄於第 0 章的內容中。

另外，書中所列的 SQL 敘述的執行結果，如果沒有特別標明，皆為 MariaDB 10.1 執行所得的結果。

取得書附下載檔案

本書所列的範例碼檔案可在 http://www.flag.com.tw/DL.asp?FT144 網址取得。

範例碼檔案為 .zip 格式的壓縮檔，解壓縮之後的資料夾結構如下所示。

ReadMe.txt 檔案

彙整了範例碼檔案的相關說明以及需注意的事項，使用前請先閱讀此檔案的內容。

Sample 資料夾

書中所列的範例碼檔案，分別存放於各章節的資料夾之下，而 Sample\CreateTable 資料夾，則按照 RDBMS 分別存放能建立本書所使用範例資料表的 SQL 敘述。

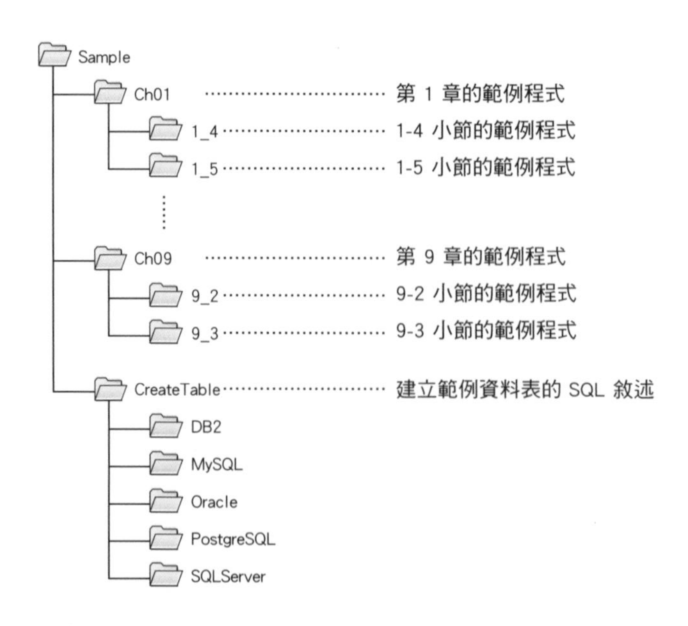

範例檔案使用說明

範例碼檔案的名稱對應著書中所列的範例編號，舉例來說，第 1 章 1-5 小節所列範例 1-3 的範例碼，收錄於如右所示的資料夾以及檔案中。

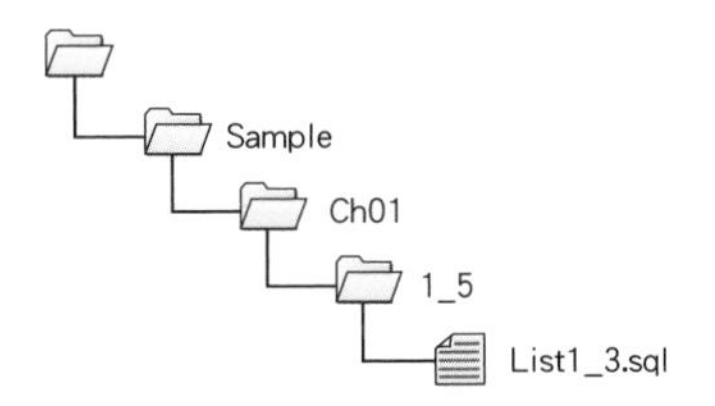

另外範例中對於各 RDBMS 寫法有所差異的 SQL 敘述，檔案名稱的最後會加上 RDBMS 的名稱。例如：

範例 1-4　增加能存入長度 100 的可變長度字串的欄位

DB2 PostgreSQL MySQL

```
ALTER TABLE Shohin ADD COLUMN shohin_info VARCHAR(100);
```

Oracle

```
ALTER TABLE Shohin ADD (shohin_info VARCHAR(100));
```

SQL Server

```
ALTER TABLE Shohin ADD shohin_info VARCHAR(100);
```

以上例來說，範例碼是收錄在下列名稱的檔案中：

- List1_4_DB2_PostgreSQL_MySQL.sql
- List1_4_Oracle.sql
- List1_4_SQL Server.sql

建立範例資料表的 SQL 敘述

存放於 Sample\CreateTable 資料夾中用來建立資料表的 SQL 敘述檔案，其檔名格式為「CreateTable< 資料表名稱 >.sql」。舉例來說，能在 MySQL 上建立 Shohin 資料表的 SQL 敘述，收錄於如右所示的資料夾以及檔案中。

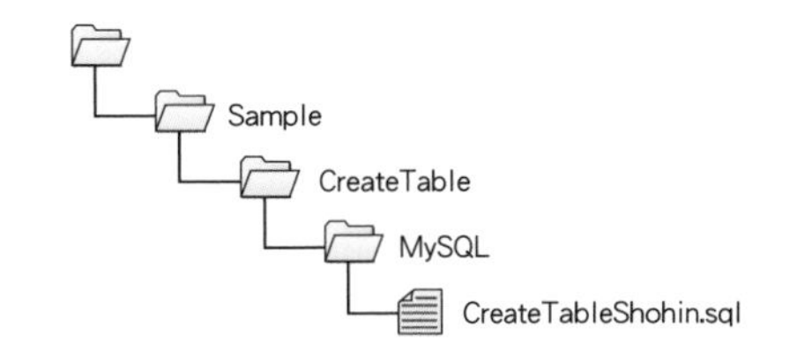

本書所收錄的範例碼檔案（副檔名為「.sql」或「.txt」），可以使用 Windows 的記事本或各種文字編輯軟體開啟。

目 錄

第 2 章 查詢的基本語法

第 3 章 彙總與排序

第 4 章 更新資料

第 5 章 進階查詢功能

第0章　建構 SQL 執行環境

安裝 XAMPP 來建構 MySQL / MariaDB 資料庫

建立學習用資料庫

SQL

本章的主題

為了順利進行本書的學習，本章要介紹如何架設一個可執行 SQL 語法的資料庫環境。本書適用坊間最常被使用的資料庫系統，包括微軟 SQL Server、Oracle、MySQL /MariaDB、PostgreSQL、DB2 等，如果您目前還沒有建構資料庫環境，可以參考本章安裝 MySQL / MariaDB 資料庫來使用。

安裝 XAMPP 來建構 MySQL / MariaDB 資料庫

- 安裝 XAMPP
- 設定 MySQL / MariDB 管理員密碼

建立學習用資料庫

- 透過 SQL 語法來操作資料庫

安裝 XAMPP 來建構 MySQL / MariaDB 資料庫

在網路上可以找到許多特別打包的軟體套件，只要安裝妥當，便可以讓電腦具備 WWW 伺服器 (通常都是 Apache 伺服器) 及 PHP 軟體，以及學習上所需要的 MySQL (現稱 MariaDB) 資料庫。

本節要介紹的是適用於 Windows 的 XAMPP 軟體套件，此套件結合 Apache 伺服器的 Windows 版本、PHP、MySQL / MariaDB 資料庫管理系統，此外還包括 **PHPmyadmin** 這個實用的 MySQL Web 管理介面，讓初學者能立即上手，接觸資料庫的世界。

> 網路上也可找到其它同性質的軟體套件，像是 AMPPS、Uniform Server、WampServer、Zend Server Community Edition ... 等，有興趣的讀者可自行上網搜尋、比較。

安裝 XAMPP

您可連到 **https://www.apachefriends.org/zh_tw/index.html** 網站下載新版本的 XAMPP。隨後以 7.25 版為例，說明安裝的步驟：

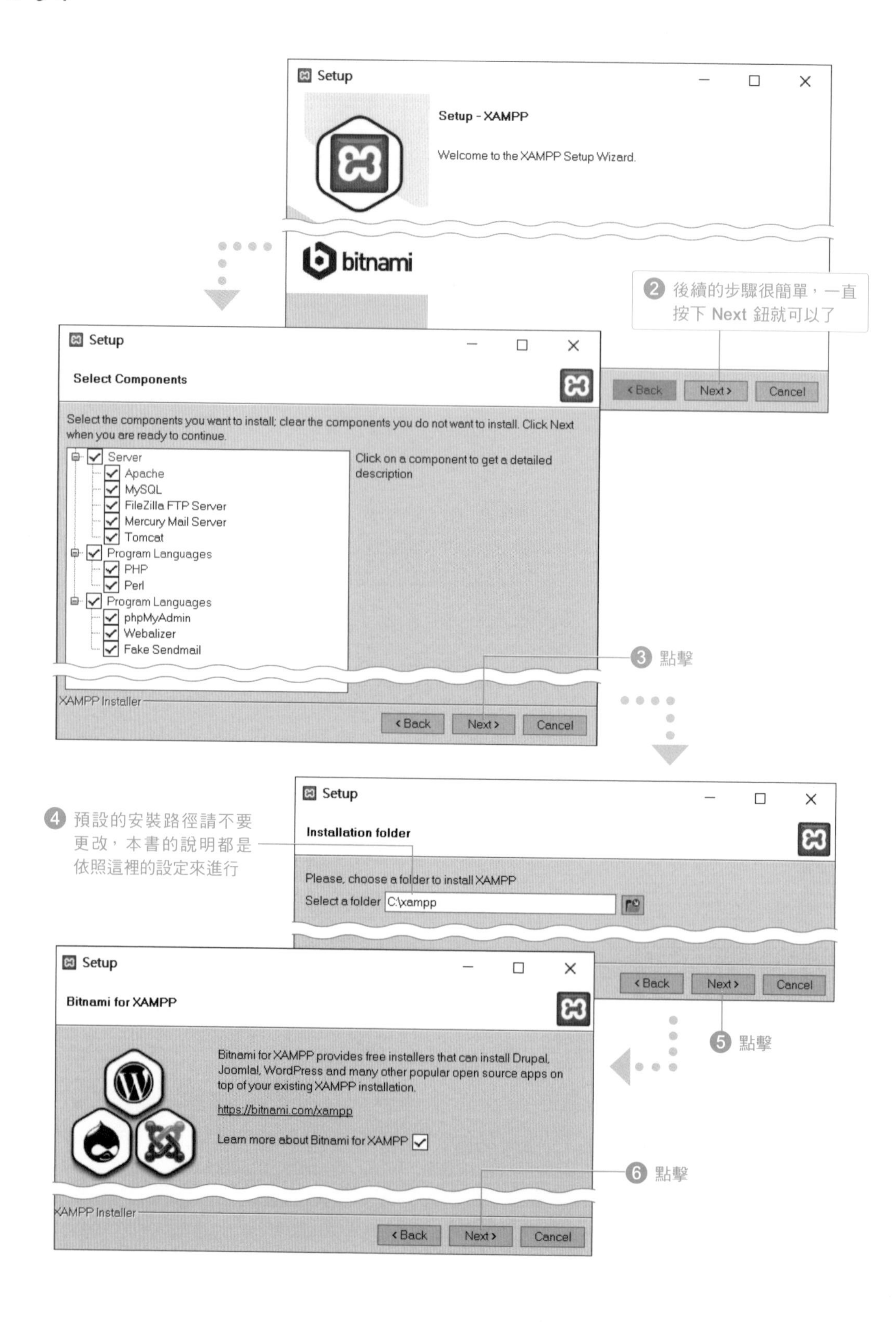
Setup
Setup - XAMPP
Welcome to the XAMPP Setup Wizard.
bitnami
② 後續的步驟很簡單，一直按下 Next 鈕就可以了
< Back
Next >
Cancel
Setup
Select Components
Select the components you want to install; clear the components you do not want to install. Click Next when you are ready to continue.
Server
Apache
MySQL
FileZilla FTP Server
Mercury Mail Server
Tomcat
Program Languages
PHP
Perl
Program Languages
phpMyAdmin
Webalizer
Fake Sendmail
Click on a component to get a detailed description
XAMPP Installer
③ 點擊
Setup
Installation folder
④ 預設的安裝路徑請不要更改，本書的說明都是依照這裡的設定來進行
Please, choose a folder to install XAMPP
Select a folder C:\xampp
⑤ 點擊
Setup
Bitnami for XAMPP
Bitnami for XAMPP provides free installers that can install Drupal, Joomla!, WordPress and many other popular open source apps on top of your existing XAMPP installation.
https://bitnami.com/xampp
Learn more about Bitnami for XAMPP
⑥ 點擊
XAMPP Installer

Setup
Ready to Install
Setup is now ready to begin installing XAMPP on your computer.
< Back
Next >
Cancel
7 點擊
Setup
bitnami for XAMPP
Bitnami for XAMPP provides free installers that can install Drupal, Joomla!, WordPress and many other popular open source apps on top of your existing XAMPP installation.
Learn More
安裝中
Installing
Unpacking files
XAMPP Installer
< Back
Next >
Cancel
Windows 安全性警訊
Windows 防火牆已封鎖了這個應用程式的一些功能
Windows 防火牆已封鎖所有公用和私人網路上 Apache HTTP Server 的部分功能。
名稱(N): Apache HTTP Server
發行者(P): Apache Software Foundation
路徑(H): C:\xampp\apache\bin\httpd.exe
允許 Apache HTTP Server 在這些網路上通訊:
私人網路，例如家用或工作場所網路(R)
公用網路，例如機場和咖啡廳網路 (這些網路的安全性通常比較低或沒有任何安全性，因此不建議使用)(U)
允許應用程式通過防火牆的風險為何?
允許存取(A)
取消
8 若出現此視窗請按下允許存取
Setup
Completing the XAMPP Setup Wizard
Setup has finished installing XAMPP on your computer.
Do you want to start the Control Panel now?
勾選此鈕後就可以開啟 XAMPP 控制台
< Back
Finish
Cancel
9 最後按下這裡即安裝妥當

⑩ 若您沒有勾選上圖的按鈕，之後也可以從開始功能表找到此項目來啟動 XAMPP 控制台

設定 MySQL / MariDB 管理員密碼

完成上述步驟後，就可以啟動 XAMPP 控制台來開啟 MySQL / MariDB 資料庫了，MySQL / MariDB 伺服器內建有一個管理員帳號 root，但預設沒有密碼，代表在剛安裝完成的狀態下，任何人都能透過 root 帳號取得 MySQL 的管理權限，進行任何動作。因此為提高資料庫的安全性，最好先為此 root 帳號設定密碼，此設定工作可透過 phpMyAdmin 提供的 Web 管理介面來設定。

設定 root 帳號的密碼是提供最基本的安全關卡，您可視需要決定是否進行。

❶ 啟動 XAMPP 控制台後，點選 Apache 以及 MySQL 後方的 Start 按鈕，點選後會變成 Stop，表示運作中

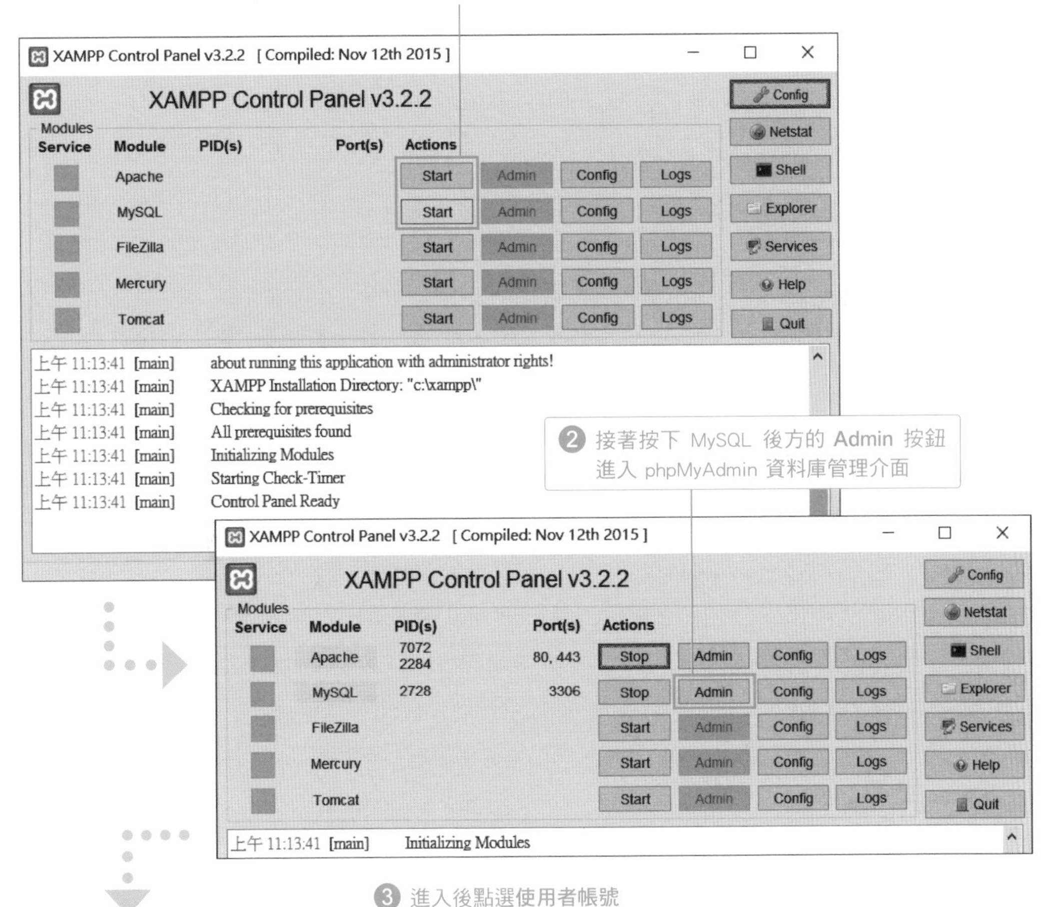

❸ 進入後點選使用者帳號

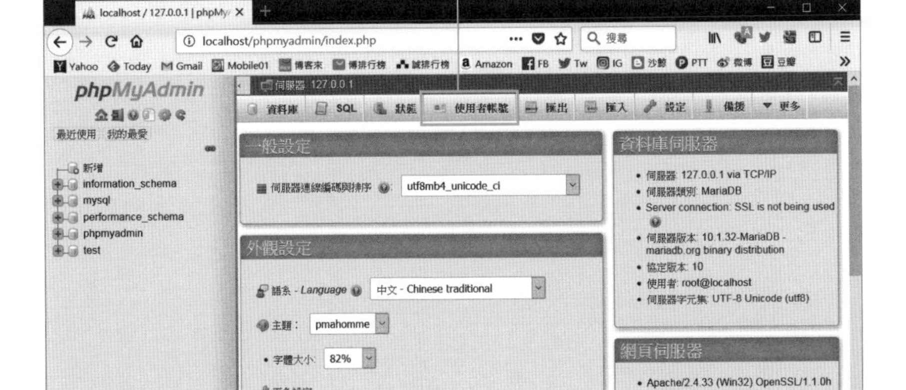

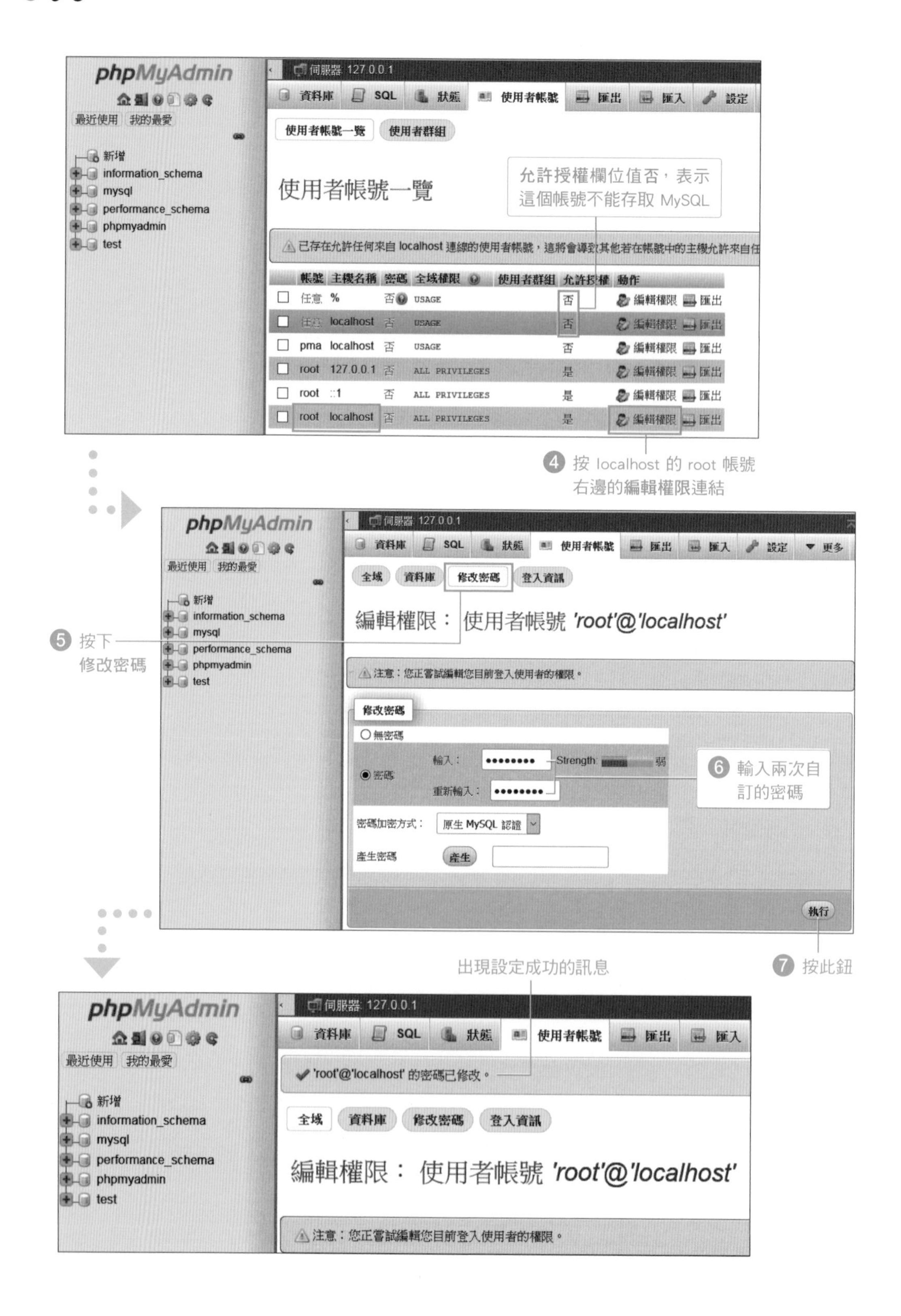
phpMyAdmin
伺服器: 127.0.0.1
資料庫
SQL
狀態
使用者帳號
匯出
匯入
設定
使用者帳號一覽
使用者群組
使用者帳號一覽
允許授權欄位值否，表示這個帳號不能存取 MySQL
已存在允許任何來自 localhost 連線的使用者帳號，這將會導致其他若在帳號中的主機允許來自任
帳號 主機名稱 密碼 全域權限 使用者群組 允許授權 動作
任意 % 否 USAGE 否 編輯權限 匯出
任意 localhost 否 USAGE 否 編輯權限 匯出
pma localhost 否 USAGE 否 編輯權限 匯出
root 127.0.0.1 否 ALL PRIVILEGES 是 編輯權限 匯出
root ::1 否 ALL PRIVILEGES 是 編輯權限 匯出
root localhost 否 ALL PRIVILEGES 是 編輯權限 匯出
4 按 localhost 的 root 帳號右邊的編輯權限連結
5 按下修改密碼
全域
資料庫
修改密碼
登入資訊
編輯權限：使用者帳號 'root'@'localhost'
注意：您正嘗試編輯您目前登入使用者的權限。
無密碼
密碼
輸入：
重新輸入：
Strength: 弱
6 輸入兩次自訂的密碼
密碼加密方式：
原生 MySQL 認證
產生密碼
產生
執行
7 按此鈕
出現設定成功的訊息
'root'@'localhost' 的密碼已修改。
新增
information_schema
mysql
performance_schema
phpmyadmin
test
最近使用
我的最愛

修改完成後會立即生效，此時 phpMyAdmin 就不能存取 MySQL 伺服器了，必須如下重新登入：

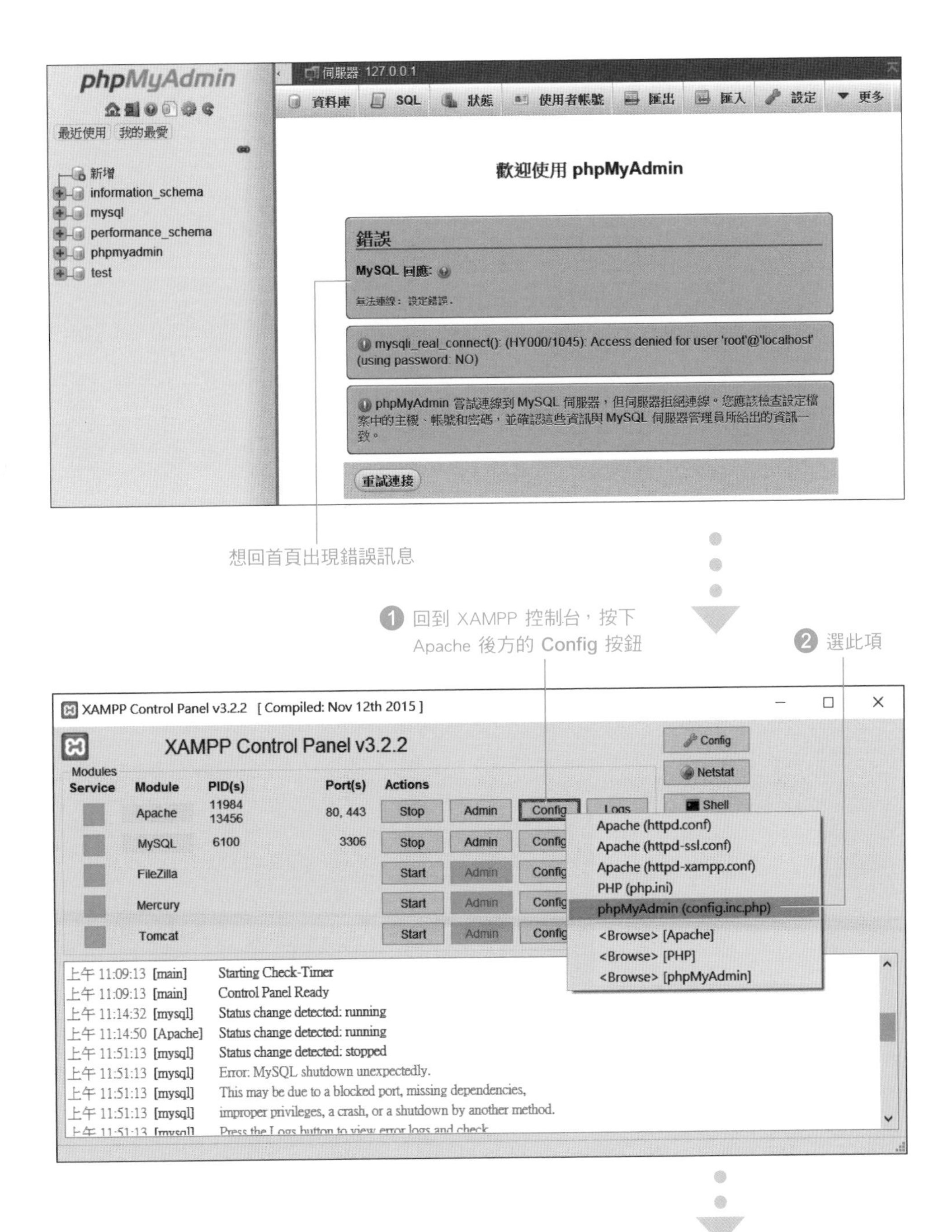

❸ 接著會以文字編輯器開啟設定檔案，請搜尋找到 'password'

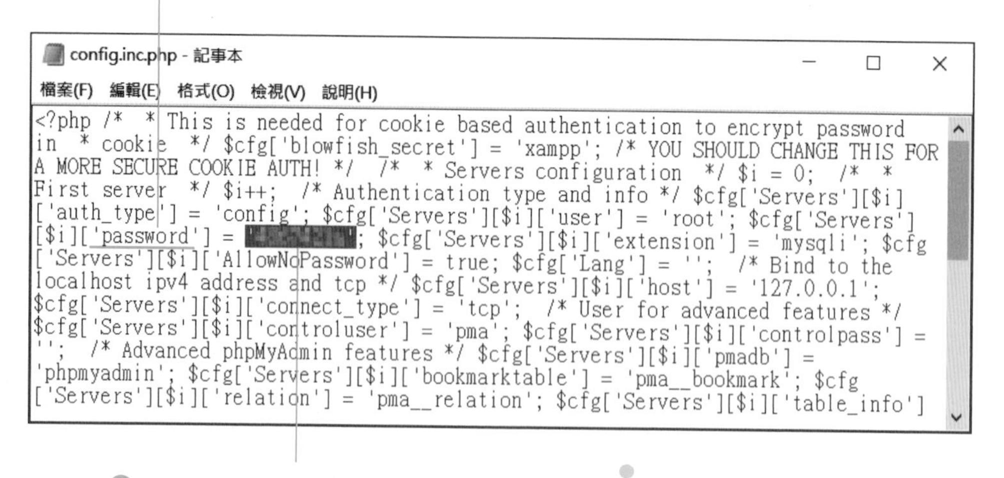

❹ 在後方的 ' ' 中間輸入剛才設定的 root 帳號的密碼，完成後請記得儲存檔案

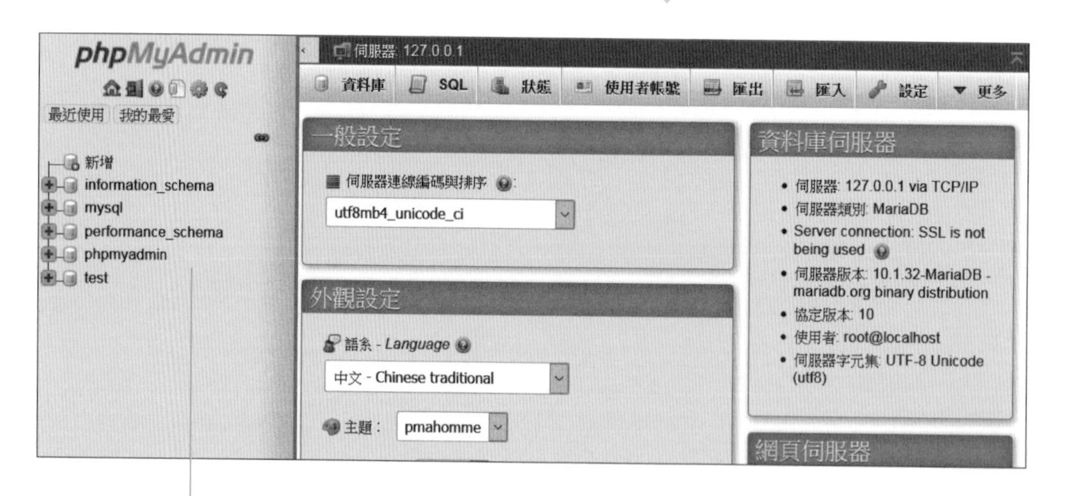

❺ 接著回到 XAMPP 控制台，按下 MySQL 後方的 **Admin** 按鈕就可以再次進入 phpMyAdmin 資料庫管理介面了

建立學習用資料庫

在 phpMyAdmin 資料庫管理介面中，透過拖拉滑鼠、點擊按鈕的方式，就可以建立資料庫或是建立資料表，全然不使用 SQL 語法也行。然而對於初學者來說，我們非常建議紮實的從 SQL 語法學起，這是往後學習更進階技術的基本功，也是本書的教學重點。

透過 SQL 語法來操作資料庫

底下我們就來示範如何在 phpMyAdmin 資料庫管理介面中撰寫 SQL 語法，得到想要的結果。我們以本書第 1 章會提到的「建立資料庫 → 建立資料表 → 新增資料」最基本的資料建立 3 步驟，來預習如何操作。

> 針對「資料庫」、「資料表」、「資料」的概念您現在可能還不清楚，沒關係，在 1-2 節會有詳細說明，這裡只是先帶您暖身，熟悉 SQL 語法是如何在資料庫中發揮作用。

1. 建立資料庫（同 1-21 頁範例 1-1）

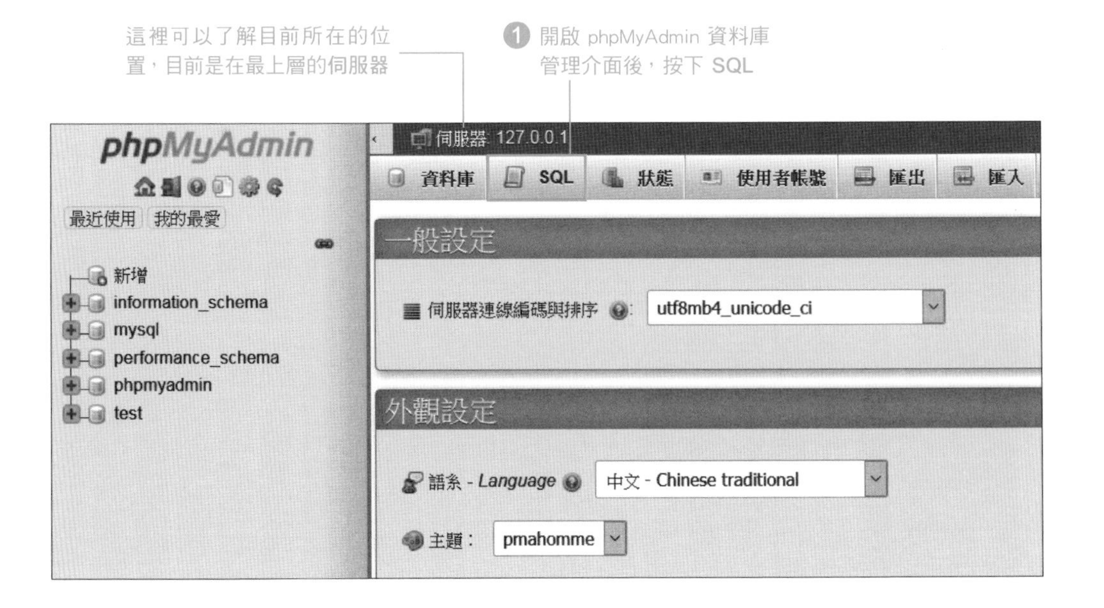

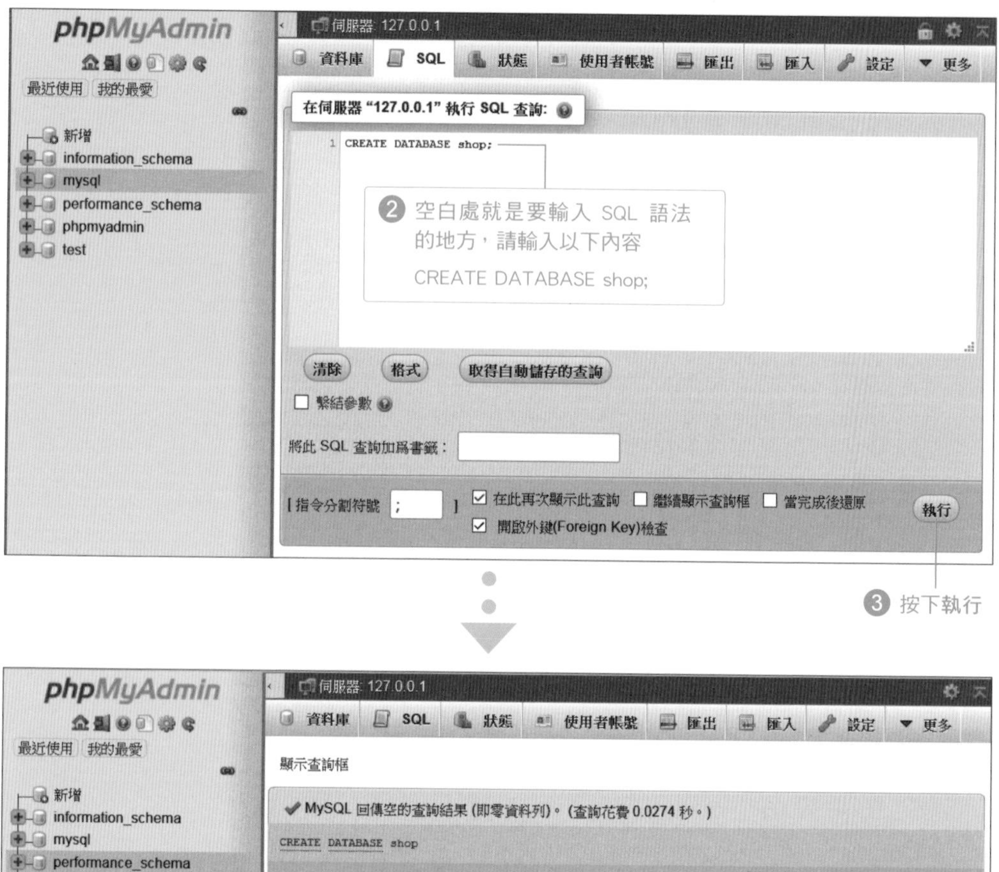

確認編碼與排序

編輯指的是文字的編碼方式，而**排序規則** (collation) 則是字元資料的排序方式。這兩個設定關係到要儲存的文字，例如要存放繁體中文的字串時，應該使用 UTF8 或 Big5 編碼，如果不小心使用日文編碼儲存資料，日後以 UTF8 或 Big5 編碼讀取資料庫時便會導致亂碼。所以在建立資料庫與資料表之前，也要瞭解 MySQL 資料庫的字元集與排序規則方式，才能在建立時指定正確的編碼設定。

為了避免建立的資料因編碼問題而變成亂碼，本書採用 UTF8 編碼。在建立好 shop 資料庫後，請依以下步驟設定好編碼：

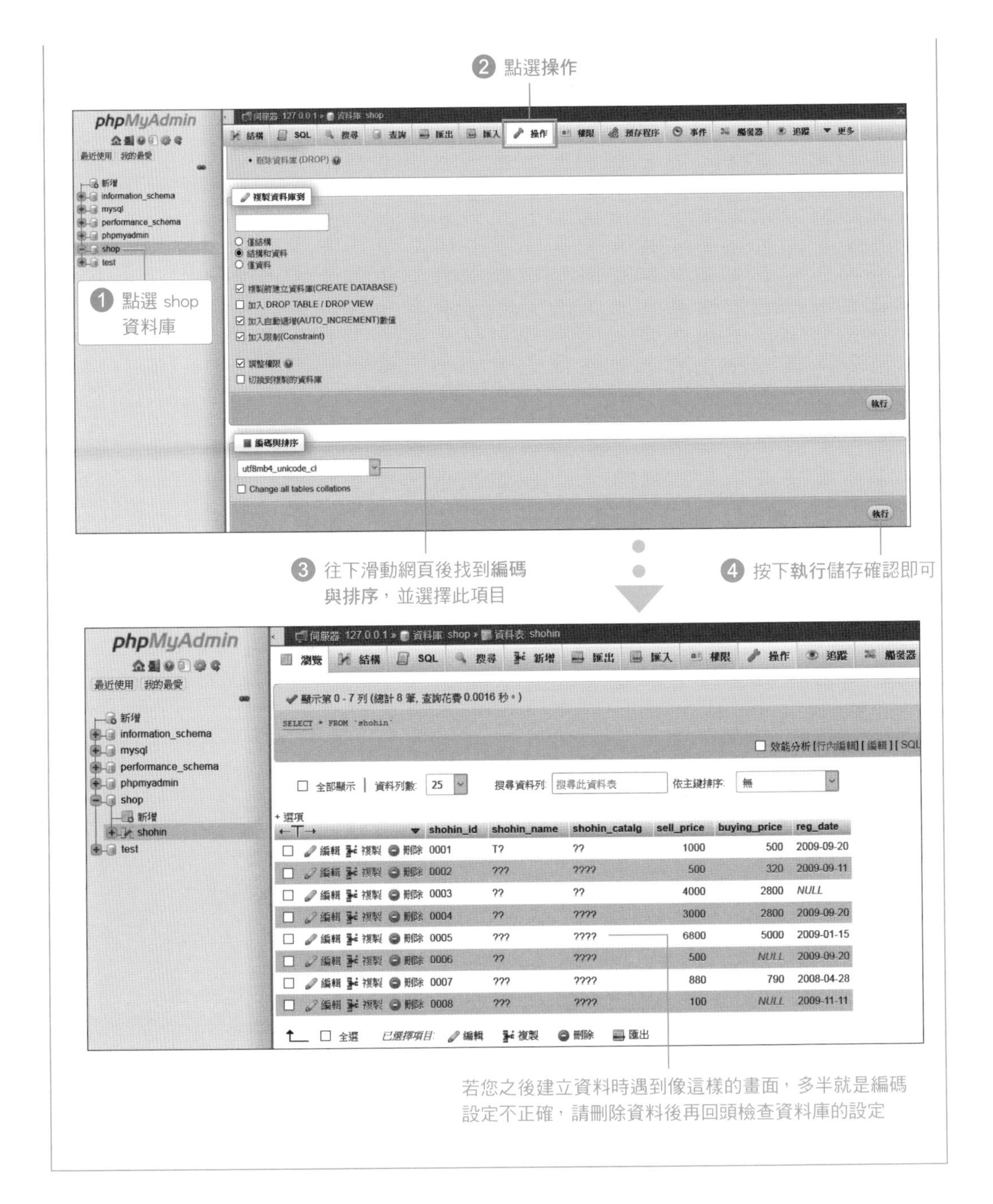

2. 建立資料表(同 1-22 頁範例 1-2)

建立好資料庫後，接著就可以在資料庫中建立資料表，也就是資料庫的欄位結構：

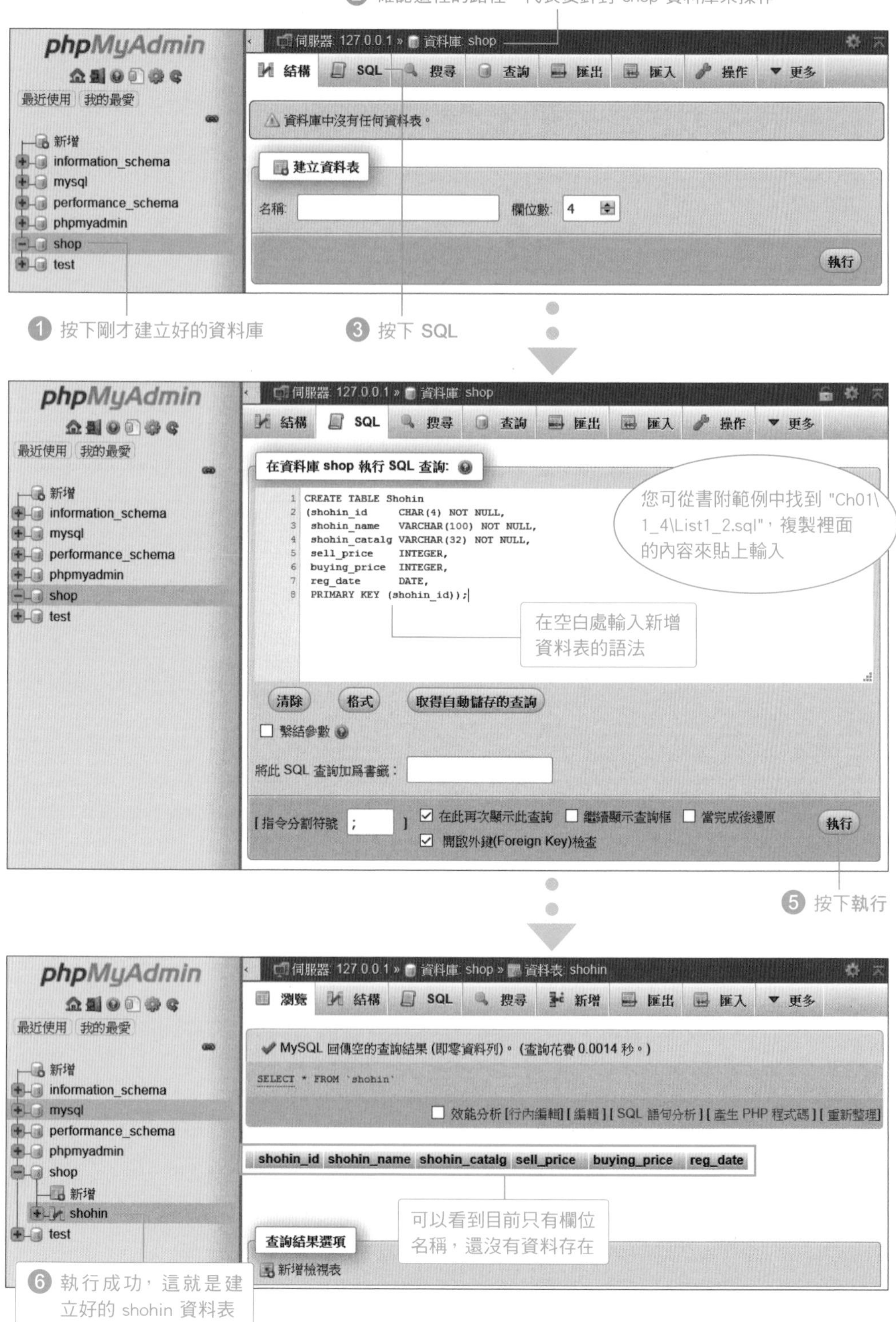

❷ 確認這裡的路徑，代表要針對 shop 資料庫來操作
伺服器: 127.0.0.1 » 資料庫: shop
結構 SQL 搜尋 查詢 匯出 匯入 操作 更多
資料庫中沒有任何資料表。
建立資料表
名稱:
欄位數: 4
執行
❶ 按下剛才建立好的資料庫
❸ 按下 SQL
在資料庫 shop 執行 SQL 查詢:
CREATE TABLE Shohin
(shohin_id CHAR(4) NOT NULL,
shohin_name VARCHAR(100) NOT NULL,
shohin_catalg VARCHAR(32) NOT NULL,
sell_price INTEGER,
buying_price INTEGER,
reg_date DATE,
PRIMARY KEY (shohin_id));
您可從書附範例中找到 "Ch01\1_4\List1_2.sql"，複製裡面的內容來貼上輸入
在空白處輸入新增資料表的語法
清除 格式 取得自動儲存的查詢
繫結參數
將此 SQL 查詢加爲書籤：
[指令分割符號 ;] 在此再次顯示此查詢 繼續顯示查詢框 當完成後還原 開啟外鍵(Foreign Key)檢查
執行
❺ 按下執行
伺服器: 127.0.0.1 » 資料庫: shop » 資料表: shohin
瀏覽 結構 SQL 搜尋 新增 匯出 匯入 更多
MySQL 回傳空的查詢結果 (即零資料列)。(查詢花費 0.0014 秒。)
SELECT * FROM `shohin`
效能分析 [行內編輯] [編輯] [SQL 語句分析] [產生 PHP 程式碼] [重新整理]
shohin_id shohin_name shohin_catalg sell_price buying_price reg_date
可以看到目前只有欄位名稱，還沒有資料存在
查詢結果選項
新增檢視表
❻ 執行成功，這就是建立好的 shohin 資料表
phpMyAdmin
最近使用 我的最愛
新增
information_schema
mysql
performance_schema
phpmyadmin
shop
test
shohin

3. 新增資料（同 1-31 頁範例 1-6）

建立好資料表後，接著就可以在資料表中新增資料：

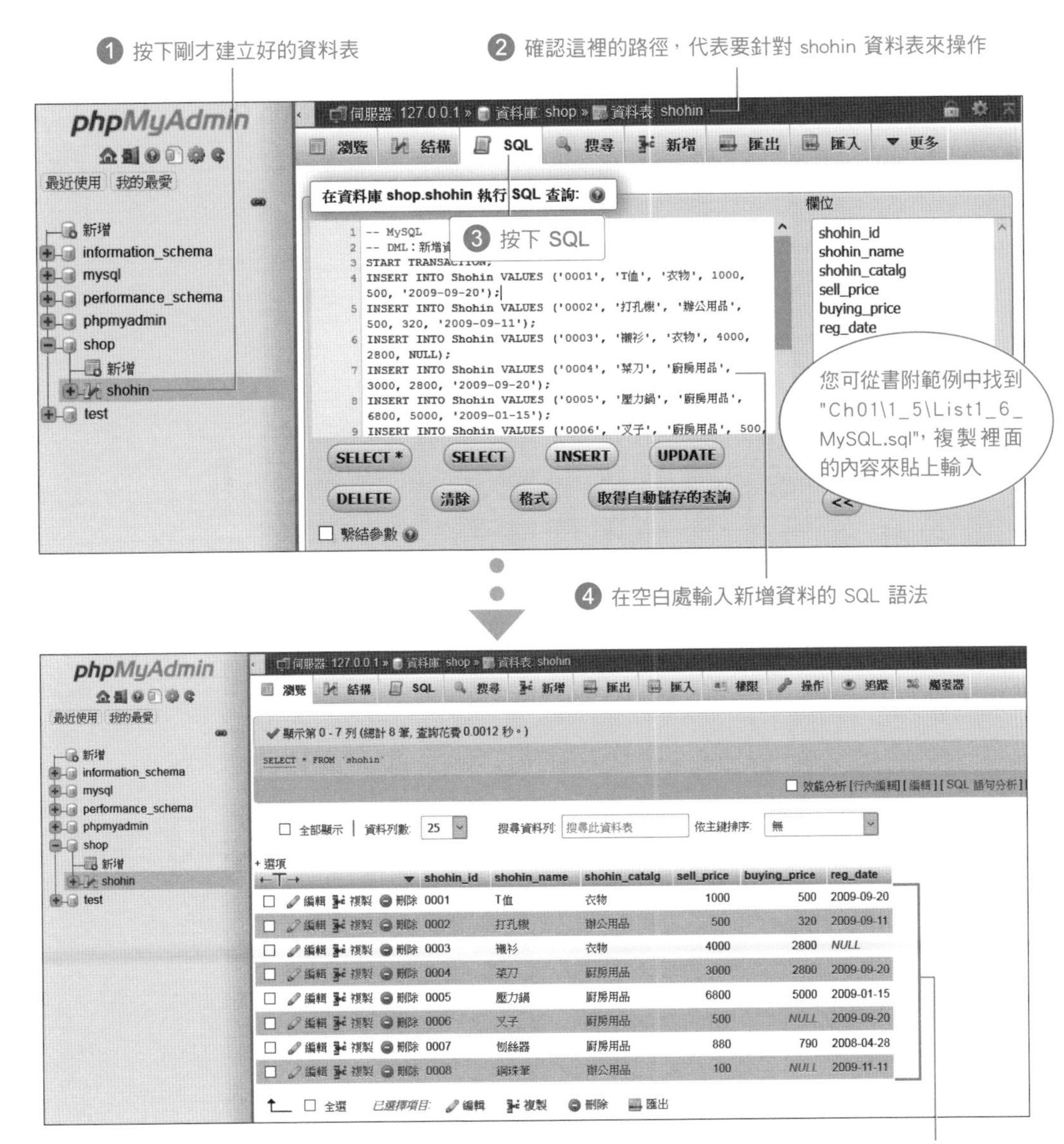

以上是以 MySQL / MariaDB 資料庫系統為例，示範如何輸入 SQL 語法來進行各種操作，其他資料庫的操作方式基本上都大同小異。後續各章介紹的 SQL 語法都是用這種方式來運用，請務必熟悉以上內容再往下閱讀。

memo

第 1 章　資料庫與 SQL

資料庫是什麼

資料庫的架構

SQL 概要簡介

建立資料表

刪除與修改資料表

SQL

本章的主題

本章將介紹資料庫這種資訊系統的運作機制、及其所扮演的角色，還會說明「資料表」的建立、刪除和修改等操作方法，資料表在資料庫中相當於儲存資料用的「容器」，是最基本的元件。此外，不論是操作關聯式資料庫、乃至於現在最火紅的大數據平台 (Apache Hadoop、Spark)，「SQL」語言都扮演極為重要的角色，本章將學習基本撰寫方式與規則。

1-1 資料庫是什麼

- 身邊隨處可見的資料庫
- 為什麼需要資料庫管理系統 (DBMS)
- DBMS 具有許多類型

1-2 資料庫的架構

- 關聯式資料庫管理系統 (RDBMS) 的架構
- 資料表的結構

1-3 SQL 概要簡介

- 標準 SQL
- SQL 敘述與其分類
- SQL 的基本撰寫規則

1-4 建立資料表

- 欲建立資料表的內容
- 建立資料庫（CREATE DATABASE 敘述）
- 建立資料表（CREATE TABLE 敘述）
- 命名規則
- 指定資料型別
- 設定條件約束

1-5 刪除與修改資料表

- 刪除資料表（DROP TABLE 敘述）
- 修改資料表結構（ALTER TABLE 敘述）
- 新增資料至資料表

1-1 資料庫是什麼

學習重點

- 保存了大量資料、可用電腦有效率地的取用，像這樣經過加工的資料集合體就稱為「資料庫（Database）」。
- 管理資料庫的電腦資訊系統稱為「資料庫管理系統（簡稱 DBMS）」。
- 運用 DBMS 便能讓許多人安全且方便地取用大量的資料。
- 資料庫系統有各式各樣的類型，本書著重於「關聯式資料庫」，說明如何使用「SQL」語言來操控它。
- 關聯式資料庫需要以「關聯式資料庫管理系統（簡稱 RDBMS）」執行管理工作。

身邊隨處可見的資料庫

不知道各位讀者是否曾經有過這樣的經驗：

- 從固定看診的牙醫診所收到「由於前次來診已經過了半年，建議您定期做個牙齒健檢」之類的明信片。
- 在生日前 1 個月，從先前投宿過的旅館或飯店收到「給壽星的住宿優惠！」這樣的電子郵件。
- 上購物網站購買商品之後，在信箱中看到「推薦商品」的電子郵件。

之所以能夠做到上述這些事情，是因為牙醫診所、旅館飯店或購物網站都保存著客人的前次來診日期、生日或購買記錄等資料，而且對於這些龐大的資料，還擁有可以快速提取出所需資料（例如您的地址或偏好事物等）的機制（電腦資訊系統）。如果要以純人工的方式來完成相同的工作，不曉得需要耗費多少時間。

另外，各地圖書館都有設置電腦供人使用，讀者可以很方便地查閱書籍，只要利用電腦中的系統輸入書名或出版日期等資訊，立即可以得知想要閱讀的書籍在哪裡、是否已經被人借閱。能做到這樣的事情，也是因為系統中儲存著書名、出版日期、存放的書架位置、還有借閱狀況等資訊，可以按照讀者的查詢條件列出相關結果。

大量保存著資料（Data），而且只要透過電腦即能快速取得想要的部分資料，像這樣經過加工處理的資料集合體就稱為**資料庫（Database）**，一般簡稱為 DB。如果將名字、地址、電話號碼、電子郵件信箱、興趣以及家庭狀況等資料儲存至資料庫，之後不論何時都能簡單且快速地取出想要的資料。另外，用來管理資料庫的電腦資訊系統稱為**資料庫管理系統（Database Management System）**，通常都簡稱為 DBMS（註 1-❶）。

KEYWORD
- 資料
- 資料庫（DB）
- 資料庫管理系統（DBMS）

註 1-❶
資料庫（DB）和 DBMS 經常被混為一談，不過本書將儲存資料的集合體稱為資料庫，與資料庫管理系統的 DBMS 做個區分。

使用者在操作各種資訊系統的時候，通常無法直接看到系統背後的資料庫，因此，一般人大概都不會察覺到資料庫的存在。不過從銀行的帳務管理系統到行動電話的通訊錄，都需要使用到資料庫的功能，如果說社會上的各種資訊系統當中都有資料庫，一點也不為過（圖 1-1）。

圖 1-1　社會上到處都有資料庫的存在

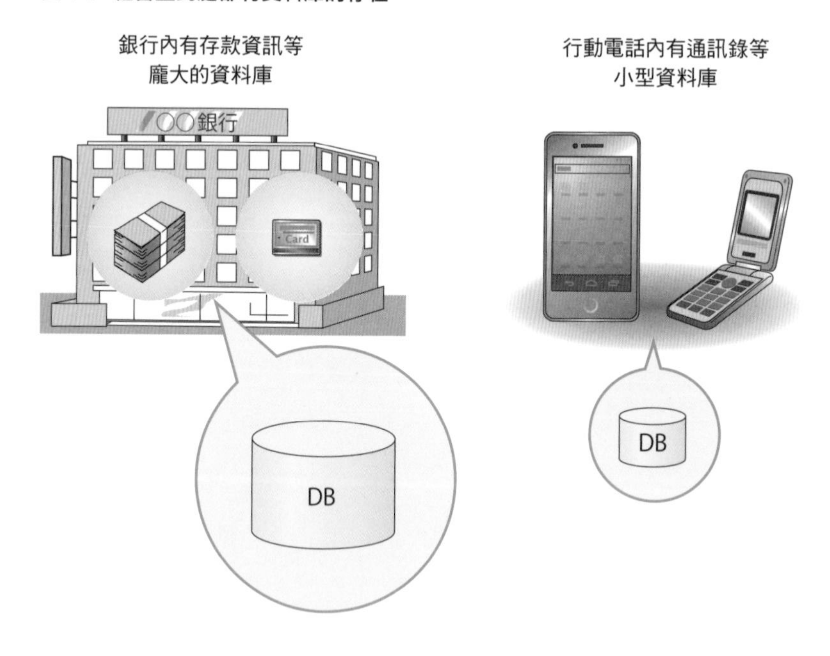

為什麼需要 DBMS

註 1-❷
以純文字記錄資料的電子檔案。

儲存、管理資料的工作，為什麼需要使用專用的資訊系統（DBMS）呢？我們一般使用個人電腦儲存、管理資料的時候，利用純文字檔案（註 1-❷）或 Excel 之類的試算表軟體也能達成目的，而且這樣的方式比使用資料庫簡單多了。

的確，利用純文字檔案或試算表軟體來管理資料的方式相當簡便，不過也有一些不足之處，列舉如下：

- **較難讓多人共用相同的資料**

  將檔案存放在連接著網路的電腦之中，藉由網路分享的設定，便能從其他電腦讀取或是編輯此檔案，不過，當某位使用者開啟了這個檔案，其他人將無法同時進行編輯（比較嚴謹的作業系統會鎖定已開啟的檔案，否則也會有覆蓋寫入的問題）。這如果是網路商店的資料檔案，在某位客人購物的時候，其他人便無法購買商品。

- **無法擴展到處理大量的資料**

  若想從數十萬、甚至數百萬筆的大量資料當中，盡可能快速地取出需要的部分資料，就必須以適當的方式來儲存資料，而純文字檔案或 Excel 的工作表無法應付這樣的需求。

- **想要自動讀寫資料需要另外撰寫程式**

  透過撰寫電腦程式的方式，就能讓電腦自動完成讀取資料或改寫資料等工作，不過，想要做到這樣的效果，除了必須非常了解檔案中的資料結構，還需要一定程度的程式撰寫功力。

- **萬一電腦發生狀況可能失去資料**

  在操作的過程中，如果不小心刪除了檔案、或硬碟突然故障無法正常讀取，可能會因此而失去非常重要的資料。另外，非相關人員只要可以接觸到檔案，就能輕鬆地看到資料或是複製帶走。

DBMS 具有解決上述這些問題的對應功能，可以同時讓許多人安全且方便地取用大量的資料（圖 1-2），這正是必須使用 DBMS 來管理資料的理由。

圖 1-2　DBMS 可以讓許多人安全且方便地存取大量的資料

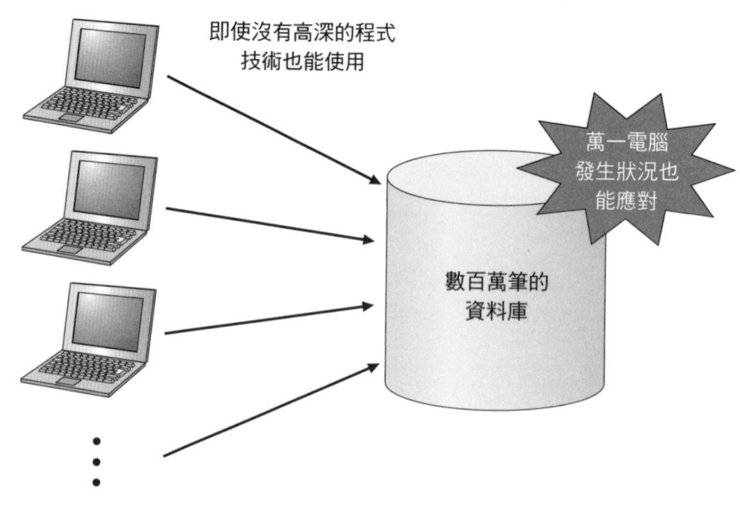

DBMS 具有許多類型

前面提到管理資料庫的系統稱為 DBMS，它其實還具有許多的類型。各種 DBMS 主要是按照**資料的儲存形式（資料庫的類型）**來進行分類，而目前常見的 DBMS 所採用的儲存方式，大致上可分為下列 5 種類型：

KEYWORD

- 階層式資料庫
- 關聯式資料庫（RDB）
- 關係型資料庫
- SQL

● 階層式資料庫（Hierarchical Database：無特定的簡稱）

最早存在的 1 種資料庫形式，以階層式的結構（樹木分支的結構）來儲存、呈現資料。以前曾經是資料庫的主流形式，不過隨著下面介紹的**關聯式資料庫**的普及，現在越來越少採用此種資料庫。

● 關聯式資料庫（Relational Database：RDB）

亦被稱為「關係型資料庫」，是目前最被廣泛採用的資料庫形式，其歷史相當悠久，誕生時間可以追溯至 1969 年。由於它的資料儲存方式類似 Excel 的工作表，以行與列所形成的 2 維表格形式來管理資料，比較容易理解（表 1-1）。另外，操作關聯式資料庫的時候，需要使用到名為 **SQL（Structured Query Language：結構化查詢語言）**的專用語言。

表 1-1 關聯式資料庫中的資料表

商品 ID	商品名稱	商品分類	販售單價	購入單價	登錄日期
0001	T 恤	衣物	1000	500	2009-09-20
0002	打孔機	辦公用品	500	320	2009-09-11
0003	襯衫	衣物	4000	2800	
0004	菜刀	廚房用品	3000	2800	2009-09-20
0005	壓力鍋	廚房用品	6800	5000	2009-01-15
0006	叉子	廚房用品	500		2009-09-20
0007	刨絲器	廚房用品	880	790	2008-04-28
0008	鋼珠筆	辦公用品	100		2009-11-11

KEYWORD
- RDBMS
- 開放原始碼

將軟體的原始碼Source Code）在網際網路上免費公開、讓每個人都可以改進／再發佈此軟體的做法，通常由志願者所組成的社群（Community）負責此類開發專案。

此種資料庫的 DBMS 被稱為「RDBMS（Relational Database Management System）」，下面列舉 5 個比較具有代表性的 RDBMS：

- Oracle Database：Oracle 公司的 RDBMS
- SQL Server：Microsoft 公司的 RDBMS
- DB2：IBM 公司的 RDBMS
- PostgreSQL：開放原始碼（Open Source）的 RDBMS
- MySQL：開放原始碼的 RDBMS（2010 年成為 Oracle 旗下產品）

另外，Oracle Database 常常會被簡略稱為「Oracle」，而本書後面也會直接使用「Oracle」來稱呼。

KEYWORD
- 物件導向式資料庫（OODB）

註 1-❸

主要的物件導向語言有 Java 和 C++ 等。

● 物件導向式資料庫（Object Oriented Database：OODB）

在眾多的程式語言當中，有些語言被稱為物件導向語言（註 1-❸），這類語言將資料和處理資料的程序整合成名為「物件」的單位，然後利用物件完成程式的運作過程，而物件導向式資料庫正是用來儲存物件的資料庫。

KEYWORD

- XML資料庫（XMLDB）

註1-❹

XML 為 eXtensible Markup Language 的簡稱，是類似 HTML 利用標籤呈現資料結構的語言，以 <name>鈴木</name> 這樣的形式記錄資料的內容和代表意義。

KEYWORD

- 鍵值式資料儲存（KVS）

- **XML 資料庫（XML Database：XMLDB）**

  近年來，做為網路上資料交換的 1 種方式，名為 XML（註1-❹）的格式越來越普及。為了可以快速地處理大量的 XML 格式資料，因此發展出了此種資料庫。

- **鍵值式資料儲存（Key-Value Store：KVS）**

  此類型的資料庫僅儲存由搜尋用的鍵（Key）和內容值（Value）所組成的單純資料形式，對於程式語言有些了解的讀者，可以把它想成類似「關聯陣列（Associative Array）」或「雜湊表（Hash Table）」的資料形式。被 Google 等大型網站所採用，可以對數量極為龐大的資料完成超高速的搜尋工作，在最近這幾年相當受到矚目。

本書所要解說的內容，著重於如何運用名為 SQL 的專用語言、完成關聯式資料庫管理系統「RDBMS」的操作工作。接下來的章節將繼續圍繞著 RDBMS 這個主題為您說明，而本書提到資料庫或 DBMS 的時候，如果沒有特別註明，指的都是 RDBMS 的資料庫系統。

此外，有些 RDBMS 如同 XML 資料庫，可以處理 XML 格式的資料，還有一些 RDBMS 引入了物件導向式資料庫的功能，不過本書並不會介紹這些延伸功能所額外加入的 SQL 語法，如果您需要使用這些功能，請參閱各家 RDBMS 所提供的 SQL 說明、或是針對特定 RDBMS 所撰寫的書籍。

1-2 資料庫的架構

學習重點

- RDBMS 一般採用「用戶端 / 伺服器型」的系統架構。
- 對資料庫執行讀取和寫入等動作的時候，通常是從用戶端程式傳送 SQL 敘述至伺服器的 RDBMS。
- 關聯式資料庫利用稱為「資料表」或「表」的 2 維表格來管理資料。
- 資料表由代表資料項目的「行（Column, 欄位）」、以及代表 1 筆資料的「列（Record, 記錄）」所構成，而資料讀寫的最基本單位為 1 列資料。
- 行與列交會處的每個方格在本書中稱為「儲存格（Cell）」，1 個儲存格當中只能放入 1 項資料。

一般 RDBMS 的系統架構

KEYWORD
- 用戶端／伺服器型（C/S型）

RDBMS 所採用的系統架構，最常見的是用戶端 / 伺服器型（C/S 型）的型態（圖 1-3）。

圖 1-3　用戶端 / 伺服器型系統架構

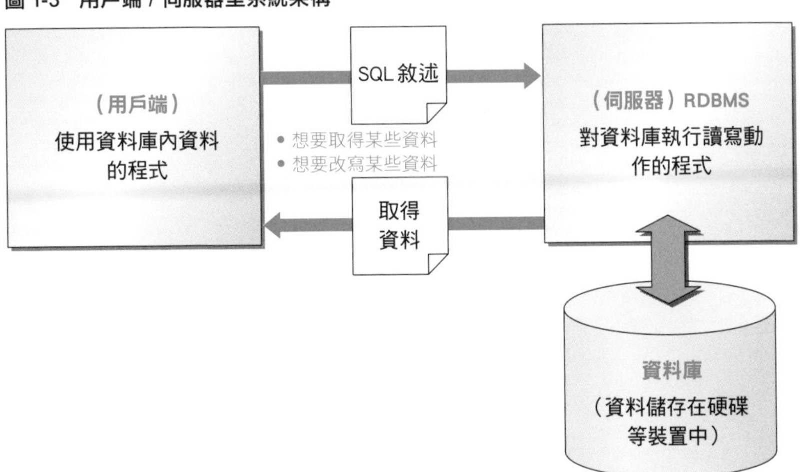

KEYWORD
- 伺服器
- 資料庫
- 用戶端

所謂的**伺服器**（Server），指的是能接收來自其他程式的請求、並且完成對應處理動作的服務程式（軟體），或是安裝著這類服務程式的資訊設備（電腦）。服務程式會在電腦上持續運作，等待接收其它程式傳送過來的請求。而 RDBMS 也是 1 種伺服器，可以從儲存在硬碟等裝置中的資料庫取出資料、回傳給用戶端，或是按照請求的指示內容改寫資料。

另外一方面，對伺服器送出請求的程式（軟體）、或是安裝著這類程式的資訊設備（電腦）則屬於**用戶端**（Client）。用戶端程式能連接上 RDBMS 所管理的資料庫，透過 RDBMS 對資料庫中的資料執行讀取或寫入之類的動作。而用戶端程式如何提出請求呢？主要是傳送**以 SQL 語法所寫成的敘述語法（本書稱為 SQL 敘述）**，RDBMS 接收到請求之後，會按照 SQL 敘述的內容，回傳特定的資料、或是對資料庫中的資料執行指定的改寫動作。

用戶端有如「委託人」，而伺服器則像是「受託人」，也就是說，受託人會按照委託人所提出的指令完成對應的處理動作。

KEYWORD
- SQL 敘述

如同前面的說明，關聯式資料庫的讀取、寫入動作需要透過 **SQL 敘述**來完成，而您按照本書的內容練習 SQL 的時候，需要使用用戶端程式對 RDBMS 傳送撰寫完成的 SQL 敘述、以及接收回傳的資訊或資料顯示於畫面之上，關於用戶端程式的詳細說明，請參閱第 0 章的內容。

還有，RDBMS 的架構可以容許 RDBMS 和用戶端程式放在同 1 台電腦上運行，也可以將 RDBMS 和用戶端程式安裝在不同的電腦上。如果安裝至不同的電腦，而且網路架構中不只有 1 台用戶端電腦，那麼這台 RDBMS 將可以提供給網路上的所有用戶端電腦連線使用（圖 1-4）。

圖 1-4　1 個資料庫藉由網路可讓多個用戶端連接使用

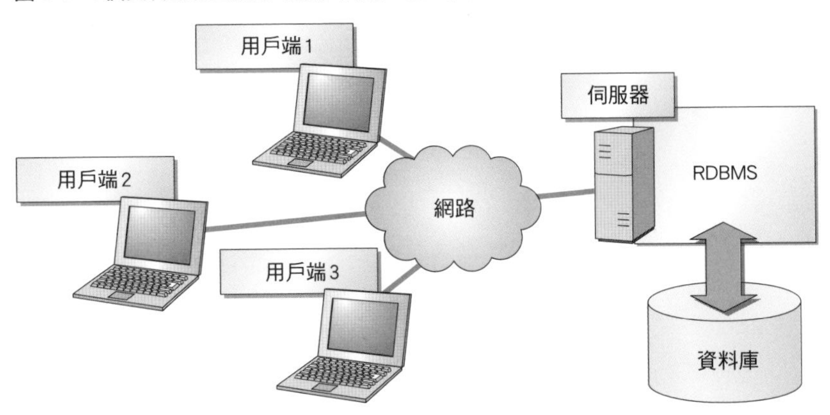

各用戶端電腦不一定要執行相同的用戶端程式，只要能傳送 SQL 給 RDBMS 便可以存取資料庫中的資料。而且 RDBMS 一般都能接受多個用戶端連線，所有的用戶端程式可以「同時」對資料庫執行讀取和寫入的動作（這也要視各家 RBDMS 的設定和授權方式）。

此外，由於 RDBMS 除了需要接收多個用戶端傳來的請求，還必須對保存著大量資料的資料庫完成所有相關的處理動作，所以硬體上需要使用比用戶端更加強大的電腦設備，尤其是處理巨大資料庫的 RDBMS，甚至需要組合多台伺服器等級的電腦才能滿足需求。

說了這麼多，雖然 RDBMS 可由各式各樣的系統架構所組成，不過從用戶端傳送 SQL 敘述還是最基本的操作方式。

資料表的結構

KEYWORD
- 資料表
- 表

再來詳細了解 RDBMS 的組成吧！前個小節曾經說明過，關聯式資料庫的資料儲存方式有點類似 Excel 的工作表，以行與列所形成的 2 維表格形式來管理資料，而容納著資料的 2 維表格在關聯式資料庫中稱為**資料表**（Table）、或簡單稱為**表**。

如同圖 1-5 所示，資料表被保存在 RDBMS 所管理的資料庫當中，而且 1 個資料庫當中可以建立多個資料表。

圖 1-5 資料庫與資料表的關係

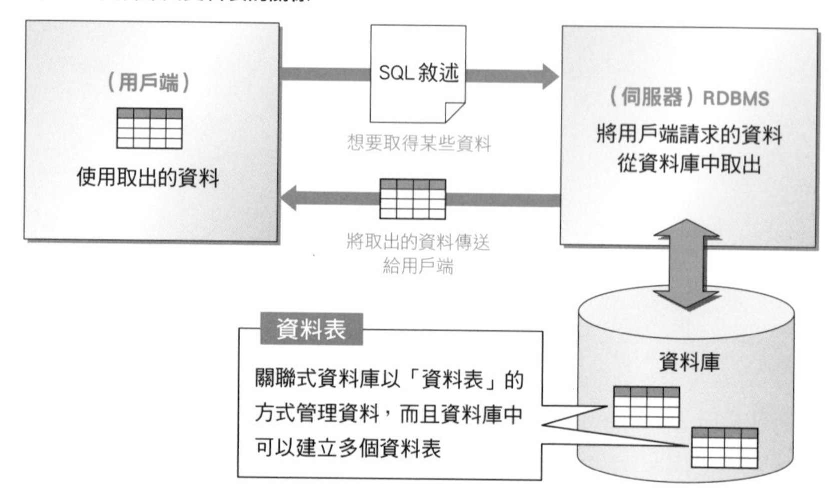

按照 SQL 敘述的指示內容，RDBMS 回傳給用戶端的資料，必定是與資料表相似的 2 維表格形式，這也是關聯式資料庫的 1 項特點，如果執行之後無法獲得 2 維表格的結果，這樣的 SQL 敘述將無法正常執行。

另外，雖然圖 1-5 當中只有 1 個資料庫，不過 1 個 RDBMS 之下可以建立多個資料庫，讓系統的規劃人員能按照用途使用不同的資料庫。

為了方便您學習 SQL 語法，圖 1-6 是本書所設計的「**商品資料表**」範例，圖中還標上了資料表各部份的稱呼，後面 1-3 節開始將會使用此資料表。

圖 1-6 資料表的範例（商品資料表）

商品 ID	商品名稱	商品分類	販售單價	購入單價	登錄日期
0001	T 恤	衣物	1000	500	2009-09-20
0002	打孔機	辦公用品	500	320	2009-09-11
0003	襯衫	衣物	4000	2800	
0004	菜刀	廚房用品	3000	2800	2009-09-20
0005	壓力鍋	廚房用品	6800	5000	2009-01-15
0006	叉子	廚房用品	500		2009-09-20
0007	刨絲器	廚房用品	880	790	2008-04-28
0008	鋼珠筆	辦公用品	100		2009-11-11

欄位名（資料的項目名稱）
列（記錄）
行（欄位）
儲存格

KEYWORD
● 行（欄位）
● 列（記錄）

資料表縱向的**行**稱為**欄位**（Column），用來說明這個部分儲存的是什麼資料，例如在圖 1-6 的商品資料表中，可以看到從商品 ID 到登錄日期總共有 6 個欄位。另外，各欄位具有比 Excel 更加嚴格的限制條件，規劃用來儲存數值的欄位只能存入數值，而規劃用來儲存日期的欄位也只能存入日期，關於欄位的限制條件會在 1-4 節再做詳細說明。

另外一方面，資料表橫向的**列**也稱為**記錄**（Record），1 列記錄相當於 1 筆資料，而商品資料表中總共有 8 列資料，也就是 8 筆記錄。使用關聯式資料庫的時候，必須以列為單位執行讀取寫入的動作，這是非常重要的原則，請先牢記下來。

牢記的原則 1-1

關聯式資料庫需要以列（記錄）為單位讀取、寫入資料。

KEYWORD
● 儲存格

請再看到圖 1-6，行與列交會處的每個方格本書稱為**儲存格**（Cell），而 **1 個儲存格當中只能放入 1 項資料**。如同下頁的圖 1-7 的資料表所示，1 個儲存格當中不能放入 2 項（或更多）的資料，這也是相當重要的原則。

圖 1-7　1 個儲存格中只能放入 1 項資料

商品 ID	商品名稱	商品分類	販售單價	購入單價	登錄日期
0001	T 恤 牛仔褲	衣物	1000	500	2009-09-20

不能像這樣在 1 個儲存格中放入 2 項以上的資料

牢記的規則 1-2

1 個儲存格當中只能放入 1 項資料。

COLUMN

RDBMS 的使用者管理

RDBMS 為了控管人員的權限，讓重要的資料不會被任意瀏覽或竄改，所以設計成只有登錄過的使用者方能接觸到資料庫中的資料。此資料庫的使用者和 Windows 等作業系統建立的使用者不同，只適用於資料庫的連接使用，而 RDBMS 可由管理者建立多個使用者。

建立使用者的時候，需要輸入使用者名稱（帳號）以及設定密碼，雖然也可以不設定密碼（空密碼），不過為了保護資料庫當中儲存的重要資料、防止發生外流的狀況，應該要替每個帳號都加上密碼。

1-3 SQL 基本概要

學習重點

- SQL 是為了操作資料庫所開發出來的語言。
- SQL 有基本的標準規格，不過各家 RDBMS 的 SQL 都略有差異。
- 使用 SQL 的時候，需要把想執行的動作撰寫成 1 段語句（SQL 敘述），然後傳送給 RDBMS。
- 原則上，1 段 SQL 敘述的末尾需要加上分號（;）做結束。
- SQL 按照使用目的可分為 DDL、DML 以及 DCL。

標準 SQL

KEYWORD
● SQL

如同前個小節也曾經稍微提及，本書所要介紹的 SQL（Structured Query Language）是用來操作關聯式資料庫的語言，雖然最初的開發目的只是為了能以較有效率的方式查詢（取出）資料，不過到了現在，SQL 除了可以進行查詢之外，像是資料的登錄或刪除等操作資料庫的動作，幾乎都能靠著 SQL 來完成。(註 1- ❺)

註 1- ❺
SQL 的 Q（Query）具有「查詢」或「搜尋」的意思。

KEYWORD
● 標準 SQL

ISO（國際標準化組織）對 SQL 制訂有標準規格，而這樣做為基準的 SQL 即被稱為標準 SQL。以前完全符合標準 SQL 的 RDBMS 相當少，必須按照各家 RDBMS 的專用語法來撰寫 SQL 敘述，就會發生 Oracle 上面可以順利執行的 SQL 敘述，換成 SQL Server 卻無法正常運作，或者反過來的的狀況，相當不便。由於最近各家 RDBMS 都逐步支援標準 SQL 的基本語法，對於正要開始學習 SQL 的讀者來說，建議可以先熟悉標準 SQL 的撰寫方式。

本書基本上也會以標準 SQL (註 1- ❻) 來解說 SQL 敘述的撰寫方式，不過按照各家的 RDBMS，有時候可能必須使用專用語法來撰寫 SQL 敘述，才能獲得需要的結果，遇到這樣的狀況時，會另外介紹專用語法的撰寫方式。

註 1- ❻
本書將以「SQL:2003」的 SQL 標準來解說其撰寫方式。

牢記的規則 1-9

學會標準 SQL，也就不難學習各家 RDBMS 適用的 SQL 敘述。

SQL 敘述與其分類

KEYWORD

● 關鍵字

SQL 是以數個**關鍵字**（Keyword）、再與資料表名稱或欄位名稱組合成 1 段完整的語句（SQL 敘述），以這樣的方式描述操作的內容。SQL 敘述中的關鍵字，是根據其意義或使用方式所決定的特定英文單字，其中包含了「查詢資料表內容」或「參考這個資料表」等意思的多個單字。

另外，按照對 RDBMS 所下達的指令功能，SQL 敘述可分為 3 大類：

● DDL（Data Definition Language）

KEYWORD

● DDL（資料定義語言）

DDL（資料定義語言）能建立或刪除資料庫和資料表等用來儲存資料的物件，規劃資料儲存的方式。以下為 DDL 的指令（關鍵字）：

- CREATE：建立資料庫或資料表等
- DROP：刪除資料庫或資料表等
- ALTER：修改資料庫或資料表等物件的架構

● DML（Data Manipulation Language）

KEYWORD

● DML（資料操作語言）

DML（資料操作語言）能查詢或修改資料表內的記錄（以列為單位的資料）。以下為 DDL 的指令：

- SELECT：從資料表查詢記錄
- INSERT：將新記錄儲存至資料表中
- UPDATE：修改資料表的記錄
- DELETE：刪除資料表的記錄

● DCL（Data Control Language）

KEYWORD

● DCL（資料控制語言）

DCL（資料控制語言）可以用來認可或取消對資料庫執行的變更動作，另外也能設定 RDBMS 的使用者對於資料表等物件的操作權限。以下為 DCL 的指令：

- COMMIT：認可對資料庫執行的變更動作
- ROLLBACK：取消對資料庫執行的變更動作
- GRANT：賦予使用者操作的權限
- REVOKE：撤銷使用者操作的權限

其中，實務上經常使用的 SQL 敘述有 90% 是 DML，而本書也會以 DML 為中心進行說明。

牢記的規則 1-4

SQL 按照功能可分為 3 大類，最常使用的是 DML。

SQL 的基本撰寫規則

撰寫 SQL 敘述的時候，有幾項基本規則必須遵守，請先把這些事項記起來。

■ SQL 敘述的最後需要加上（;）

一段 SQL 敘述相當於對資料庫執行一個操作動作，而 RDBMS 也是逐一執行所有接收到的 SQL 敘述。

文章需要使用句子或段落結束的符號，譬如中文的段落使用句號（。），英文則以點號（.）表示句子結束，而 SQL 敘述也不例外，各段之間需要以**分號（;）**做分隔。

KEYWORD
● 分號（;）

牢記的規則 1-5

SQL 敘述需要以分號（;）做結束。

■ 英文字母不區分大小寫

SQL 敘述中的**關鍵字不區分大小寫**，例如不論寫成「SELECT」或「select」，都會被解讀為相同的意思，而資料表或欄位等名稱原則上不區分大小寫。

雖然可以按照習慣或偏好使用大寫或小寫（甚至是混合使用），不過本書將採用下列的方式來撰寫 SQL 敘述：

- **關鍵字全部使用大寫字母**
- **資料表名稱只有第 1 個字母使用大寫**
- **其餘的欄位等名稱全部使用小寫**

牢記的規則 1-6

關鍵字不區分大小寫。

不過，對於儲存在資料表儲存格中的資料，大寫和小寫會被當作不同的內容，舉例來說，「Computer」、「COMPUTER」以及「computer」都是不同的資料內容。

■ 常數有固定的書寫方式

註 1-❼

由 1 個以上的文字組成的 1 段文字。

KEYWORD

- 常數
- 單引號（'）

撰寫 SQL 敘述的時候，經常會直接將字串（註 1-❼）、日期或數值等資料寫在 SQL 敘述當中，例如想在資料表中儲存字串、日期或數值等資料時，便需要這樣撰寫 SQL 敘述。

直接寫在 SQL 敘述當中的字串、日期或數值等資料被稱為常數（Constant），而常數的書寫方式有著下述的規則。

在 SQL 敘述中加入字串的時候，需要使用 **'abc'** 這樣的方式，在前後以單引號（'）將字串圍住，明確表示這段資料是字串。

將日期寫在 SQL 敘述當中的時候，和字串同樣需要以單引號（'）圍住，不過這裡的日期有著各式各樣的表達方式，例如 '26 Jan 2010' 或 '10/01/26' 等形式，而本書將使用 '2010-01-26' 這樣的 '年 - 月 - 日 ' 形式。

另外，將**數值**寫在 SQL 敘述當中時，不必使用任何符號圍住，只要將 1000 這樣的數值直接寫在 SQL 敘述中即可。

KEYWORD

- 錯誤

由於程式缺陷、故障或輸入錯誤等各式各樣的原因，導致系統或程式產生意料之外的結果、或發生無法正常執行的狀況。一般發生錯誤狀況的時候，程式會被強制終止、或在畫面上顯示錯誤相關訊息。

牢記的規則 1-7

字串與日期的常數需要以單引號（'）圍住。
數值的常數不需要符號圍住（僅寫入數值即可）。

■ 單字之間以半形空白或換行隔開

SQL 敘述在單字與單字之間需要以「半形空白」或「換行」做區隔，如果沒有像下面這樣隔開每個單字，SQL 敘述執行的時候會發生錯誤（Error）、無法得到正確的結果。

○ CREATE TABLE Shohin

× CREATETABLE Shohin

× CREATE TABLEShohin

請特別留意一下，不能使用「全形空白」來區隔各個單字，因為這樣可能會造成錯誤或產生無法預期的結果。

牢記的規則 1-8

單字之間需要使用半形空白或換行來做區隔。

COLUMN

標準SQL與專用語法

ANSI（美國國家標準協會）或 ISO（國際標準化組織）等標準化團體，每隔數年會對 SQL 的標準規格進行改版，而每次改版會調整 SQL 敘述的格式或添加新功能。

ANSI 第 1 次制定 SQL 標準規格是在 1986 年的時候，之後又數度進行改版，在本書執筆的時間點（2016 年 5 月）上，最新的版本是在 2011 年所發佈的規格（SQL:2011），SQL 每次修改的版本會加上改版的年份，以「SQL:1999」、「SQL:2003」或「SQL:2008」這樣的名稱稱呼之，而按照標準規格所實作出來的 SQL 就被稱為標準 SQL。

不過，SQL 的標準規格並沒有「各家的 RDBMS 都必須遵守此規格」的強制力，雖然有越來越多的 RDBMS 支援標準 SQL，不過，按照標準 SQL 所撰寫出來的 SQL 敘述，有時候也會發生無法順利執行的狀況，遇到這種狀況的時候，便必須改用只能在該 RDBMS 上執行的專用語法。

實際上，專用語法的產生也是沒有辦法的事情，因為大約在 1980 ～ 1990 年代的時候，標準 SQL 所包含的功能非常薄弱，無法充分滿足實務上的需求，RDBMS 的供應商（開發者）為了彌補不足之處，不得不設法增加自家產品的功能（獨特的語法）。

雖然有著這樣的背景原因，不過專用語法也有其存在的正面價值，例如若有某項獨家功能被公認為非常便利，就有可能被標準 SQL 所採納收錄，而各供應商為了展現技術能力以及獨特性，也相當積極地開發專用語法。

現在的標準 SQL 經過多次的改版，功能已經相當充實，現在正要開始學習 SQL 的讀者，建議您可以先熟悉標準 SQL 的撰寫方式。

1-4 建立資料表

學習重點

- 建立資料表需要使用 CREATE TABLE 敘述。
- 資料表和欄位的名稱只能使用特定的文字。
- 欄位需要指定資料型別（整數型別、字串型別和日期型別等）。
- 資料表可設定條件約束（主鍵、NOT NULL 等條件約束）。

資料表的內容

從後面的第 2 章開始，將可以學習到查詢資料表、修改資料表記錄等 SQL 敘述語法，而這個小節先來建立練習用的範例資料庫和資料表。

表 1-2 是 1-2 節曾經介紹過、準備當做練習範例的「商品資料表」。

表 1-2　商品資料表

商品 ID	商品名稱	商品分類	販售單價	購入單價	登錄日期
0001	T 恤	衣物	1000	500	2009-09-20
0002	打孔機	辦公用品	500	320	2009-09-11
0003	襯衫	衣物	4000	2800	
0004	菜刀	廚房用品	3000	2800	2009-09-20
0005	壓力鍋	廚房用品	6800	5000	2009-01-15
0006	叉子	廚房用品	500		2009-09-20
0007	刨絲器	廚房用品	880	790	2008-04-28
0008	鋼珠筆	辦公用品	100		2009-11-11

此表格為「某間商店內販售商品的一覽表」，雖然品項看起來有點少，請當成只有擷取出店內的部分商品（畢竟這是用來練習 SQL 的資料）。因為店長有時候會偷懶而忘記輸入部分資料，所以其中商品 ID 為 0003 號的登錄日期、以及 0006 和 0008 號的購入單價等位置是空白的狀態。

如同您所見，表 1-2 由 6 個欄位和 8 列記錄所構成，由於最上面是每筆記錄各欄位的名稱，所以第 2 列開始才是真正的資料。

Memo

接下來，終於要正式開始學習 SQL 敘述的撰寫方式，建立練習用的資料庫和資料表，而尚未建置好 SQL 學習環境（MySQL）的讀者，請按照第 0 章的內容，完成撰寫 SQL 敘述前的準備工作。

KEYWORD

● CREATE DATABASE 敘述

註 1-❽

語法 1-1 中只有列出最基本的指定資料庫名稱，正式建置資料庫時，還有許多的其他項目可供指定。

註 1-❾

第 0 章曾經解說過對 MySQL 執行 SQL 敘述的方法，練習完第 0 章內容的讀者，MySQL 當中應該已經建立了名為 shop 的資料庫，在這種狀況下，請直接跳到「建立資料表」的步驟。

建立資料庫（CREATE DATABASE 敘述）

前個章節曾經說明過，在建立資料表之前，必須先建立用來容納資料表的資料庫，而想要在 RDBMS 上建立資料庫的時候，需要使用到 SQL 敘述語法中的 CREATE DATABASE，如下所示（註 1- ❽）。

語法 1-1　建立資料庫的 CREATE DATABASE 敘述

```
CREATE DATABASE <資料庫名稱>;
```

這裡採用 **shop** 當作資料庫的名稱，在這種狀況下，實際執行的 SQL 敘述如同範例 1-1 所示（註 1- ❾）。

範例 1-1　建立 shop 資料庫

```
CREATE DATABASE shop;
```

另外，不只是資料庫的名稱，資料表和欄位等的名稱也必須使用半形文字（英文字母、數字以及符號），這個部分將在稍後再做詳細說明。

KEYWORD

● CREATE TABLE 敘述

註 1-❿

語法 1-2 同樣只有列出最基本的指定項目，正式建置資料庫時，還有許多的其他項目可供指定。

建立資料表（CREATE TABLE 敘述）

建立好資料庫之後，接下來便是以 CREATE TABLE 敘述在資料庫中建立資料表，CREATE TABLE 敘述的語法如下所示（註 1- ❿）。

語法 1-2　建立資料表

```
CREATE TABLE <資料表名稱>;
(<欄位名稱1> <資料型別> <此欄位的條件約束>,
 <欄位名稱2> <資料型別> <此欄位的條件約束>,
 <欄位名稱3> <資料型別> <此欄位的條件約束>,
 <欄位名稱4> <資料型別> <此欄位的條件約束>,
 …
 <此資料表的條件約束1>, <此資料表的條件約束2>, …);
```

看到上面的語法，應該很容易理解這是用來建立名為 < 資料表名稱 > 的資料表，而且當中包含了 < 欄位名稱 1>、< 欄位名稱 2>、…等多個欄位。各欄位必須指定其「**資料型別**」(後述)，必要時還需要對該欄位設定「**條件約束**」(後述)，條件約束的設定可以寫在各欄位之後，也可以彙整寫於整段 SQL 敘述的最後（註 1- ⓫）。

註 1- ⓫

不過，其中的 NOT NULL 條件約束只能在各欄位後面逐一指定。

範例 1-2 是依照表 1-2 的表格架構、在資料庫中建立 Shonhin 資料表的 SQL 敘述，請試著和表 1-2 比較一下。

範例 1-2　建立 Shohin 資料表的 CREATE TABLE 敘述

```
CREATE TABLE Shohin
(shohin_id        CHAR(4)         NOT NULL,
 shohin_name      VARCHAR(100)    NOT NULL,
 shohin_catalg    VARCHAR(32)     NOT NULL,
 sell_price       INTEGER                 ,
 buying_price     INTEGER                 ,
 reg_date         DATE                    ,
 PRIMARY KEY (shohin_id));
```

Memo

本書之中，除了這個 Shohin 資料表之外，還會建立數個練習用的範例資料表，而用來建立這些範例資料表的 SQL 敘述，已經收錄於本書範例檔案的「\Sample\CreateTable\<RDBMS 名稱 >」資料夾內、檔名為「**CreateTable< 資料表名稱 >.sql**」的檔案中。舉例來說，可在 MySQL 中建立 Shohin 資料表的 SQL 敘述，就收錄於本書範例檔案的「\Sample\CreateTable\MySQL」資料夾內的「**CreateTableShohin.sql**」檔案中。

另外，在 CreateTableShohin.sql 檔案中，包含了建立 Shohin 資料表的 SQL 敘述（範例 1-2)，以及將資料存入 Shohin 資料表的 SQL 敘述（之後的範例 1-6)。如果需要先在範例資料表中存入資料，可以使用後半段用來存入資料的 SQL 敘述。

命名規則

表 1-2 所示的表格名稱和欄位名稱都是以中文命名，不過實際在資料庫中建立資料表的時候，不能使用中文（全形文字）的名稱。而資料表中存放的資料當然可以使用中文，否則這樣的資料庫對我們來說就失去了實用的價值。

資料庫、資料表以及欄位等名稱所能使用的文字，僅限於半形的英文字母、數字和底線（_）等文字（字元）。舉例來說，shohin_id 不能寫成 shohin-id，因為在標準 SQL 的規範中，連字符號不能用於欄位等名稱。同樣地，$、# 和 ? 之類的符號也不能用於這些名稱中。

在各家 RDBMS 當中，雖然有些可以在欄位等名稱中使用特殊符號和中文（全形文字），不過，這畢竟是某些 RDBMS 自行增加的特殊功能，無法保證資料轉移至其他 RBDMS 之後，同樣可以正常使用。雖然命名文字上的限制會讓人覺得有些不方便，不過還是習慣一下只能使用半形英文字母、數字和底線（_）的方式吧。

牢記的規則 1-9

資料庫、資料表和來位等名稱可使用的文字，僅有下列 3 項。

- 半形的英文字母
- 半形的數字
- 底線（_）

還有，**這些名稱的第 1 個文字必須使用半形的英文字母**，雖然很少有人會在名稱的開頭冠上符號，不過偶爾能看到類似 1shohin 或 2009_uriage 以數字開頭的名稱，這樣的命名方式有些便利之處，卻是標準 SQL 所禁止的做法，遇到這類需求的時候，請改為使用 shohin1 或 uriage_2009 之類的名稱吧。

牢記的規則 1-10

名稱的第 1 個文字必須使用「半形的英文字母」。

最後，1 個資料庫中不能建立 2 個以上同名的資料表，而且 1 個資料表中也不能建立 2 個以上同名的欄位，如果接收到建立同名資料表或欄位的指令，RDBMS 將會回應錯誤的訊息。

牢記的規則 1-11

名稱不能重複。

遵循前面說明的規則，範例 1-2 的 CREATE TABLE 敘述對於表 1-2 商品表格的各欄位，按照表 1-3 的對照關係分別命名資料表的各欄位，而且指定資料表的名稱為 Shohin。

表 1-3　商品表格與 Shohin 資料表欄位名稱對照

商品表格的欄位名稱	Shohin 資料表的欄位名稱
商品 ID	shohin_id
商品名稱	shohin_name
商品分類	shohin_catalg
販售單價	sell_price
購入單價	buying_price
登錄日期	reg_date

指定資料型別

KEYWORD
- 資料型別
- 數值型別
- 字串型別
- 日期型別

再來說到 Shohin 資料表中的各欄位，其實是定義在 CREATE TABLE Shohin( ) 的括號所夾住的範圍中，而寫在欄位名稱右側的 INTEGER 或 CHAR 等關鍵字，其作用在於宣告該欄位的**資料型別**，所有的欄位都必須指定此項目。

資料型別代表資料的類型，基本上可以分為**數值型別**、**字串型別**和**日期型別**等類型。所有的欄位都只能存入符合該欄位型別的資料，例如宣告為整數型別的欄位不能存入 '你我他' 這樣的字串，而宣告為字串型別的欄位也不能存入數值形式的 1234 數字。

資料型別具有非常多的類型，而且各家 RDBMS 也有著相當大的差異，建立商業營運上所需的重要資料庫時，必須配合 RDBMS 的特性選擇最適合的型別，不過在學習 SQL 的階段，只要了解最基本的資料型別就已經相當足夠，請先把下列的 4 種資料型別記起來吧！

KEYWORD
● INTEGER型別

● INTEGER 型別

用來儲存整數的欄位所指定的資料型別，屬於數值型別，不能存入帶小數的數值。

KEYWORD
● CHAR型別

註1-⑫
「位元組（Byte）」是電腦內部資料量的單位，按照文字的種類和呈現方式，1 個文字可能需要 1～3 個位元組的容量。

● CHAR 型別

CHAR 為 CHARACTER（文字）的簡稱，用來儲存字串的欄位需要指定此資料型別，屬於字串型別的 1 種。可以使用 CHAR(10) 或 CAHR(200) 之類的格式，在後方括號中以數字指定該欄位所能儲存字串的最大長度，超過該長度的字串將無法存入該欄位的儲存格。長度單位在各家的 RDBMS 中不盡相同，有些採用文字數量、有些則是位元組（註 1- ⑫）長度。

KEYWORD
● 固定長度字串

CHAR 型別的欄位是以**固定長度字串**的形式來儲存字串資料，而所謂固定長度字串的形式，會在存入欄位的字串長度未達最大長度的時候，在原本的字串資料後面補上半形空白至最大長度。舉例來說，如果將 'abc' 這樣的字串存入 CHAR(8) 的欄位中，那麼資料庫中會以 'abc   '（abc 後面有 5 個半形空白）的形式儲存資料。

另外，雖然前面曾經說明過 SQL 敘述的關鍵字不區分英文字母的大小寫，不過資料表當中儲存的字串資料有大小寫的區別，也就是說，'ABC' 和 'abc' 會被當成不同的字串資料。

KEYWORD
● VARCHAR型別
● 可變長度字串

● VARCHAR 型別

和 CHAR 型別同樣是用來儲存字串的欄位所指定的型別，亦屬於字串型別，也能在後方括號中指定該欄位所能儲存字串的最大長度。不過，此型別在欄位中存入字串的時候，是採用**可變長度字串**的儲存形式。前面所說的固定長度字串形式，會在字串少於最大長度的時候補足半形空白，而可變長度字串的形式，遇到字串少於最大長度的狀況並不會補上半形空白，例如若將 'abc' 的字串存入 VARCHAR(8) 的欄位，實際儲存的資料會保持 'abc' 的樣子。（註 1- ⑬）

註1-⑬
VARCHAR 的 VAR 為「VARING（可變）」的簡稱。

另外，當中儲存的字串資料會區分大小寫的這件事，也和 CHAR 型別相同。

KEYWORD
● VARCHAR2 型別

> 專用語法
> 在 Oracle 中為 VARCHAR2 型別（雖然 Oracle 也有名為 VARCHAR 的型別，不過不推薦使用）。

KEYWORD
● DATE 型別

● DATE 型別

用來儲存日期（年月日）的欄位所指定的資料型別，屬於日期型別。

> 專用語法
> Oracle 的 DATE 型別資料除了年月日之外，還包含了時分秒的時間資訊，不過本書的練習只有使用到日期。

設定條件約束

KEYWORD
● 條件約束

條件約束是在資料型別之外，對存入欄位的資料增加限制或條件的功能，而範例的 Shohin 資料表中設定了 2 種條件約束。

範例 1-2 的 SQL 敘述，對於 Shohin 資料表的 shohin_id、shohin_name（名稱）和 shohin_catalg（分類）等欄位有著如下的設定。

```
shohin_id      CHAR(4)       NOT NULL,
shohin_name    VARCHAR(100)  NOT NULL,
shohin_catalg  VARCHAR(32)   NOT NULL,
```

KEYWORD
● NOT NULL 條件約束
● NULL

位於資料型別右側的項目便是 **NOT NULL 條件約束**的設定。**NULL** 是用來表達「沒有資料」的關鍵字（註 1- ⓮），若在 NULL 前面加上 NOT，會變成相反的否定意思，所以 NOT NULL 條件約束代表限制該欄位**不能為空值**的狀態、必須填入某些資料，如果新增記錄的時候缺少此欄位的資料，將會發生錯誤。

換句話說，Shohin 資料表的 shohin_id（商品 ID）、shohin_name（商品名稱）和 shohin_catalg（商品分類）等欄位都必須填入某些資料。

註 1- ⓮
NULL 這個單字具有「無」或是「空」的意思，另外，由於在使用 SQL 的過程中會頻繁地出現 NULL 這個關鍵字，請務必要理解它的意義。

另外，在建立 Shohin 資料表的 CREATE TABLE 敘述的最後部分，可以看到寫著如下的語句。

```
PRIMARY KEY (shohin _ id)
```

KEYWORD

- 主鍵條件約束
- 鍵
- 主鍵

註 1- ⑮

這件事也稱為「唯一性」。

這個部份在 shohin_id 欄位上設定了**主鍵條件約束**。所謂的**鍵**（Key）是某些欄位內容的組合，可以用來找到特定的資料，而資料庫的鍵有好幾種，其中的**主鍵**（Primary Key）可以找到資料表中特定的某 1 筆記錄（註 1- ⑮），也就是說，如果知道 Shohin_id 的商品編號，便能取出特定商品的相關資料。

反過來說，如果有多項商品在 shohin_id 欄位存入相同的編號，便無法取出特定某項商品的相關資料，因為無法透過商品編號找出特定的商品，所以需要像這樣在某個欄位設定主鍵條件約束。

1-5 刪除與修改資料表

學習重點

- 想刪除資料表是使用 DROP TABLE 敘述。
- 想增加或刪除資料表欄位是使用 ALTER TABLE 敘述。

刪除資料表（DROP TABLE 敘述）

接下來，雖然才在資料庫中建立了 Shohin 資料表，不過這裡先介紹一下刪除資料表的方法。刪除資料表的 SQL 敘述非常簡單，僅需撰寫 1 行 DROP TABLE 敘述即可。

KEYWORD
● DROP TABLE 敘述

語法 1-3　刪除資料表

```
DROP TABLE <資料表名稱>;
```

按照上述的語法，如果想刪除 Shohin 資料表的話，可以執行如範例 1-3 的 SQL 敘述（註 1-⑯）。

註 1-⑯
由於之後還需要使用 Shohin 資料表來輔助學習，請不要真的刪除 Shohin 資料表，如果已經刪除請再建立 Shohin 資料表。

範例 1-3　刪除 Shohin 資料表

```
DROP TABLE Shohin;
```

DROP 有「丟掉」或「捨棄」的意思。請特別注意，**刪除資料表之後便無法再取得其中儲存的資料**（註 1-⑰），當發現「啊！不小心下了 DROP 指令」的時候，已經無法回復到原本的狀態，需要再次 CREATE 資料表、重新輸入所有的資料。

註 1-⑰
正確地來說，有許多 RDBMS 具備了復原資料的功能，不過原則上請當作無法取回資料。

如果不小心刪除了實務上所使用的重要資料表，那將會是非常糟糕的狀況，尤其是存放著大量資料的資料表，想要復原就需要花費大量的時間來重建，因此，使用 DROP 的時候請多加注意！

牢記的規則 1-12

被刪除的資料表無法復原！
執行 DROP TABLE 之前請再三確認。

修改資料表結構（ALTER TABLE 敘述）

KEYWORD
- ALTER TABLE敘述

資料庫中已經建立好的資料表，有可能在使用一段時間之後才發現欄位不足的狀況，此時不必刪除原本的資料表再重新建立，可以執行能修改資料表結構的 ALTER TABLE 敘述。ALTER 這個單字是「改變」的意思，以下將為您介紹此敘述比較典型的使用方式。

首先，想要增加欄位的時候可以使用下列的語法。

語法 1-4 新增欄位

```
ALTER TABLE <資料表名稱> ADD COLUMN <欄位設定>;
```

專用語法

Oracle 和 SQL Server 需要以下面的語法增加 COLUMN。

```
ALTER TABLE <資料表名稱> ADD <欄位設定>;
```

另外，在 Oracle 想要 1 次新增多個欄位時，可以像下面這樣在括號中寫入多個欄位的設定。

```
ALTER TABLE <資料表名稱> ADD (<欄位設定1>, <欄位設定2>, …);
```

舉例來說，如果想在 Shohin 資料表中，增加名稱為 shohin_info（商品備註）、可存入最大長度為 100 的可變長度字串的欄位時，可以寫成如同範例 1-4 的 SQL 敘述。

範例 1-4 增加能存入長度 100 的可變長度字串的欄位

DB2 PostgreSQL MySQL

```
ALTER TABLE Shohin ADD COLUMN shohin_info VARCHAR(100);
```

Oracle

```
ALTER TABLE Shohin ADD (shohin_info VARCHAR2(100));
```

SQL Server

```
ALTER TABLE Shohin ADD shohin_info VARCHAR(100);
```

另外一方面，刪除資料表的欄位可以寫成如下的語法。

範例 1-5　刪除欄位的 ALTER TABLE 敘述

```
ALTER TABLE <資料表名稱> DROP COLUMN <欄位設定>;
```

專用語法

Oracle 可以像下面這樣省略 COLUMN。

```
ALTER TABLE <資料表名稱> DROP <欄位名稱>;
```

另外，在 Oracle 想要 1 次刪除多個欄位時，可以在括號中指定多個欄位。

```
ALTER TABLE <資料表名稱> DROP (<欄位名稱1>, <欄位名稱2>, …);
```

以實際的例子來說，如果想從 Shohin 資料表刪除先前新增的 shohin_info 欄位時，可以寫成如同範例 1-5 的 SQL 敘述。

範例 1-5　刪除 shohin_info 欄位

SQL Server　DB2　PostgreSQL　MySQL

```
ALTER TABLE Shohin DROP COLUMN shohin_info;
```

Oracle

```
ALTER TABLE Shohin DROP (shohin_info);
```

ALTER TABLE 敘述也和 DROP TABLE 敘述相同，執行之後便無法回復當中儲存的資料。如果不小心新增了錯誤或多餘的欄位，只能使用 ALTER TABLE 敘述刪除該欄位、或是刪除整個資料表再重新建立。

牢記的規則 1-13

資料表結構修改之後便無法回復至原本狀態！
執行 ALTER TABLE 之前請再三確認。

新增資料至資料表

最後請試著將資料儲存到 Shohin 資料表中吧！從下個章節開始，將會使用這個存著資料的 Shohin 資料表，學習如何利用 SQL 敘述存取資料。

能在 Shohin 資料表中新增資料記錄的 SQL 敘述如同範例 1-6 所示。

範例 1-6　在 Shohin 資料表中新增資料的 SQL 敘述

```
[SQL Server] [PostreSQL]
-- DML:新增資料
BEGIN TRANSACTION; ———— ①

INSERT INTO Shohin VALUES ('0001', 'T恤' ,    '衣物',      ➡
1000, 500, '2009-09-20');
INSERT INTO Shohin VALUES ('0002', '打孔機', '辦公用品', ➡
500, 320, '2009-09-11');
INSERT INTO Shohin VALUES ('0003', '襯衫',    '衣物',      ➡
4000, 2800, NULL);
INSERT INTO Shohin VALUES ('0004', '菜刀',    '廚房用品', ➡
3000, 2800, '2009-09-20');
INSERT INTO Shohin VALUES ('0005', '壓力鍋', '廚房用品', ➡
6800, 5000, '2009-01-15');
INSERT INTO Shohin VALUES ('0006', '叉子',    '廚房用品', ➡
500, NULL, '2009-09-20');
INSERT INTO Shohin VALUES ('0007', '刨絲器', '廚房用品', ➡
880, 790, '2008-04-28');
INSERT INTO Shohin VALUES ('0008', '鋼珠筆', '辦公用品', ➡
100, NULL, '2009-11-11');

COMMIT;
```

有 ➡ 表示下一行為同一行的資料

專用語法

範例 1-6 的 DML 敘述在各 DBMS 的寫法會略有差異。

在 MySQL 上面執行的時候，① 的「BEGIN TRANSACTION;」需要改為：

```
START TRANSACTION;
```

而在 Oracle 和 DB2 上面執行的時候，不需要 ① 的「BEGIN TRANSACTION;」，請直接刪除此行即可。

另外，各 DBMS 對應的 DML 敘述，已經收錄在本書範例檔案的「\Sample\CreateTable\<RDBMS 名稱 >」資料夾內、檔名為「CreateTable< 資料表名稱 >.sql」的檔案中

使用 INSERET 就可以在資料表中存入如同表 1-2 的資料。開頭的 BEGIN TRANSACTION 敘述是開始新增整批記錄的指令敘述，而最後的 COMMIT 敘述是確認新增這些記錄的指令敘述，這些指令敘述的相關事項會在第 4 章再做詳細說明，先不必急著了解他們的意義。

COLUMN

資料表的修正方式

這個小節的範例是以「Shohin」做為資料表的名稱，不過您若是在手忙腳亂的狀況下，不小心將資料表的名稱輸入成「Sohin」、建立了錯誤名稱的資料表，那麼，這個時候應該如何進行修正呢？

如果資料表中連 1 筆記錄都還沒有存入，其實可以先 DROP 錯誤的資料表，然後重新 CREATE 名稱正確的資料表，這也算是 1 種解決問題的方法。不過，若是沒有立即查覺資料表名稱錯誤，等到存入了大量資料之後才發現這樣的問題，上述的方法顯然不太適用，因為重新存入大量資料需要耗費許多人力和時間。另外，原本倉促決定「就用這個名稱吧！」，到了後來忽然覺得不太滿意而想修改名稱，這個時候也會遇上相同的困境。

KEYWORD
● RENAME

遇到這類狀況時，大多數的 RDBMS 都提供了「RENAME（改名）」的指令，能很方便地修改資料表的名稱。舉例來說，想將 Sohin 資料表改名為 Shohin 資料表的時候，可以使用如範例 1-A 的敘述指令。

範例 1-A　修改資料表名稱

Oracle　PostgreSQL
```
ALTER TABLE Sohin RENAME TO Shohin;
```
DB2
```
RENAME TABLE Sohin TO Shohin;
```
SQL Server
```
sp _ rename 'Sohin', 'Shohin';
```
MySQL
```
RENAME TABLE Sohin to Shohin;
```

如同上面的範例，基本的使用方式是在 RENAME 的後面，按照 <修改前的名稱>、<修改後的名稱> 的順序指定資料表名稱。

各家 RDBMS 的語法之所以會有這麼大的差異，是因為標準 SQL 當中沒有 RENAME 的規範，所以各家 RDBMS 也只能自行決定語法。遇到上述不小心建立錯誤名稱的資料表、或想要保存備份的資料表等狀況，此功能可以很方便地達成目的，不過各家的語法過於雜亂而難以記憶，可以說是它附帶的小小缺點，而忘記 RENAME 的寫法時，可以回顧這裡了解正確的語法。

自我練習

1.1　請按照表 1-A 所設定的條件，撰寫出能建立 Addressbook（通訊錄）資料表的 CREATE TABLE 敘述，不過，reg_no（登錄編號）欄位的主鍵條件約束，不能寫在該欄位定義的後方，必須寫在其它的位置。

表 1-A　Addressbook（通訊錄）

欄位意義	欄位名稱	資料型別	條件約束
登錄編號	reg_no	整數型別	不能為 NULL、主鍵
名字	reg_name	可變長度字串型別（長度為 128）	不能為 NULL
地址	reg_address	可變長度字串型別（長度為 256）	不能為 NULL
電話號碼	tel_no	固定長度字串型別（長度為 10）	
電郵信箱	mail_address	固定長度字串型別（長度為 20）	

1.2　問題 1.1 所建立的 Addressbook 資料表，其實還漏掉了下面所示的 post_no（郵遞區號）欄位，請撰寫 SQL 敘述在 Addressbook 資料表中增加此欄位。

欄位名稱：post_no

資料型別：固定長度字串型別（長度為 8）

條件約束：不能為 NULL

1.3　請刪除 Addressbook 資料表。

1.4　請回復前面刪除的 Addressbook 資料表。

memo

第2章 查詢的基本語法

SELECT敘述的基本語法

算術運算子與比較運算子

邏輯運算子

SQL

本章的主題

本章將上個章節所建立的Shohin資料表為對象，學習撰寫能查詢資料的SQL敘述。查詢資料用的SELECT敘述，是SQL基本操作中最重要的敘述語句，請試著實際執行章節中所列出的SELECT敘述範例，親身體驗其撰寫方式和執行結果吧！

查詢資料的時候需要指定目標資料的條件（查詢條件），例如可以指定「某個欄位的資料和這個數值相等」或「某個欄位經過乘法運算的結果比這個數值大」之類的條件，透過1項甚至多項條件來找到想要的資料。

2-1 SELECT敘述的基本語法

- 輸出特定欄位資料
- 輸出所有欄位資料
- 替欄位取個別名
- 輸出常數
- 省略結果中重複的記錄
- 以 WHERE 子句篩選特定記錄
- 註解的寫法

2-2 算術運算子與比較運算子

- 算術運算子
- 請留意 NULL 的運算
- 比較運算子
- 對字串使用不等號的需注意事項
- 不能對 NULL 使用比較運算子

2-3 邏輯運算子

- NOT 運算子
- AND 運算子與 OR 運算子
- 加上括號的部分優先處理
- 邏輯運算子與真偽值
- 含有 NULL 時的真偽值

2-1 SELECT 敘述的基本語法

學習重點

- 從資料表篩選出資料需要使用 SELECT 敘述。
- 欄位名稱可以改為顯示用的別名。
- SELECT 子句部分可以寫入常數或運算式。
- 若加上 DISTINCT 關鍵字，便能省略重複的記錄。
- SQL 敘述之間可以寫入提示用的「註解」。
- 藉由 WHERE 子句可以從資料表篩選出符合查詢條件的記錄。

輸出特定欄位資料

KEYWORD
- SELECT 敘述
- 查詢

從資料表取出資料的時候需要使用 **SELECT 敘述**，您可以把這樣的動作想像成「從資料表的所有資料當中，僅篩選（SELECT）出想要的某些記錄」，另外，利用 SELECT 敘述搜尋和取得資料的動作也被稱為「**查詢**（Query）」。

在所有的 SQL 敘述當中，SELECT 敘述是最常被使用、也是最基本的 SQL 敘述，能否熟練地運用 SELECT 敘述，也是成為 SQL 達人的重要關鍵之一。

SELECT 敘述的基本語法如下所示。

語法 2-1　基本的 SELECT 敘述語法

```
SELECT <欄位名稱>, ……
  FROM <資料表名稱>;
```

KEYWORD
- 子句

註 2-❶
Clause 亦有其他的翻譯名稱，不過本書中統一稱為「子句」。

此 SELECT 敘述，可以分成 **SELECT** 和 **FROM** 等 2 段被稱為「**子句**（Clause）（註 2-❶）」的部分。子句是完整 SQL 敘述的構成元素，其開頭為 SELECT 或 FROM 等關鍵字。

在 SELECT 子句的後方，依序寫著想從資料輸出的欄位名稱，而 FROM 子句則指定著資料來源的資料表名稱。

做為實際練習的例子，請試著從第 1 章建立完成的 Shohin（商品）資料表，輸出如圖 2-1 所示的 shohin_id（商品 ID）、shohin_name（商品名稱）和 buying_price（購入單價）等欄位的資料吧。

圖 2-1　輸出 Shohin 資料表的特定欄位

shohin_id（商品 ID）	shohin_name（商品名稱）	shohin_catalg（商品分類）	sell_price（販售單價）	buying_price（購入單價）	reg_date（登錄日期）
0001	T 恤	衣物	1000	500	2009-09-20
0002	打孔機	辦公用品	500	320	2009-09-11
0003	襯衫	衣物	4000	2800	
0004	菜刀	廚房用品	3000	2800	2009-09-20
0005	壓力鍋	廚房用品	6800	5000	2009-01-15
0006	叉子	廚房用品	500		2009-09-20
0007	刨絲器	廚房用品	880	790	2008-04-28
0008	鋼珠筆	辦公用品	100		2009-11-11

輸出此 3 個欄位

此時的 SELECT 敘述如同範例 2-1 所示，而用正確的方式執行之後，應該可以看到類似下方「執行結果」的顯示畫面（註 2-❷）。

註 2-❷

執行結果的顯示方式，會因為 RDBMS 的用戶端程式而有所差異（資料內容會是相同的），另外，本書所列的顯示結果若沒有特別說明，均為 MariaDB 10.1 的狀況。

範例 2-1　輸出 Shohin 資料表的 3 個欄位

```
SELECT shohin_id, shohin_name, buying_price
  FROM Shohin;
```

執行結果

```
shohin_id  |   shohin_name    | buying_price
-----------+------------------+-------------
0001       | T 恤             |          500
0002       | 打孔機           |          320
0003       | 襯衫             |         2800
0004       | 菜刀             |         2800
0005       | 壓力鍋           |         5000
0006       | 叉子             |
0007       | 刨絲器           |          790
0008       | 鋼珠筆           |
```

這段 SELECT 敘述第 1 行的「SELECT shohin_id, shohin_name, buying_price」便是 SELECT 子句的部分，後方欲輸出欄位的順序和

註2-❸
您執行的時候，各筆記錄的排列順序也許會和書中不同。如果沒有指定記錄的排列順序，RDBMS 會適當地決定順序，因而導致這樣的狀況發生，指定的方法（ORDER BY）會在第 3 章介紹。

KEYWORD
● 星號（*）

數量可以自由決定，當 1 次輸出多個欄位的時候，需要以逗號（,）隔開各個欄位名稱，而且，**執行結果的各個欄位會按照 SELECT 子句的順序排列**（註 2- ❸）。

輸出所有欄位資料

想輸出資料表所有欄位的資料時，可以在 SELECT 子句後方使用代表所有欄位的**星號**（*）。

語法 2-2　輸出所有欄位資料

```
SELECT *
  FROM <資料表名稱>;
```

舉例來說，如果想輸出 Shohin 資料表所有欄位的資料時，可以寫成如同範例 2-2 所示的 SELECT 敘述。

範例 2-2　輸出 Shohin 資料表的所有欄位資料

```
SELECT *
  FROM Shohin;
```

這段敘述和範例 2-3 所示的 SELECT 敘述會獲得相同的結果。

範例 2-3　與範例 2-2 意義相同的 SELECT 敘述

```
SELECT shohin_id, shohin_name, shohin_catalg,
       sell_price, buying_price, reg_date
  FROM Shohin;
```

其執行結果如下所示。

執行結果

```
shohin_id | shohin_name | shohin_catalg |  sell_price | buying_price | reg_date
----------+-------------+---------------+-------------+--------------+----------
0001      | T恤         | 衣物          |        1000 |          500 |2009-09-20
0002      | 打孔機      | 辦公用品      |         500 |          320 |2009-09-11
0003      | 襯衫        | 衣物          |        4000 |         2800 |
0004      |  菜刀       | 廚房用品      |        3000 |         2800 |2009-09-20
0005      | 壓力鍋      | 廚房用品      |        6800 |         5000 |2009-01-15
0006      | 叉子        | 廚房用品      |         500 |              |2009-09-20
0007      | 刨絲器      | 廚房用品      |         880 |          790 |2008-04-28
0008      | 鋼珠筆      | 辦公用品      |         100 |              |2009-11-11
```

牢記的原則 2-1

星號（*）指的是所有欄位。

不過，**若使用星號將無法指定執行結果的欄位排列順序**，這個時候會以 CREATE TABLE 敘述所設定的順序來排列欄位。

COLUMN

任意換行容易發生錯誤

SQL 敘述允許使用換行或半形空白來區隔各個單字，您可以在任意的位置上斷行，因此下面每個單字各自行的 SQL 敘述同樣能正常執行。

```
SELECT
*
FROM
Shohin
;
```

不過這樣的 SQL 敘述較難解讀、也容易發生錯誤，所以原則上請採用「每段子句寫成 1 行」的方式（當子句長度過長的時候，為了便於閱讀，可在適宜的位置換行）。

另外，像下面這樣夾雜著空行（沒有任何文字的橫行）的 SQL 敘述將無法正常執行，請特別注意。

```
SELECT *
                    ← 不能空行
  FROM Shohin;
```

替欄位取個別名

KEYWORD
- AS 關鍵字
- 別名

在 SQL 敘述中使用 **AS 關鍵字**，便能替欄位另外取個**別名**，請看一下實際的例子（範例 2-4）。

範例 2-4　替欄位取別名

```
SELECT shohin_id     AS id,
       shohin_name   AS name,
       buying_price  AS bprice
  FROM Shohin;
```

執行結果

```
 id   |       name        | bprice
-------+------------------+-------
 0001 | T 恤              |    500
 0002 | 打孔機            |    320
 0003 | 襯衫              |   2800
 0004 | 菜刀              |   2800
 0005 | 壓力鍋            |   5000
 0006 | 叉子              |
 0007 | 刨絲器            |    790
 0008 | 鋼珠筆            |
```

KEYWORD

● 雙引號（"）

註2-❹

若使用雙引號，欄位的別名就可以包含空白，不過很容易忘記加上雙引號而發生錯誤，所以建議避免使用包含空白的名稱，建議您使用 shohin_ichiran 的方式，以底線（_）代替空白。

欄位的別名亦可使用中文，這個時候需要以雙引號（"）將中文別名圍起來（註 2-❹），而且請特別注意不能使用單引號（'）。範例 2-5 便是將欄位名稱改為中文別名的 SELECT 敘述。

範例 2-5　替欄位取中文別名

```
SELECT shohin_id AS "商品 ID",
       shohin_name AS "商品名稱",
       buying_price AS "購入單價"
  FROM Shohin;
```

執行結果

```
 商品 ID  |      商品名稱      |  購入單價
---------+-------------------+-----------
 0001     | T 恤              |       500
 0002     | 打孔機            |       320
 0003     | 襯衫              |      2800
 0004     | 菜刀              |      2800
 0005     | 壓力鍋            |      5000
 0006     | 叉子              |
 0007     | 刨絲器            |       790
 0008     | 鋼珠筆            |
```

這次的執行結果是不是比較容易閱讀呢？像這樣利用別名的功能，便能讓 SELECT 的執行結果更容易閱讀、使用起來更加便利。

牢記的原則 2-2

替欄位取中文別名的時候需要以雙引號（"）圍住。

輸出常數

KEYWORD
- 字串常數
- 數值常數
- 日期常數

註2-❺
在 SQL 敘述中寫入字串或日期的常數時，必須以單引號（'）圍住。

SELECT 子句除了欄位名稱之外，也能寫入固定的文字或數值等常數。在範例 2-6 的 SELECT 子句中，第 1 個欄位的地方寫著 '商品' 這個字串常數，第 2 個欄位的地方寫著 38 的數值常數，而第 3 個欄位的地方則是 '2009-02-24' 的日期常數，執行之後，這些常數會和 shohin_id 以及 shohin_name 欄位一併輸出（註 2-❺）。

範例 2-6　輸出常數

```
SELECT '商品' AS string, 38 AS number, '2009-02-24' AS
       s_date, shohin_id, shohin_name
  FROM Shohin;
```

執行結果

```
   string     |number|    s_date     | shohin_id  |    shohin_name
--------------+------+---------------+------------+-----------------
 商品         | 38   |  2009-02-24   | 0001       | T 恤
 商品         | 38   |  2009-02-24   | 0002       | 打孔機
 商品         | 38   |  2009-02-24   | 0003       | 襯衫
 商品         | 38   |  2009-02-24   | 0004       | 菜刀
 商品         | 38   |  2009-02-24   | 0005       | 壓力鍋
 商品         | 38   |  2009-02-24   | 0006       | 叉子
 商品         | 38   |  2009-02-24   | 0007       | 刨絲器
 商品         | 38   |  2009-02-24   | 0008       | 鋼珠筆
```

如同執行的結果，所有的記錄均包含了寫在 SELECT 子句中的常數。

此外，SELECT 子句中除了常數之外，還能寫入數學計算式，而計算式的寫法將在下個小節再做介紹。

省略結果中重複的記錄

以實際的例子來說，如果想知道 Shohin 資料表的商品分類（shohin_catalg）欄位中記錄了哪些商品的類別，此時若能直接看到如同圖 2-2 下方省略重複資料的結果，那應該會是非常愉快的事情吧。

圖 2-2　想查詢有哪些商品分類

shohin_id（商品 ID）	shohin_name（商品名稱）	shohin_catalg（商品分類）	sell_price（販售單價）	buying_price（購入單價）	reg_date（登錄日期）
0001	T 恤	衣物	1000	500	2009-09-20
0002	打孔機	辦公用品	500	320	2009-09-11
0003	襯衫	衣物	4000	2800	
0004	菜刀	廚房用品	3000	2800	2009-09-20
0005	壓力鍋	廚房用品	6800	5000	2009-01-15
0006	叉子	廚房用品	500		2009-09-20
0007	刨絲器	廚房用品	880	790	2008-04-28
0008	鋼珠筆	辦公用品	100		2009-11-11

↓ 省略重複資料

shohin_catalg（商品分類）
衣物
辦公用品
廚房用品

希望獲得像上面這樣省略重複記錄的結果時，可以在 SELECT 子句中使用 DISTINCT 這個關鍵字（範例 2-7）。

KEYWORD
● DISTINCT 關鍵字

範例 2-7　使用 DISTINCT 省略 shohin_catalg 欄位的重複資料

```
SELECT DISTINCT shohin_catalg
  FROM Shohin;
```

執行結果

```
shohin_catalg
---------------
廚房用品
衣物
辦公用品
```

牢記的原則 2-3

想省略結果中的重複記錄時，請在 SELECT 子句加上 DISTINCT。

使用 DISTINCT 的時候，NULL 也會被當成 1 項資料，如果有多筆記錄同為 NULL，當然也會被彙整成 1 項 NULL。請看到範例 2-8 的敘述，這段 SELECT 敘述在加上 DISTINCT 的狀態下、查詢 buying_price（購入單價）欄位有哪些資料，而執行的結果除了 2 項 2800 的數值之外，原有的 2 項 NULL 也被彙整成 1 項。

範例 2-8　對含有 NULL 的欄位使用 DISTINCT 關鍵字

```
SELECT DISTINCT buying _ price
  FROM Shohin;
```

執行結果

DISTINCT 可以像範例 2-9 一樣寫在多個欄位的前面（用於多個欄位），在這種狀況之下，多個欄位的資料會被視為一體，只有完全相同的資料才會進行彙整。而範例 2-9 的 SELECT 敘述，只有在 shohin_catalg（商品分類）和 reg_date（登錄日期）這 2 個欄位的資料完全相同時，才會進行彙整的動作。

範例 2-9　在多個欄位前面加上 DISTINCT

```
SELECT DISTINCT shohin _ catalg, reg _ date
  FROM Shohin;
```

執行結果

```
 shohin_catalg  |  reg_date
----------------+------------
 衣物           | 2009-09-20
 辦公用品       | 2009-09-11
 辦公用品       | 2009-11-11
 衣物           |
 廚房用品       | 2009-09-20
 廚房用品       | 2009-01-15
 廚房用品       | 2008-04-28
```

由於 0004 和 0006 商品的 shohin_catalg 欄位都為 '廚房用品'、reg_date 欄位都為 '2009-09-20'，所以執行結果中可以看到這 2 筆資料被彙整成 1 筆。

另外，**DISTINCT 關鍵字只能寫在第 1 個欄位名稱的前面**，例如上面的 SELECT 敘述不能寫成 shohin_catalg, DISTINCT reg_date 的順序，此點請特別注意。

以 WHERE 子句篩選特定記錄

前面的範例都是輸出資料表中的所有記錄（以列為單位的資料），不過在實際的應用上，不需要每次都取出所有的記錄，例如一般使用資料表的資料時，大概都會設定「商品分類為衣物」或「販售單價高於 1000 元」之類的條件，只取得符合條件的某些記錄。

KEYWORD
● WHERE 子句

SELECT 敘述可以使用 **WHERE 子句**來指定條件、篩選出想要的記錄，而在 WHERE 子句中，可以指定「某個欄位的資料等於這個字串」或「某個欄位儲存的數值大於此數值」之類的條件，如果執行帶有 WHERE 子句的 SELECT 敘述，其結果便只會列出符合設定條件的記錄（註 2-❻）。

註 2-❻
這和 Excel 使用「篩選」找出特定資料列的功能相當類似。

SELECT 敘述加上 WHERE 子句的寫法如下所示。

語法 2-3　SELECT 敘述的 WHERE 子句

```
SELECT <欄位名稱>, ……
  FROM <資料表名稱>
 WHERE <條件式>;
```

下面的圖 2-3 顯示著想從 Shohin 資料表篩選出「商品分類(shohin_catalg）欄位為 '衣物'」的記錄。

圖 2-3 篩選資料

shohin_id（商品 ID）	shohin_name（商品名稱）	shohin_catalg（商品分類）	sell_price（販售單價）	buying_price（購入單價）	reg_date（登錄日期）
0001	T 恤	衣物	1000	500	2009-09-20
0002	打孔機	辦公用品	500	320	2009-09-11
0003	襯衫	衣物	4000	2800	
0004	菜刀	廚房用品	3000	2800	2009-09-20
0005	壓力鍋	廚房用品	6800	5000	2009-01-15
0006	叉子	廚房用品	500		2009-09-20
0007	刨絲器	廚房用品	880	790	2008-04-28
0008	鋼珠筆	辦公用品	100		2009-11-11

篩選出 shohin_catalg 欄位為 '衣物' 的記錄

而符合條件的記錄也能指定要輸出哪些欄位。這裡為了可以同時看到商品的名稱，所以除了 shohin_catalg 欄位之外，也指定輸出 shohin_name 欄位的資料，這樣的 SELECT 敘述如同範例 2-10 所示。

範例 2-10　選擇 shohin_catalg 欄位為 '衣物' 的記錄

```
SELECT shohin_name, shohin_catalg
  FROM Shohin
 WHERE shohin_catalg = '衣物';
```

執行結果

```
   shohin_name    | shohin_catalg
------------------+----------------
 T 恤             | 衣物
 襯衫             | 衣物
```

KEYWORD
● 條件式

WHERE 子句後方的「shohin_catalg = '衣物'」便是指定查詢條件的運算式（**條件式**），其中的「=」是用來比較左右 2 側是否相等的符號，此條件式會比較 shohin_catalg 欄位儲存的資料和 '衣物' 字串，確認這 2 者是否相等。Shohin 資料表中的所有記錄，都會經過這樣的比較動作。

而且 SELECT 子句中指定了 shohin_name 和 shohin_catalg 欄位，所以執行結果只會針對符合條件的記錄、輸出這 2 個欄位的資料。簡單來說，WHERE 子句會先篩選出符合條件的記錄，然後按照 SELECT 子句所指定的欄位輸出資料（圖 2-4）。

圖 2-4

shohin_id（商品 ID）	shohin_name（商品名稱）	shohin_catalg（商品分類）	sell_price（販售單價）	buying_price（購入單價）	reg_date（登錄日期）
0001	T 恤	衣物	1000	500	2009-09-20
0002	打孔機	辦公用品	500	320	2009-09-11
0003	襯衫	衣物	4000	2800	
0004	菜刀	廚房用品	3000	2800	2009-09-20
0005	壓力鍋	廚房用品	6800	5000	2009-01-15
0006	叉子	廚房用品	500		2009-09-20
0007	刨絲器	廚房用品	880	790	2008-04-28
0008	鋼珠筆	辦公用品	100		2009-11-11

還有，範例 2-10 為了確認是否有篩選出正確的資料，所以在 SELECT 子句中指定輸出 shohin_catalg 欄位的資料，不過這並非必要的動作。如果只想列出分類為衣物的商品名稱，可以使用範例 2-11 的方式，在 SELECT 子句中指定僅輸出 shohin_name 欄位的資料。

範例 2-11　可以不輸出做為搜尋條件的欄位

```
SELECT shohin_name
  FROM Shohin
 WHERE shohin_catalg = '衣物';
```

執行結果

```
   shohin_name
----------------
 T 恤
 襯衫
```

另外，SQL 敘述中的各子句有其固定的撰寫順序，不能任意變換各子句的前後關係，例如 WHERE 子句的位置，必須接著寫在 FORM 子句的後方，如果改變撰寫順序將會發生錯誤（範例 2-12）。

範例 2-12　任意改變子句順序會發生錯誤

```
SELECT shohin _ name, shohin _ catalg
 WHERE shohin _ catalg = '衣物'
  FROM Shohin;
```

執行結果（MariaDB 上的錯誤訊息）

```
ERROR 1064 (42000): You have an error in your SQL syntax; check the
manual that corresponds to your MariaDB server version for the right
syntax to use near 'WHERE shohin_catalg = '衣物'
FROM Shohin' at line 2
```

牢記的原則 2-4

WHERE 子句必須放在 FORM 子句的後方。

註解的寫法

KEYWORD
● 註解

本小節最後所要介紹註解的撰寫方式。而所謂的註解，是某段 SQL 敘述的相關說明或注意事項等解說文字。

註解完全不會影響到 SQL 敘述的執行和輸出結果，所以撰寫註解的時候，內容可以使用中文或英文等各種文字描述。

撰寫註解有下列 2 種方式可以使用。

KEYWORD
● 單行註解
● --

● **單行註解**

寫在「--」的後方，而且 1 則單行註解只能寫成 1 行（註 2-❼）。

註 2-❼
MaraiDB 必須在「--」後方先輸入 1 個半形空白再開始撰寫註解內容，沒有空白的話該行不會被視為註解。

KEYWORD
● 多行註解
● /*
● */

● **多行註解**

寫在「/*」和「*/」的範圍中，此種形式的註解內容可以跨越多行。

這 2 種註解的實際使用方式如同範例 2-13 和範例 2-14 所示。

範例 2-13　單行註解的使用實例

```
-- 此 SELECT 敘述會移除結果中相同的記錄。
SELECT DISTINCT shohin _ id, buying _ price
  FROM Shohin;
```

範例 2-14　多行註解的使用實例

```
/* 此 SELECT 敘述
   會移除結果中相同的記錄。 */
SELECT DISTINCT shohin_id, buying_price
  FROM Shohin;
```

另外，不論是哪種註解都可以寫在某段 SQL 敘述的中間位置（範例 2-15、16）。

範例 2-15　將單行註解寫在某段 SQL 敘述的中間

```
SELECT DISTINCT shohin_id, buying_price
-- 此 SELECT 敘述會移除結果中相同的記錄。
  FROM Shohin;
```

範例 2-16　將多行註解寫在某段 SQL 敘述的中間

```
SELECT DISTINCT shohin_id, buying_price
/* 此 SELECT 敘述
   會移除結果中相同的記錄。 */
  FROM Shohin;
```

再重複說明一下，以上這些 SELECT 敘述的執行結果，和沒有寫入註解的結果完全相同。所有的 SQL 敘述都可以在適當的位置寫入註解，而且沒有數量上的限制。由於註解可以協助閱讀 SQL 敘述的人員理解其意義，尤其是較為複雜的 SQL 敘述，建議您可以盡量加上淺顯易懂的註解。

牢記的原則 2-5

註解是某段 SQL 敘述的說明或注意事項等解說文字。
有單行註解和多行註解等 2 種寫法。

2-2 算術運算子與比較運算子

學習重點

- 以左右 2 側的欄位或資料數值執行運算（計算或比較等動作）的符號稱為「運算子」。
- 使用算術運算子可以執行四則運算。
- 加上括號 () 可以提升此部分運算的優先順序（先進行運算）。
- 如果運算的對象包含 NULL，其結果必為 NULL。
- 透過比較運算子的功能，可以得知欄位或資料數值之間的相等、不相等、大於、以及小於 ... 等關係。
- 想確認是否為 NULL 時，請使用 IS NULL 運算子或 IS NOT NULL 運算子。

算術運算子

SQL 敘述當中也可以寫入數學計算式。例如範例 2-17 所示的 SELECT 敘述，能將各商品雙份的價格、也就是 sell_price 欄位所記錄價格的 2 倍數值，以 "sell_price_x2" 的欄位名稱進行輸出。

範例 2-17　SQL 敘述中也能寫入計算式

```
SELECT shohin_name, sell_price,
       sell_price * 2 AS "sell_price_x2"
  FROM Shohin;
```

執行結果

```
   shohin_name    |  sell_price   |  sell_price_x2
------------------+---------------+-------------------
 T 恤             |          1000 |              2000
 打孔機           |           500 |              1000
 襯衫             |          4000 |              8000
 菜刀             |          3000 |              6000
 壓力鍋           |          6800 |             13600
 叉子             |           500 |              1000
 刨絲器           |           880 |              1760
 鋼珠筆           |           100 |               200
```

sell_price_2x 欄位部分的「sell_price ＊ 2」是將販售單價乘以 2 的計算式。請看到 shohin_name（商品名稱）欄位為 'T 恤 ' 的這一列記錄，後方 sell_price（販售單價）欄位的數值為 1000，乘以 2 倍之後成為 sell_price_2x 欄位的數值 2000。同樣地，' 打孔機 ' 這一列記錄由 500 算得 1000、而 ' 襯衫 ' 由 4000 算得 8000 再輸出於畫面之上，**這樣的計算動作會對每行記錄逐行執行**。

SQL 敘述中主要可使用的四則運算符號如表 2-1 所示。

KEYWORD
- +運算子
- -運算子
- ＊運算子
- /運算子

表 2-1　SQL 敘述當中使用的四則運算符號

意義	符號
加法運算	+
減法運算	-
乘法運算	*
除法運算	/

KEYWORD
- 算術運算子
- 運算子

這裡用來執行四則運算的符號（+、-、*、/）被稱為**算術運算子**。**運算子**符號能運用左右 2 側的數值資料，完成四則運算、連結字串、以及比較數值的大小等運算工作，最後回傳運算結果。例如在 + 運算子的 2 側寫上數值或數值型別欄位的名稱，它便會回傳加法運算的結果。SQL 敘述中除了算術運算子之外，還有許多的運算子可供使用。

牢記的原則 2-6

SELECT 子句中可以寫入常數或運算式。

KEYWORD
- ( ) 括號

另外，SQL 敘述和一般的計算式同樣可以使用**括號 ()**。計算式中被括號 () 圍住的部分其優先順序較高、會先進行計算，舉例來說，像 (1 ＋ 2) ＊ 3 這樣的計算式會先計算 1 ＋ 2 的部分，然後再對其結果執行＊ 3 的運算。

括號的使用對象不僅限於四則運算，許多寫在 SQL 敘述中的運算式都可以使用括號，而使用的方式將在後面的章節慢慢為您解說。

請留意 NULL 的運算

如果像前面的範例 2-17 一樣在 SQL 敘述中進行運算的時候，必須留意一下「當中包含 NULL 的運算」。舉例來說，若在 SQL 敘述中執行下列的這些運算式時，您覺得會得到什麼樣的結果呢？

Ⓐ 5 + NULL　　Ⓑ 10 - NULL

Ⓒ 1 * NULL　　Ⓓ 4 / NULL

Ⓔ NULL / 9　　Ⓕ NULL / 0

正確答案是「從 A 到 F 的結果皆為 NULL」。也許有讀者覺得相當訝異「咦！真的嗎？」，不過，**包含 NULL 的計算其結果必然會是 NULL**，而且此規則也適用於 F 計算式的 NULL 除以 0 的狀況。一般像 5 / 0 這樣執行除以 0 的運算時，電腦程式會回覆錯誤的訊息，但是只有 NULL 除以 0 的時候不會發生錯誤而得到 NULL 的結果。

雖然有著上述的規則存在，不過實務上經常需要將 NULL 視為 0，以便獲得像是 5 + NULL = 5 的結果，這樣的需求其實不成問題，SQL 已經備有此種計算的應對方式，本書將在 6-1 節再為您介紹。

COLUMN

FROM 子句是必要的嗎？

前面 2-1 節曾經說明過 SELECT 敘述是由 SELECT 子句和 FROM 子句所構成，不過 FROM 子句並不是 SELECT 敘述中不可或缺的子句，舉例來說，其實可以只靠 SELECT 子句來獲得計算的結果（範例 2-A）。

範例 2-A　只有 SELECT 子句的 SELECT 敘述

SQL Server　PostgreSQL　MySQL　MaraDB

```
SELECT (100 + 200) + 3 AS count_all;
```

執行結果

```
count_all
---------
      900
```

雖然在實際的狀況下，幾乎不會以執行 SELECT 敘述的方式來取代計算機的功能，不過實務上偶爾還是會用到「沒有 FROM 子句的 SELECT 敘述」。舉例來說，當需要 1 行填充用的資料、可以寫入任何內容時，就可以利用這樣的 SELECT 敘述。

不過有些 RDBMS 不允許沒有 FROM 子句的 SELECT 敘述，**Oracle** 便是其中之一，這點請注意一下（註 2-❽）。

註 2-❽

Oracle 必須有 FROM 子句，遇到類似的需求時可以指定名為 DUAL 的虛擬資料表。另外，DB2 可以指定 SYSTEM.SYSDUMMY1 名稱的資料表。

比較運算子

前面 2-1 節學習 WHERE 子句的時候，曾經使用過 = 符號從 Shohin 資料表篩選出「商品分類（shohin_catalg）欄位為 '衣物'」這個**字串**的記錄。而這裡同樣會使用到 = 符號，不過卻是試著篩選出「販售單價（sell_price）欄位為 500 元（500）」這個**數值**的記錄（範例 2-18）。

範例 2-18　篩選出 sell_price 欄位為 500 的記錄

```
SELECT shohin_name, shohin_catalg
  FROM Shohin
 WHERE sell_price = 500;
```

執行結果

```
   shohin_name    | shohin_catalg
------------------+-----------------
 打孔機           | 辦公用品
 叉子             | 廚房用品
```

KEYWORD
- 比較運算子
- =運算子
- <>運算子

像 = 符號這樣可以比較其 2 側的欄位或數值的符號稱為**比較運算子**，而比較運算子「=」的功用便是用來比較 2 側是否相等。在 WHERE 子句中使用比較運算子，就能寫出各式各樣的條件式。

接下來的範例，將使用比較運算子「<>」來表達「不相等」的否定條件（註 2-❾），試著篩選出「sell_price 欄位不是 500 的記錄」。

註 2-❾

雖然也有很多 RDBMS 可以使用比較運算子「!=」來表達不相等的意思，不過這並非標準 SQL 所認可的運算子，建議避免使用。

範例 2-19　篩選出 sell_price 欄位不是 500 的記錄

```
SELECT shohin_name, shohin_catalg
  FROM Shohin
 WHERE sell_price <> 500;
```

執行結果

```
  shohin_name    | shohin_catalg
-----------------+----------------
 T 恤            | 衣物
 襯衫            | 衣物
 菜刀            | 廚房用品
 壓力鍋          | 廚房用品
 刨絲器          | 廚房用品
 鋼珠筆          | 辦公用品
```

SQL 主要的比較運算子如同表 2-2 所示，除了相等、不相等的運算子之外，還有能比較大小的運算子。

KEYWORD
- = 運算子
- <> 運算子
- >= 運算子
- > 運算子
- <= 運算子
- < 運算子

表 2-2　比較運算子

運算子	意義
=	和～相等
<>	和～不相等
>=	大於或等於～
>	大於～
<=	小於或等於～
<	小於～

這些比較運算子可以針對文字、數值或日期等，幾乎所有資料型別的欄位或數值資料執行比較的動作。舉例來說，如果想從 Shohin 資料表篩選出「販售單價（sell_price）欄位大於或等於 1000 元」的記錄或「登錄日期（reg_date）早於 2009 年 9 月 27 日」的記錄，便可以使用比較運算子「>=」和「<」，像下列的範例一樣在 WHERE 子句中寫入條件式（範例 2-20、21）。

範例 2-20　篩選出販售單價大於或等於 1000 的記錄

```
SELECT shohin_name, shohin_catalg, sell_price
  FROM Shohin
 WHERE sell_price >= 1000;
```

執行結果

```
  shohin_name     | shohin_catalg  |  sell_price
-----------------+----------------+----------------
 T 恤             | 衣物            |          1000
 襯衫             | 衣物            |          4000
 菜刀             | 廚房用品        |          3000
 壓力鍋           | 廚房用品        |          6800
```

範例 2-21　篩選出登錄日期早於 2009 年 9 月 27 日的記錄

```
SELECT shohin _ name, shohin _ catalg, reg _ date
  FROM Shohin
 WHERE reg _ date < '2009-09-27';
```

執行結果

```
  shohin_name     | shohin_catalg  |  reg_date
-----------------+----------------+------------
 T 恤             | 衣物            | 2009-09-20
 打孔機           | 辦公用品        | 2009-09-11
 菜刀             | 廚房用品        | 2009-09-20
 壓力鍋           | 廚房用品        | 2009-01-15
 叉子             | 廚房用品        | 2009-09-20
 刨絲器           | 廚房用品        | 2008-04-28
```

對日期使用「小於～」的比較運算子即等同「早於～」的意思，而如果想將指定的日期和之後的日期當作查詢條件，則可以使用代表「大於或等於～」的 >= 運算子。

還有，使用大於或等於（>=）以及小於或等於（<=）運算子來撰寫查詢條件的時候，請不要弄錯不等號（>、<）和等號（=）間的前後位置，**不等號必須寫在左側、而等號必須寫在右側**，如果寫成「=>」和「=<」將會發生錯誤，而代表不相等的比較運算子當然也不能寫成「><」的樣子。

牢記的原則 2-7

使用比較運算子時，必須注意不等號和等號的位置。

另外，也可以使用比較運算子來比較某個計算式的結果。例如範例2-22的寫法，在WHERE子句中指定了「販售單價（sell_price）比購入單價（buying_price）多500元以上」的條件式，為了判斷差額是否多於500元，比較運算子的左側寫著sell_price減去buying_price欄位數值的計算式。

範例 2-22　WHERE子句的條件式中亦可寫入計算式

```
SELECT shohin_name, sell_price, buying_price
  FROM Shohin
 WHERE sell_price - buying_price >= 500;
```

執行結果

```
   shohin_name    |  sell_price   | buying_price
------------------+---------------+---------------
 T恤              |         1000 |           500
 襯衫             |         4000 |          2800
 壓力鍋           |         6800 |          5000
```

對字串使用不等號的需注意事項

話說回來，若對字串使用「大於或等於～」以及「小於～」之類的比較運算子，會獲得什麼樣的結果呢？為了實際驗證一下，下面將使用表2-3所示的Chars資料表，雖然表中的資料看起來都是數字，不過chr其實是字串型別（CHAR型別）的欄位。

您可以執行範例2-23所示的SQL敘述來建立Chars資料表。

表 2-3　Chars 資料表

chr（字串型別）
1
2
3
10
11
222

範例 2-23　建立Chars資料表與存入資料

```
-- DDL：建立資料表
CREATE TABLE Chars
```

```
(chr CHAR(3) NOT NULL,
PRIMARY KEY (chr));
```

MaraDB　MySQL

```
-- DML：存入資料
START TRANSACTION;  ─────①
INSERT INTO Chars VALUES ('1');
INSERT INTO Chars VALUES ('2');
INSERT INTO Chars VALUES ('3');
INSERT INTO Chars VALUES ('10');
INSERT INTO Chars VALUES ('11');
INSERT INTO Chars VALUES ('222');
COMMIT;
```

專用語法

範例 2-23 的 DML 敘述在不同 DBMS 上的寫法略有差異。在 SQL Server 和 PostgreSQL 上執行的時候，請將 ① 換成「BEGIN TRANSACTION;」，而在 Oracle 和 DB2 上執行時，請刪除 ① 這行敘述。

接下來若針對 Chars 資料表，執行如同範例 2-24 所示的設定「大於 '2'」查詢條件的 SELECT 敘述，其結果會是如何呢？

範例 2-24　篩選出大於 '2' 資料的 SELECT 敘述

```
SELECT chr
  FROM Chars
 WHERE chr > '2';
```

您的心中或許想著「因為是大於 2 的條件，所以應該會篩選出 3、10、11 和 222 這 4 筆記錄吧」，不過此 SELECT 敘述執行後卻獲得如下的結果。

執行結果

```
 chr
-----
 3
 222
```

是不是讓您相當訝異呢？ 10 和 11 明明就比 2 還要大，應該要被篩選出來才對吧。之所以會有這樣的質疑，其原因在於您把數值和字串混為一談，也就是說，**2 和 '2' 是完全不同的東西**。

由於建立 Chars 資料表的時候，chr 欄位被定義為**字串型別**，之後比較當中的字串型別的資料時，便會使用和數值資料不同的規則。「**字典排序（Lexicographical/Dictionary Order）**」是其中相當具有代表性的規則，如同它的名稱，字典排序會按照字典編排的方式來決定資料的順序，而此規則的重點在於「相同文字開頭的詞彙會排在較近的位置，不同文字開頭的詞彙則會較為遠離」。

如果把 Chars 資料表 chr 欄位的資料按照字典排序來排列，將呈現如下的順序。

1
10
11
2
222
3

因為 '10' 和 '11' 同樣是以 '1' 起始的字串，所以被判定為比 '2'「小」而排在前面。這和英文字典中，將「account」、「about」和「back」等單字排成下列的順序，其實是相同的道理。

about
account
back

還有，您也可以翻閱一下書籍的目錄，由於 1-1 節屬於第 1 章的內容，因此在目錄中排在第 2 章的前方。

1
1-1
1-2
1-3
2
2-1
2-1
3

比較字串大小的時候，'1-3' 會被視為比 '2' 小（'1-3' < '2'），而 '3' 會比 '2-2' 來得大（'3' > '2-2'）。

在之後的很多地方，都需要應用到這樣字串大小比較的規則，由於非常重要，請一定要確實地把這個規則記起來（註 2- ⑩）。

註 2- ⑩

固定和可變長度字串型別同樣適用此規則。

牢記的原則 2-8

字串型別的順序為字典排序，請勿和數值的大小順序搞混。

不能對 NULL 使用比較運算子

比較運算子還有 1 個重點需要特別說明，那便是當欄位中含有 NULL 的資料時，如何將這樣的欄位用於查詢條件。以下將針對購入單價（buying_price）欄位設定查詢條件。這裡請先記得，商品中的「叉子」和「鋼珠筆」的購入單價均為 NULL。

首先，請先試著篩選出購入單價為 2800 元（buying_price = 2800）的記錄。

範例 2-25　篩選購入單價為 2800 元的記錄

```
SELECT shohin_name, buying_price
  FROM Shohin
 WHERE buying_price = 2800;
```

執行結果

```
 shohin_name    | buying_price
----------------+--------------
 襯衫           |         2800
 菜刀           |         2800
```

上面的結果看起來相當合理吧，再來請試著相反的操作方式，篩選出購入單價不是 2800 元（buying_price <> 2800）的記錄。

範例 2-26　篩選購入單價不是 2800 元的記錄

```
SELECT shohin_name, buying_price
  FROM Shohin
 WHERE buying_price <> 2800;
```

執行結果

```
  shohin_name    | buying_price
-----------------+------------------
 T 恤            |           500
 打孔機          |           320
 壓力鍋          |          5000
 刨絲器          |           790
```

可以看到上面的結果中並沒有包含「叉子」和「鋼珠筆」的記錄，由於這 2 項商品的購入單價原本就是不明的狀態（NULL），所以無法判斷其購入單價是否為 2800 元。

那麼是否可以將「篩選出購入單價為 NULL 的記錄」的需求、按照前面的方式寫成 SELECT 敘述呢？很遺憾地，就算寫入了「buying_price = NULL」這樣的條件式，執行後也不會輸出任何記錄。

範例 2-27　錯誤的 SELECT 敘述（無法篩選出任何記錄）

```
SELECT shohin_name, buying_price
  FROM Shohin
 WHERE buying_price = NULL;
```

執行結果

即使使用 <> 運算子，同樣無法篩選出欄位資料為 NULL 的記錄（註 2-⑪），因此，SQL 為了能判斷是否為 NULL，特別準備了專用的 IS NULL 運算子，想要篩選出某個欄位為 NULL 的記錄時，請寫成如同範例 2-28 所示的條件式。

> **註2-⑪**
> SQL 不接受「= NULL」和「<> NULL」寫法的理由，將在下個小節的「含有 NULL 時的真偽值」（76 頁）單元中做說明。
>
> **KEYWORD**
> ● IS NULL 運算子

範例 2-28　篩選出欄位內容為 NULL 的記錄

```
SELECT shohin_name, buying_price
  FROM Shohin
 WHERE buying_price IS NULL;
```

執行結果

```
  shohin_name    | buying_price
-----------------+------------------
 叉子            |
 鋼珠筆          |
```

相反地，如果想篩選出某個欄位不為 NULL 的記錄，則可以使用 IS NOT NULL 這個運算子（範例 2-29）。

KEYWORD
- IS NOT NULL 運算子

範例 2-29　篩選出不為 NULL 的記錄

```
SELECT shohin_name, buying_price
  FROM Shohin
 WHERE buying_price IS NOT NULL;
```

執行結果

```
   shohin_name    | buying_price
------------------+----------------
 T 恤             |          500
 打孔機           |          320
 襯衫             |         2800
 菜刀             |         2800
 壓力鍋           |         5000
 刨絲器           |          790
```

牢記的原則 2-9

想篩選出某個欄位為 NULL 的記錄時，條件式中應該使用 IS NULL 運算子，而想篩選出不為 NULL 的記錄時，則應該使用 IS NOT NULL 運算子。

另外，還有其他可以利用比較運算子處理 NULL 的方法，會在本書第 6 章中做說明。

2-3 邏輯運算子

學習重點

- 運用邏輯運算子便可組合多個查詢條件來篩選資料。
- NOT 運算子可以寫出「不是～」的查詢條件。
- AND 運算子左右 2 側的條件均成立時，整段查詢條件才算成立。
- OR 運算子左右 2 側的條件只要有 1 側成立、或 2 側均成立時，整段查詢條件即為成立。
- 真（TURE）與偽（FALSE）這 2 個值均屬於真偽值（Truth Value）。比較運算子的比較結果成立時回傳真、而不成立時則回傳偽，不過，SQL 還具有未知（UNKNOWN）這個獨特的真偽值。
- 透過邏輯運算子執行的真偽值比較、以及比較結果的一覽表被稱為真偽表。
- SQL 的邏輯運算為包含了真、偽和未知的 3 值邏輯（Tree Value Logic）運算。

NOT 運算子

前面的 2-2 節曾經說明過，想要指定「和～不相等」的否定條件時，應該使用 <> 運算子，而同樣能表達否定的運算子，還有用途較為廣泛的 NOT 運算子。

KEYWORD
● NOT運算子

NOT 運算子無法單獨存在，必須和其他查詢條件組合使用。舉例來說，如果想篩選出「販售單價（sell_price）高於 1000 元」的商品記錄，可以執行如下所示的 SELECT 敘述（範例 2-30）。

範例 2-30　篩選「販售單價高於 1000 元」的記錄

```
SELECT shohin_name, shohin_catalg, sell_price
  FROM Shohin
 WHERE sell_price >= 1000;
```

執行結果

```
  shohin_name     | shohin_catalg |  sell_price
-----------------+---------------+---------------
 T 恤             | 衣物           |         1000
 襯衫             | 衣物           |         4000
 菜刀             | 廚房用品        |         3000
 壓力鍋           | 廚房用品        |         6800
```

如果在上述的 SELECT 敘述中加上 NOT 運算子，將變成下列的樣子（範例 2-31）。

範例 2-31　在範例 2-30 的查詢條件加上 NOT 運算子

```
SELECT shohin_name, shohin_catalg, sell_price
  FROM Shohin
 WHERE NOT sell_price >= 1000;
```

執行結果

```
  shohin_name     | shohin_catalg |  sell_price
-----------------+---------------+---------------
 打孔機           | 辦公用品        |          500
 叉子             | 廚房用品        |          500
 刨絲器           | 廚房用品        |          880
 鋼珠筆           | 辦公用品        |          100
```

您是否已經看出來了呢？查詢條件變成和原本的販售單價高於 1000 元（sell_price >= 1000）完全相反，結果篩選出販售單價低於 1000 元的商品記錄。也就是說，範例 2-31 的 WHERE 子句中所指定的查詢條件，和範例 2-32 的 WHERE 子句中所指定的查詢條件（sell_price < 1000）為**等價**（註 2- ⓬）關係（圖 2-5）。

註 2- ⓬
比較判斷後的結果相同。

範例 2-32　WHERE 子句的查詢條件和範例 2-31 等價

```
SELECT shohin_name, shohin_catalg, sell_price
  FROM Shohin
 WHERE sell_price < 1000;
```

圖 2-5　加上 NOT 演算子之後查詢條件的變化狀況

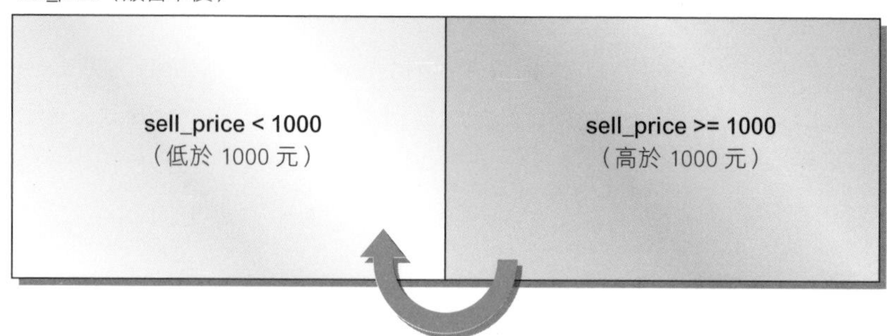

從上面的例子可以得知，即使不使用 NOT 運算子，也可以寫出效果完全相同的查詢條件。換個角度來說，不使用 NOT 運算子，反而能寫出較為清楚易懂的條件式，因為每次看到 NOT 運算子的時候，都必須在腦中進行「由於否定了 "高於 1000 元" 的條件，所以變成 "低於 1000 元"」之類的轉換過程。

話雖如此，不過實務上還是無法完全捨棄 NOT 運算子，像是較為複雜的 SQL 敘述，某些狀況下仍然需要用到 NOT 運算子的功能。現在您不必刻意在條件式中加上 NOT 運算子，只要先了解它的寫法和功用即可。

牢記的原則 2-10

NOT 運算子能寫出否定的條件，不過請勿刻意使用。

AND 運算子與 OR 運算子

到目前為止，1 段 SELECT 敘述中都只有指定 1 個查詢條件，不過實務上常常會綜合使用多個查詢條件，篩選出真正需要的記錄資料。舉例來說，想查詢「商品分類為廚房用品、而且販售單價高於 3000 元的商品」或「購入單價高於 5000 元、或是低於 1000 元的商品」之類的需求，就需要指定多個查詢條件。

KEYWORD
- AND運算子
- OR運算子

在 WHERE 子句中使用 AND 運算子或 OR 運算子，即能組合使用多個查詢條件。

AND 運算子的作用為「當左右 2 側的查詢條件均成立的時候，整段查詢條件才算成立」，以中文來說相當於「且」的意思。

另外一方面，OR 運算子的作用為「左右 2 側的搜尋條件中，有 1 側或者 2 側均成立的時候，整段查詢條件即為成立」，以中文來說相當於「或」的意思（註 2-⓭）。

註2-⓭
請注意不僅限於只有 1 側成立，也包含了 2 側均成立的狀況。這和「贈送蒞臨的貴賓 1 份鑰匙圈或小提袋（只贈送 1 份禮物）」敘述中的 "或" 意義不同。

舉例來說，假如想要從 Shohin 資料表篩選出「商品分類為廚房用品（shohin_catalg = '廚房用品'）、且販售單價高於 3000 元（sell_price >= 3000）的商品」，可以使用 AND 運算子來組合出這樣的查詢條件（範例 2-33）。

範例 2-33　在 WHERE 子句的查詢條件使用 AND 運算子

```
SELECT shohin_name, buying_price
  FROM Shohin
 WHERE shohin_catalg = '廚房用品'
   AND sell_price >= 3000;
```

執行結果

```
  shohin_name    | buying_price
-----------------+------------------
 菜刀            |          2800
 壓力鍋          |          5000
```

KEYWORD
- 范恩圖

用比較容易理解的視覺形式來呈現集合（1群事物）之間關係。

如果以范恩圖（Venn Diagram）來呈現這樣的條件，將如同圖 2-6 所示，左側圓形範圍內是符合「商品分類為廚房用品」條件的商品，右側圓形範圍內是符合「販售單價高於 3000 元」條件的商品，而 2 圓重疊的部分（2 個查詢條件均成立的商品），便是以 AND 運算子所篩選出來的商品記錄。

圖 2-6　表達 AND 運算子功用的范恩圖

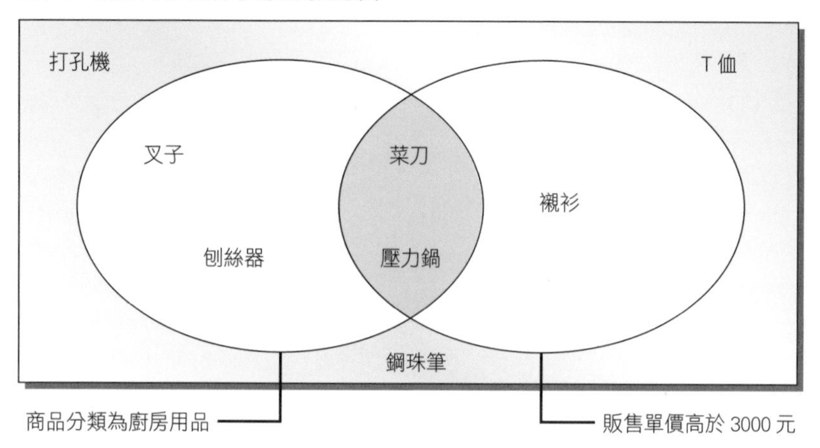

另外一方面，想要篩選出「商品分類為廚房用品（shohin_catalg = '廚房用品'）、或販售單價高於 3000 元（sell_price >= 3000）的商品」，則可使用 OR 運算子來組合出這樣的查詢條件（範例 2-34）。

範例 2-34　在 WHERE 子句的查詢條件使用 OR 運算子

```
SELECT shohin_name, buying_price
  FROM Shohin
 WHERE shohin_catalg = '廚房用品'
    OR sell_price >= 3000;
```

執行結果

```
  shohin_name    | buying_price
-----------------+------------------
 襯衫             |         2800
 菜刀             |         2800
 壓力鍋           |         5000
 叉子             |
 刨絲器           |          790
```

這裡同樣以范恩圖來呈現一下篩選的結果吧（圖 2-7），左側圓形（商品分類為廚房用品的商品）和右側圓形（販售單價高於 3000 元的商品）所涵蓋的部分（2 個查詢條件只要有 1 個成立的商品），便是以 OR 運算子所篩選出來的商品。

圖 2-7　表達 OR 運算子功用的范恩圖

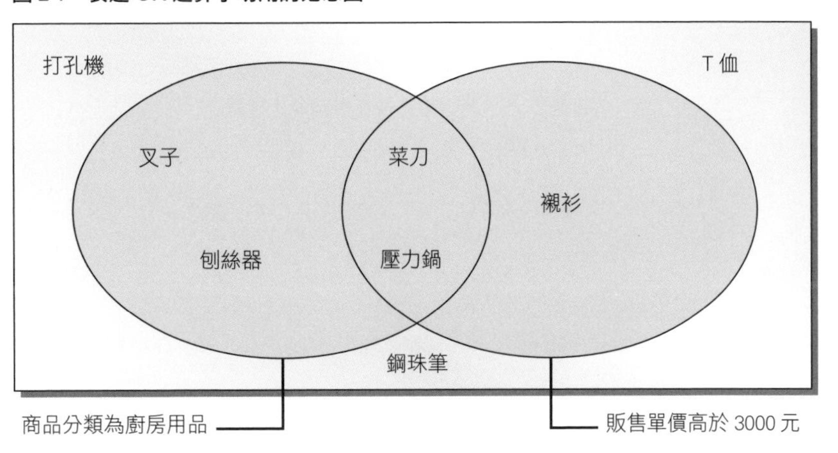

像這樣組合了多個條件的複雜 SQL 敘述，透過范恩圖就能看出各條件之間的關係，可說是相當方便的工具，各位讀者可以多加利用。

牢記的原則 2-11

組合多個查詢條件的時候，需要使用 AND 運算子或 OR 運算子。

牢記的原則 2-12

范恩圖是相當方便的工具。

加上括號的部分優先處理

接下來，請試著把查詢條件的複雜程度再提高一些吧！舉例來說，如果想將以下的條件撰寫成對 Shohin 資料表進行查詢的 SELECT 敘述，那麼 WHERE 子句後方應該寫入什麼樣的條件式呢？

```
「商品分類為辦公用品」
 且
「登錄日期為 2009 年 9 月 11 日或 2009 年 9 月 20 日」
```

符合此查詢條件的商品名稱（shohin_name）僅有「打孔機」。

若將這樣的查詢條件直接寫成 WHERE 子句，您或許會寫出如下所示的 SELECT 敘述（範例 2-35）。

範例 2-35　將查詢條件直接寫成條件式

```
SELECT shohin_name, shohin_catalg, reg_date
  FROM Shohin
 WHERE shohin_catalg = '辦公用品'
   AND reg_date = '2009-09-11'
    OR reg_date = '2009-09-20';
```

趕快來實際執行一下……，卻得到下列錯誤的結果。

執行結果

```
   shohin_name    | shohin_catalg  |  reg_date
------------------+----------------+-------------
 T 恤             | 衣物           | 2009-09-20
 打孔機           | 辦公用品       | 2009-09-11
 菜刀             | 廚房用品       | 2009-09-20
 叉子             | 廚房用品       | 2009-09-20
```

很奇怪地，當中還包含了不應該出現的 T 恤和菜刀等商品，到底為什麼會獲得這樣的結果呢？

其原因在於 **AND 運算子的優先順序高於 OR 運算子**的關係，因此，範例 2-35 的 WHERE 子句其實被解讀成如下的條件式。

```
「shohin_catalg = '辦公用品' AND reg_date = '2009-09-11'」
OR
「reg_date = '2009-09-20'」
```

也就是變成下面的描述。

```
「商品分類為辦公用品、且登錄日期為 2009 年 9 月 11 日」
或
「登錄日期為 2009 年 9 月 20 日」
```

這和原先設想的條件產生了差異。而想讓 OR 運算子的優先順序高於 AND 運算子的時候，可以使用範例 2-36 的方式，將 OR 運算子與 2 側條件式的部分以半形的括號 () 圍起來。

KEYWORD

● ()

範例 2-36　加上括號讓 OR 運算子優先於 AND 運算子

```
SELECT shohin_name, shohin_catalg, reg_date
  FROM Shohin
 WHERE shohin_catalg = '辦公用品'
   AND ( reg_date = '2009-09-11'
      OR reg_date = '2009-09-20');
```

執行結果

```
  shohin_name    | shohin_catalg  |  reg_date
-----------------+----------------+-------------
 打孔機           | 辦公用品         | 2009-09-11
```

如同原先期望的結果，只有篩選出「打孔機」的記錄。

牢記的原則 2-13

AND 比 OR 優先，而想讓 OR 優先於 AND 的時候請加上括號。

KEYWORD
- 邏輯運算子
- 真偽值
- 真（TRUE）
- 偽（FALSE）

註 2-⓮
以 SQL 的狀況來說，還有「未知(UNKNOWN)」的數值存在，其相關內容將在下個單元再做說明。

註 2-⓯
算術運算子會回傳運算結果的數值，而比較運算子同樣會回傳運算的結果，只是回傳值的資料型別有所不同。

KEYWORD
- 真偽表

邏輯運算子與真偽值

本小節所介紹的 NOT、AND 和 OR 等 3 個運算子被稱為**邏輯運算子**，這裡所說的邏輯運算指的是「操作**真偽值**」的意思，而所謂的真理值包含了**真**（TRUE）或**偽**（FALSE）等值（註 2-⓮）。

前個小節說明過的比較運算子，會回傳運算結果的真偽值，當比較的結果成立時回傳真（TRUE）、不成立的時候回傳偽（FALSE）（註 2-⓯）。舉例來說，若輸入 buying_price >= 3000 購入單價大於或等於 3000 元的條件，當遇到 shohin_name 商品名稱為 '襯衫' 的這行記錄，由於 buying_price 的數值為 2800，所以回傳偽（FALSE），而遇到 shohin_name 為 '壓力鍋' 的記錄時，由於 buying_price 的數值為 5000，所以回傳真（TRUE）。

邏輯運算子會再度操作比較運算子等回傳的真偽值。AND 運算子 2 側真偽值同時為真的時候回傳**真**，其他狀況則回傳**偽**，OR 運算子只要有 1 側為真的時候回傳**真**，2 側皆為偽的時候才會回傳**偽**。而 NOT 運算子較為單純，真會反轉為偽、偽會反轉為真。將這樣的操作和結果整理成表格即成為下列的**真偽表**（Truth Table）。

表 2-4 真偽表

AND

P	Q	P AND Q
真	真	真
真	偽	偽
偽	真	偽
偽	偽	偽

OR

P	Q	P OR Q
真	真	真
真	偽	真
偽	真	真
偽	偽	偽

NOT

P	NOT P
真	偽
偽	真

表 2-4 欄位標題中的 P 和 Q，請自行代換成「販售單價為 500 元」之類的條件。由於真偽值具有真和偽等 2 種數值，所以若是逐一列出邏輯運算的各種組合狀況，將會出現 2×2=4 種結果。

在 SELECT 敘述的 WHERE 子句中，如果寫入以 AND 運算子組合 2 個查詢條件而成的條件式，將會篩選出 2 側查詢條件同時為真的記錄資料，若寫入以 OR 運算子組合 2 個查詢條件而成的條件式，將會篩選出 1 側或 2 側查詢條件為真的記錄資料；而在條件式中加入 NOT 運算子的時候，則會篩選出其後方查詢條件為偽（反轉後為真）的記錄資料。

表 2-4 的真偽表是只有使用 1 個邏輯運算子時的推演結果，不過若使用 2 個以上的邏輯運算子、組合運用 3 個以上的查詢條件，透過邏輯運算的規則取得最終的真偽值，那麼無論是如何複雜的條件都能獲得所需的結果。

對於前個單元所舉的實例，表 2-5 是按照其查詢條件『「**商品分類為辦公用品**」且「**登錄日期為 2009 年 9 月 11 日或 2009 年 9 月 20 日**」（shohin_catalg = '辦公用品' AND (reg_date = '2009-09-11' OR reg_date = '2009-09-20')）』的格式所製做出來的真偽表。

表 2-5　查詢條件為 P AND (Q OR R) 的真偽表

P AND (Q OR R)

P	Q	R	Q OR R	P AND (Q OR R)
真	真	真	真	真
真	真	偽	真	真
真	偽	真	真	真
真	偽	偽	偽	偽
偽	真	真	真	偽
偽	真	偽	真	偽
偽	偽	真	真	偽
偽	偽	偽	偽	偽

P：商品分類為辦公用品
Q：登錄日期為 2009 年 9 月 11 日
R：登錄日期為 2009 年 9 月 20 日
Q OR R：登錄日期為 2009 年 9 月 11 日或 2009 年 9 月 20 日
P AND (Q OR R)：「商品分類為辦公用品」且「登錄日期為 2009 年 9 月 11 日或 2009 年 9 月 20 日」

以範例 2-36 的 SELECT 敘述來說，由於 P AND (Q OR R) 為真的記錄只有「打孔機」這項商品而已，所以結果只有篩選出這行記錄。

牢記的原則 2-14

複雜的條件整理成真偽表會比較容易理解。

含有 NULL 時的真偽值

前個小節曾經說明過，比較運算子（= 或 <> 等）無法查詢 NULL 的資料，需要改用 IS NULL 運算子或 IS NOT NULL 運算子，而實際上使用邏輯運算子的時候，也必須特別注意包含 NULL 的狀況。

請看到 Shohin（商品）資料表，商品中「叉子」和「鋼珠筆」的購入單價（buying_price）為 NULL，那麼，對於 buying_price = 2800（購入單價為 2800 元）的條件式，這 2 項商品記錄的真偽值會是如何呢？如果為真，在 WHERE 子句寫入此條件式的時候，應該會篩選出這 2 項商品的記錄，不過前個小節「不能對 NULL 使用比較運算子」中的執行結果沒有出現這 2 項商品，所以並非為真。

那麼應該是偽嗎？其實也不是偽，因為如果為偽，對於相反的 NOT buying_price = 2800（購入單價不是 2800 元）查詢條件，應該會獲得真的結果而篩選出這 2 項商品（偽會反轉成真），不過實際的執行結果並非如此。

KEYWORD
- 未知（UNKNOWN）
- 2值邏輯
- 3值邏輯

既非真也非偽，那麼到底是什麼呢？這便是 SQL 讓人比較難以理解的 1 個獨特之處，此時的真偽值其實是被稱為「**未知（UNKNOWN）**」的第 3 值。在普通的邏輯運算中，並沒有這個第 3 值的存在，而 SQL 之外的語言，也大多都只有使用真和偽這 2 個真偽值，相對於一般邏輯運算的**2 值邏輯**的稱呼，僅有 SQL 被稱為**3 值邏輯**。

因此，表 2-4 的真偽表其實並不完整，實際上應該像表 2-6 一樣包含了「未知」的值。

表 2-6　3 值邏輯中 AND 和 OR 的真偽表

AND

P	Q	P AND Q
真	真	真
真	偽	偽
真	未	未
偽	真	偽
偽	偽	偽
偽	未	偽
未	真	不
未	偽	偽
未	未	未

OR

P	Q	P OR Q
真	真	真
真	偽	真
真	未	真
偽	真	真
偽	偽	偽
偽	未	未
未	真	真
未	偽	未
未	未	未

COLUMN

Shohin 資料表設定 NOT NULL 條件約束的理由

原本 4 行就結束的真偽表，在考慮了 NULL 之後暴增成表 2-6 的 3×3=9 行，看起來眼花撩亂。像這樣增加 NULL 的狀況，會讓條件判斷變得非常地複雜，而且是違反一般人直覺的做法，因此在資料庫領域的專家之間，便有「盡量避免使用 NULL」的共識。

前面建立 Shohin 資料表的時候，有幾個欄位設定了 NOT NULL 的條件約束（限制寫入 NULL 的限制），其原因正是來自上述的理由。

自我練習

2.1 請從 Shohin（商品）資料表中篩選出「登錄日期（reg_date）晚於 2009 年 4 月 28 日」的商品，而且需要輸出 shohin_name 和 reg_date 等 2 個欄位。

2.2 如果對 Shohin 資料表執行下列 3 段 SELECT 敘述，將會獲得什麼樣的結果呢？

```
① SELECT *
    FROM Shohin
   WHERE buying_price = NULL;
```

```
② SELECT *
    FROM Shohin
   WHERE buying_price <> NULL;
```

```
③ SELECT *
    FROM Shohin
   WHERE buying_price > NULL;
```

2.3 範例 2-22 的 SELECT 敘述，能從 shohin 資料表篩選出「販售單價（sell_price）比購入單價（buying_price）多 500 元以上」的商品，請另外寫出 "2 段 " 可以獲得相同結果的 SELECT 敘述，其結果應該如下所示。

shohin_name	sell_price	buying_price
T 恤	1000	500
襯衫	4000	2800
壓力鍋	6800	5000

2.4 請從 Shohin 資料表中篩選出「即使將販售單價降低 10%，其利潤還是高於 100 元的辦公用品和廚房用品」，而且需要輸出 shohin_name、shohin_catalg 以及販售單價降低 10% 後的利潤（賦予 s_profit 的別名）等 3 個欄位。

【提示】「販售單價降低 10%」可將 sell_price 欄位乘上 0.9 求得，而「利潤」可用該數值減去 buying_price 欄位求得。

memo

第3章 彙總與排序

查詢時彙總資料

資料分群

對彙總結果指定條件

查詢結果排序

SQL

本章的主題

當資料表中的記錄（列數）累積到某種程度，納入管理的資料量越來越多，可能需要計算這些資料的總計或平均等數值、查閱資料經過統計之後的結果。在這個章節中，將可以學習到利用SQL執行這些統計處理的方法，另外，也會一併介紹如何在統計的同時設定額外的條件，以及指定結果的升冪或降冪排序等方法。

3-1 查詢時彙總資料

- 彙總函數
- 計算資料表的記錄筆數
- 計算 NULL 以外的記錄筆數
- 求得總計
- 求得平均值
- 求得最大、最小值
- 排除重複值再使用彙總函數（DISTINCT 關鍵字）

3-2 資料分群

- GROUP BY 子句
- 彙總鍵包含 NULL 的狀況
- 使用 WHERE 子句時 GROUP BY 的作用
- 彙總函數與 GROUP BY 子句的常見錯誤

3-3 對彙總結果指定條件

- HAVING 子句
- 可寫在 HAVING 子句的元素
- 適合以 WHERE 子句取代 HAVING 子句的條件

3-4 查詢結果排序

- ORDER BY 子句
- 指定升冪或降冪
- 指定多個排序鍵
- NULL 的順序
- 使用欄位別名指定排序鍵
- ORDER BY 子句可使用的欄位
- 請勿使用欄位編號

3-1 查詢時彙總資料

學習重點

- 計算資料表欄位的總計值或平均值等統計操作，需要利用彙總函數（Aggregate Function、Group Function）。
- 彙總函數的統計結果基本上會排除 NULL，不過，只有 COUNT 函數的「COUNT(*)」用法，會計算包含 NULL 的所有記錄筆數。
- 排除重複值進行統計時，需要使用 DISTINCT 關鍵字。

彙總函數

KEYWORD
- 函數
- COUNT 函數

想利用 SQL 對資料執行某些操作或計算的時候，需要使用到名為「**函數（Function）**」的輔助工具。舉例來說，想執行「計算資料表總共有多少筆記錄」的操作時，可以使用 **COUNT 函數**這個輔助工具，正如它的名稱主要是用來**計算數量**。SQL 還準備了許多可以用於統計資料的函數，不過只要先記住下列 5 個函數即可。

- COUNT：計算資料表的記錄筆數（列數）。
- SUM：計算資料表數值欄位的總計。
- AVG：計算資料表數值欄位的平均值。
- MAX：列出資料表任意欄位全部資料的最大值。
- MIN：列出資料表任意欄位全部資料的最小值。

KEYWORD
- 彙總函數
- 合計函數
- 彙總

這些統計用的函數稱為「**彙總函數**」或「**合計函數**」，不過本書之後都會統一使用「彙總函數」來稱呼。**彙總**這個詞彙帶有「將多筆記錄彙集成 1 筆記錄」的意思，而實際上所有的彙總函數，都具有將篩選目標的多筆資料輸出成 1 筆記錄的功用。

後面的內容將承繼前個章節，利用在第 1 章所建立的 Shohin 資料表（圖 3-1），學習函數的使用方式。

圖 3-1　Shohin 資料表的內容

shohin_id（商品 ID）	shohin_name（商品名稱）	shohin_catalg（商品分類）	sell_price（販售單價）	buying_price（購入單價）	reg_date（登錄日期）
0001	T 恤	衣物	1000	500	2009-09-20
0002	打孔機	辦公用品	500	320	2009-09-11
0003	襯衫	衣物	4000	2800	NULL
0004	菜刀	廚房用品	3000	2800	2009-09-20
0005	壓力鍋	廚房用品	6800	5000	2009-01-15
0006	叉子	廚房用品	500	NULL	2009-09-20
0007	刨絲器	廚房用品	880	790	2008-04-28
0008	鋼珠筆	辦公用品	100	NULL	2009-11-11

此欄位的最小值（320）　此欄位的最大值（6800）　此欄位的最小值（2008-04-28）　此欄位的最大值（2009-11-11）

計算資料表的記錄筆數

接下來的第 1 步，先藉由 COUNT 函數的例子，稍微熟悉一下什麼是函數吧！這裡所要說明的「函數」，其實就類似於我們在學校的算術或數學課所學習到的東西，感覺像是「若輸入某些數值、便會輸出其對應數值的箱子」（註 3-❶）。

註 3-❶　「函」這個字隱含著盒子的意思。

以 COUNT 函數來說，若輸入資料表的欄位，它便會輸出記錄的筆數。如同圖 3-2 所示，如果把資料表的欄位放入名為 COUNT 的箱子之中，它就會開始嘎拉嘎啦地運作，然後「咚－」地一聲丟出記錄的筆數…就好像自動販賣機的感覺。

圖 3-2　COUNT 函數運作的示意圖

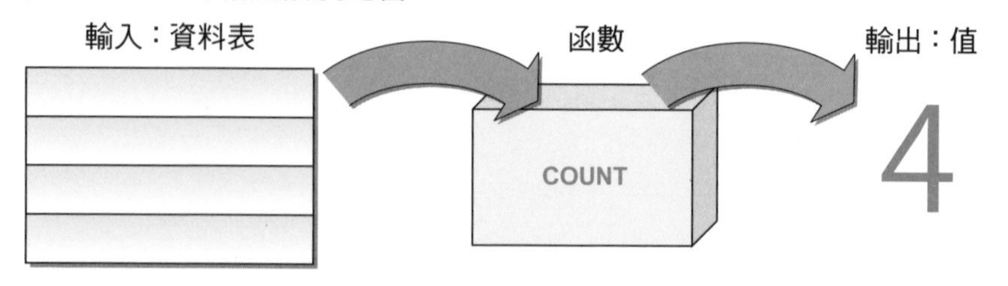

大致了解函數的功能後，再來請看一下 SQL 的具體寫法。COUNT 函數本身的語法相當簡單，只要寫出如同範例 3-1 所示的 SELECT 敘述，執行之後就能得到整個資料表的記錄筆數。

範例 3-1　計算所有記錄筆數

```
SELECT COUNT(*)
  FROM Shohin;
```

參數

執行結果

COUNT(　) 中的星號如同 2-1 節所學過的內容，代表「所有欄位」的意思，而寫在 (　) 括號中表示要把所有欄位傳遞給 COUNT 函數。

KEYWORD

- 參數
- 回傳值

另外，傳遞給函數的數值資料稱為「**參數**（Parameter）」，而函數輸出的數值資料稱為「**回傳值**（Return Value）」。除了本書之外，由於很多程式語言書籍提及函數的時候，都會使用到這 2 個用語，建議您把它們記起來。

計算 NULL 以外的記錄筆數

想要計算資料表全部的記錄筆數，可以使用「SELECT COUNT(*)～」這樣的方式寫入星號。而另外一方面，如果想要計算 buying_price（購入單價）欄位除了 NULL 之外有多少筆記錄的時候，則可以採用範例 3-2 的方式，在括號中的參數位置寫入查詢對象的欄位名稱。

範例 3-2　計算 NULL 以外的記錄筆數

```
SELECT COUNT(buying_price)
  FROM Shohin;
```

執行結果

```
 count
-------
     6
```

在這種狀況之下，如同圖 3-1 所示的資料表內容，因為 buying_price 欄位有 2 筆記錄為 NULL，因此這 2 筆記錄不會納入計算，最終獲得上面的執行結果。**由於 COUNT 函數的參數若指定不同欄位將產生不同的結果，所以撰寫時必須特別留意**。若以更加簡單易懂的方式來說明，圖 3-3 所示的資料表應該是相當合適的例子，其中只有 NULL 資料、看起來相當極端。

圖 3-3　只有 NULL 的資料表

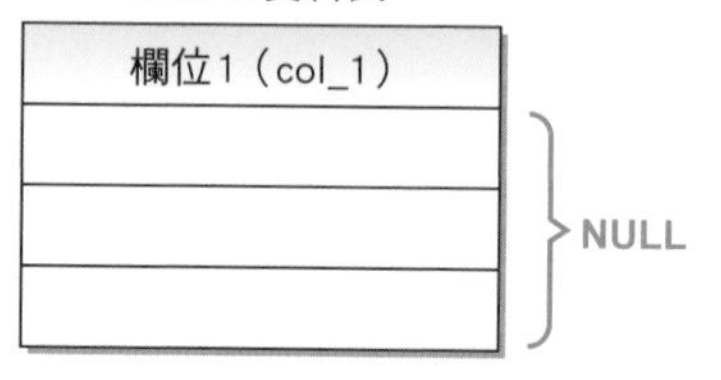

請試著針對此資料表，同時以星號（*）和欄位名稱當作參數傳遞給 COUNT 函數，觀察其執行結果（範例 3-3）。

範例 3-3　欄位含有 NULL 時，COUNT(*) 和 COUNT(欄位名稱) 的結果不同

```
SELECT COUNT(*), COUNT(col_1)
  FROM NullTbl;
```

執行結果

從上面的例子可以得知，即使是對相同的資料表同樣使用 COUNT 函數，也會因為不同的參數而獲得不同的結果。以欄位名稱做為參數的時候，由於只會計算 NULL 以外的資料，所以得到「0 筆記錄」的結果。

此特性是只有 COUNT 函數才具備的特點，而其它函數無法使用星號做為參數（會回應錯誤訊息）。

牢記的原則 3-1

COUNT 函數的參數不同將獲得不同的結果。COUNT(*) 會計算包含 NULL 的記錄筆數，而 COUNT(欄位名稱) 則會排除 NULL 的記錄筆數。

求得總計

接下來，來看一下其餘 4 個函數的使用方式吧！這些函數的語法基本上和 COUNT 函數相同，不過如同前面所述，COUNT 以外的函數無法指定星號做為參數。

KEYWORD
● SUM 函數

首先，請試著使用能算出總和的 SUM 函數，求得販售單價的總計值（範例 3-4）。

範例 3-4　求得販售單價的總計

```
SELECT SUM(sell_price)
  FROM Shohin;
```

執行結果

```
  sum
-------
 16780
```

由於會對所有商品記錄的販售單價（sell_price）欄位進行加總，所以獲得 16780（元）的結果，具體來說如同下列的計算方式。

```
      1,000
        500
      4,000
      3,000
      6,800
        500
        880
+       100
-----------
     16,780
```

除了販售單價之外，再來請試著一併列出購入單價（buying_price）欄位的總計吧（範例 3-5）。

範例 3-5　求得販售單價和購入單價的總計

```
SELECT SUM(sell_price), SUM(buying_price)
  FROM Shohin;
```

執行結果

此次的 SELECT 敘述增加了「SUM(buying_price)」項目，在結果中一併篩選出購入單價的總計數字，不過這裡要稍微注意一下其計算過程，詳細的計算方式如下所示。

```
      500
      320
    2,800
    2,800
    5,000
      790
     NULL
+    NULL
---------
   12,210
```

或許您已經察覺到了，購入單價這個欄位和販售單價有些差異，其下包含 2 筆數值未知而儲存著 NULL 的記錄，以 SUM 函數計算購入單價的總計時，這 2 筆記錄也屬於加總的計算對象。還記得前個章節內容的讀者，心中也許會出現如下的疑問。

「四則運算包含著 NULL 資料的時候，計算結果應該都是 NULL 才對，為何此購入單價的總計不是 NULL ？」。

能想到這個問題的讀者確實相當敏銳，不過這其實沒有什麼矛盾之處。若從結論開始說起，所有的彙總函數以參數形式接收欄位名稱的時候，在開始計算之前都會先排除 NULL 的資料，因為這樣的緣故，無論有多少個 NULL 都會被排除在計算對象之外，不過這並不是把 NULL「當作 0 來處理」(註 3-❷)。

因此，購入單價的加總計算實際上應該如下所示。

註 3-❷

以 SUM 函數來說，雖然「排除 NULL」和「當作 0 來處理」的結果相同，不過使用 AVG 函數的時候，這 2 者的意義完全不同。把含有 NULL 的欄位傳遞給 AVG 函數的例子，將在下個單元再做介紹。

```
      500
      320
    2,800
    2,800
    5,000
+     790
---------
   12,210
```
← NULL原本就不會納入計算

牢記的原則 3-2

彙總函數會排除NULL資料，不過只有「COUNT(*)」例外不會排除NULL。

求得平均值

接下來，請試著從多筆記錄的數值求得平均值吧！為了達成這樣的目的，需要使用到 AVG 函數，其語法和 SUM 函數完全相同（範例 3-6）。

KEYWORD
● AVG函數

範例 3-6　求得販售單價的平均值

```
SELECT AVG(sell _ price)
  FROM Shohin;
```

執行結果

```
          avg
-----------------------
  2097.5000000000000000
```

其計算方式如下所示。

$$\frac{1{,}000+500+4{,}000+3{,}000+6{,}800+500+880+100}{8}$$

這其實就是一般（數值總計）/（數值個數）的平均值計算公式。再來的步驟和前面練習 SUM 函數時相同，對於包含 NULL 資料的購入單價欄位，請試著算出其平均值（範例 3-7）。

範例 3-7　求得販售單價和購入單價的平均值

```
SELECT AVG(sell _ price), AVG(buying _ price)
  FROM Shohin;
```

執行結果

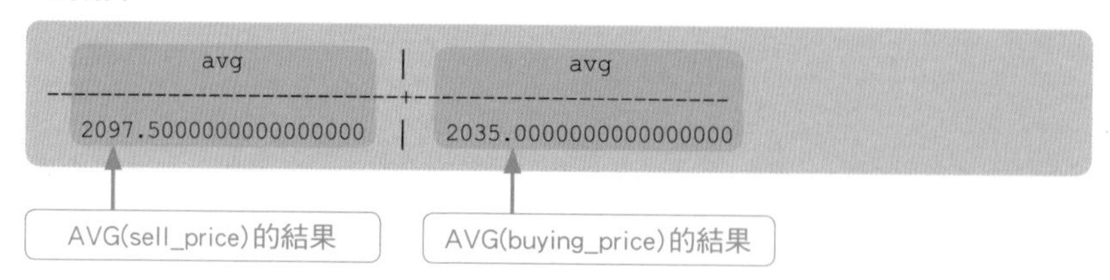

購入單價欄位的部分和 SUM 函數的處理方式相同，會先排除 NULL 資料再進行計算，因此其計算式如下所示。

$$\frac{500+320+2,800+2,800+5,000+790}{6} = 2350$$

此計算式的重點在於分母從 8 減為 6，減 2 的原因當然是因為購入單價欄位有 2 筆 NULL 的資料。

不過在某些狀況之下，可能需要改用下面的計算式，把 NULL 當作 0 來算出平均值，而實作的方法將在第 6 章再為您說明。

$$\frac{500+320+2,800+2,800+5,000+790\boxed{+0+0}}{8} = 1526.25$$

將 NULL 改為 0

求得最大、最小值

KEYWORD
- MAX 函數
- MIN 函數

想在多筆記錄中找出欄位的最大值和最小值，可以分別使用 MAX 和 MIN 的函數，由於是英文 Maximum（最大值）以及 Minimum（最小值）的簡稱，應該很容易記。

這 2 個函數的語法也和 SUM 函數相同，使用時需要在參數位置寫入欄位名稱（範例 3-8）。

範例 3-8　求得販售單價的最大值、購入單價的最小值

```
SELECT MAX(sell_price), MIN(buying_price)
  FROM Shohin;
```

執行結果

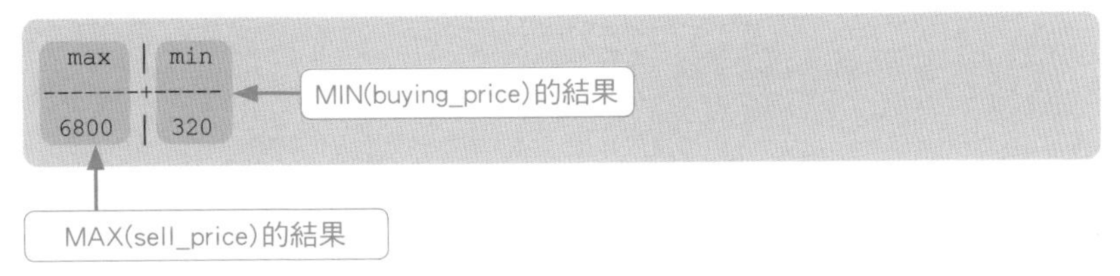

如同圖 3-1 所示，這裡分別取得了個別欄位的最大值和最小值。

不過，MAX/MIN 函數和 SUM/AVG 函數有個不同之處，那便是相對於 SUM/AVG 函數只能應用於數值型別的欄位，MAX/MIN 函數原則上可以適用各種資料型別的欄位。舉例來說，如果將圖 3-1 所示的日期型別欄位（reg_date, 登錄日期）傳遞給 MAX/MIN 函數處理，將獲得如下的結果（範例 3-9）。

範例 3-9　求得登錄日期的最大值和最小值

```
SELECT MAX(reg _ date), MIN(reg _ date)
  FROM Shohin;
```

執行結果

前面提到 MAX/MIN 函數「適用各種資料型別的欄位」，這是因為該欄位的資料如果能排出先後順序，自然可以決定出最大值和最小值，所以說這 2 個函數可以處理各種資料型別。另外一方面，計算日期的平均或總計，這樣的動作原本就沒有什麼意義，因此 SUM/AVG 函數無法適用於日期型別的資料。而字串型別也是同樣的道理，雖然 MAX/MIN 函數可以處理字串型別的資料，SUM/AVG 函數卻無法做到。

牢記的原則 3-3

MAX/MIN 函數可以適用絕大部分的資料型別，而 SUM/AVG 函數僅適用於數值型別。

排除重複值再使用彙總函數（DISTINCT 關鍵字）

再來請試著思考以下的需求。

如果觀察一下圖 3-1 所示商品分類（shohin_catalg）和販售單價（sell_price）欄位的資料，應該可以看到有幾筆記錄儲存著相同的資料。

KEYWORD
● DISTINCT 關鍵字

以商品分類欄位為例，雖然算起來總共有 8 筆記錄，不過按照分類來看，可以歸納成 2 筆衣物、2 筆辦公用品、以及 4 筆廚房用品，所以說此欄位的內容值種類實際上只有 3 種。像這樣想知道「內容值種類」的數量時，應該如何撰寫 SQL 敘述呢？為了達成這樣的目的，只要先排除相同的內容值再進行計算即可，而 2-1 節所介紹過的 DISTINCT 關鍵字，其實也可以用於 COUNT 函數的參數（範例 3-10）。

範例 3-10　排除重複值再計算筆數

```
SELECT COUNT(DISTINCT shohin_catalg)
  FROM Shohin;
```

執行結果

```
 count
-------
     3
```

此時請特別注意，**DISTINCT 必須寫在函數名稱後方的括號之中**。為什麼要按照這樣的格式呢？這是因為如此才能表達「**一開始先排除 shohin_catalg 欄位的重複值，然後再計算排除後的記錄筆數**」的意思。若像範例 3-11 的寫法，將 DISTINCT 寫在括號之外，那麼將會變成「**一開始先計算 shohin_catalg 欄位記錄筆數，然後再排除重複值**」的意思，結果自然獲得 shohin_catalg 欄位所有記錄的筆數，也就是 8 的數字。

範例 3-11　先計算記錄筆數再排除重複值

```
SELECT DISTINCT COUNT(shohin_catalg)
  FROM Shohin;
```

執行結果

```
 count
-------
     8
```

牢記的原則 3-4

想計算內容值種類的數量時，需要對COUNT函數的參數冠上DISTINCT。

不僅限於 COUNT 函數，DISTINCT 關鍵字也適用於其他的彙總函數。舉例來說，請以 SUM 函數當作實驗的對象，觀察沒有 DISTINCT 以及加上之後分別會獲得什麼樣的結果吧（範例 3-12）。

範例 3-12　有無 DISTINCT 的差異（SUM 函數）

```
SELECT SUM(sell _ price), SUM(DISTINCT sell _ price)
  FROM Shohin;
```

執行結果

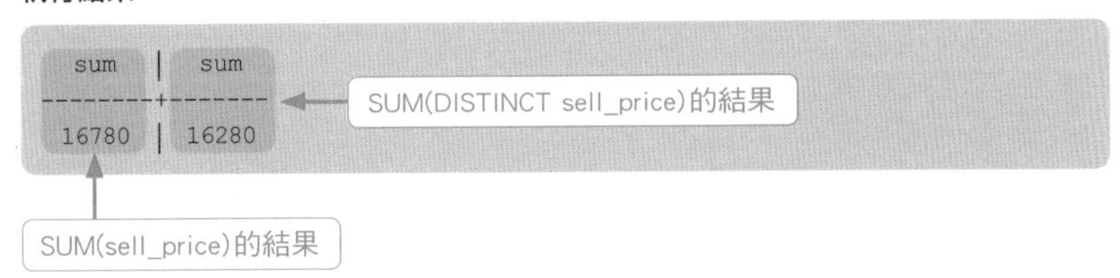

左側未使用 DISTINCT 的總計值，和先前計算所得的數值同為 16780 元，而另外一方面，右側加上 DISTINCT 的總計值，則比原先的數值少了 500 元，這是因為資料表中的「打孔機」和「叉子」這 2 項商品的販售單價同為 500 元，在排除重複值之後，有 1 筆記錄沒有納入計算的緣故。

牢記的原則 3-5

想排除重複值再進行彙總，需要對彙總函數的參數冠上DISTINCT。

3-2 資料分群

學習重點

- GROUP BY 子句可以像切蛋糕一樣把資料表區分切開。如果搭配彙總函數使用 GROUP BY 子句，便能先將資料「按照各商品分類」或「按照各登錄日期」等方式進行分群，再執行彙總計算。
- 彙總鍵包含 NULL 時，彙總之後的結果也會出現「未知」記錄（空白）。
- 搭配彙總函數使用 GROUP BY 子句的時候，必須注意下列 4 項重點。
  ① GROUP BY 子句中只能指定寫在 SELECT 子句中的元素
  ② GROUP BY 子句中不能使用 SELECT 子句中取的別名
  ③ GROUP BY 子句無法排序彙總結果
  ④ WHERE 子句中不能寫入彙總函數

GROUP BY 子句

到目前為止所看過的彙總函數，有的分成是否包含 NULL 的資料、或者是否排除重複的數值資料，而這些統計動作都是以整個資料表為單一處理對象。不過，這個小節將試著先把資料區分成幾個群組再進行彙總，也就是說，這裡將「按照各商品分類」或「按照各登錄日期」來分別統計、彙整資料，而中文當中也常常有類似的「按照各～」或「依～類別」等表達方式。

KEYWORD
● GROUP BY子句

此時新登場的工具便是 **GROPU BY 子句**，意思為「按照～區分群組」，其語法如下所示。

語法 3-1 以 GROUP BY 子句進行彙總

```
SELECT <欄位名稱 1>, <欄位名稱 2>, <欄位名稱 3>, ……
  FROM <資料表名稱>
 GROUP BY <欄位名稱 1>, <欄位名稱 2>, <欄位名稱 3>, ……;
```

這裡先舉個實際的例子，請試著按照各商品分類分別計算記錄筆數（= 商品數量）（範例 3-13）。

範例 3-13　按照各商品分類分別計算記錄筆數

```
SELECT shohin_catalg, COUNT(*)
  FROM Shohin
 GROUP BY shohin_catalg;
```

執行結果

```
shohin_catalg   | count
----------------+-------
衣物            |     2
辦公用品        |     2
廚房用品        |     4
```

如同您所看到的狀況，先前沒有使用 GROUP BY 子句的時候，COUNT 函數的執行結果只有 1 行，不過這次卻多了幾行資料。這是因為沒有 GROUP BY 子句的時候，整個資料表被視為單一的群組，而相對地使用 GROUP BY 子句之後，資料表中的資料會先被區分成數個群組。請參考圖 3-4 所示「劃分（區分）」資料表的示意圖，應該比較容易理解 GROUP BY 子句的作用。

圖 3-4　按照各商品分類劃分資料的示意圖

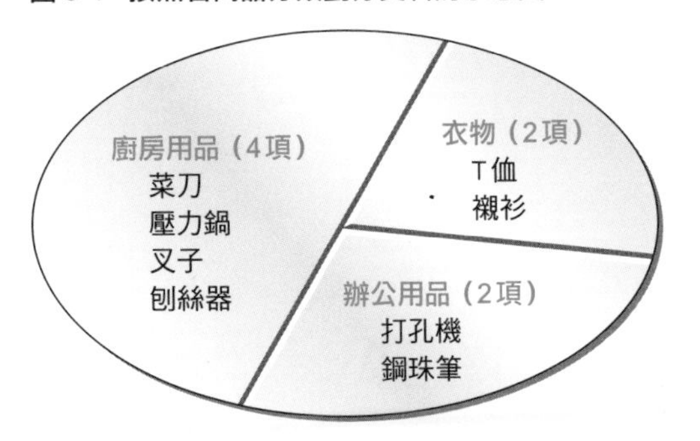

如上圖所示，GROUP BY 子句能像切蛋糕一樣把資料表切開、將資料分群，而 GROUP BY 子句中所指定的欄位稱為**彙總鍵**或**群組化欄位**，這是用來指定如何分割資料表、非常重要的欄位。而且，GROUP BY 子句和 SELECT 子句相同，可以使用逗號分隔的方式同時指定多個欄位。

KEYWORD
- 彙總鍵
- 群組化欄位

如果按照 GROUP BY 子句的分割功用，在實際的商品表格畫上分割線，那麼將如同圖 3-5 的示意圖所示，各商品分類被分割線隔開形成 3 組資料，然後 COUNT 函數再分別計算各商品分類的記錄筆數，獲得最終的結果。

圖 3-5 依商品分類將資料分群

shohin_catalg（商品分類）	shohin_name（商品名稱）	shohin_id（商品 ID）	sell_price（販售單價）	buying_price（購入單價）	reg_date（登錄日期）
衣物	T 恤	0001	1000	500	2009-09-20
	襯衫	0003	4000	2800	
辦公用品	打孔機	0002	500	320	2009-09-11
	鋼珠筆	0008	100		2009-11-11
廚房用品	菜刀	0004	3000	2800	2009-09-20
	壓力鍋	0005	6800	5000	2009-01-15
	叉子	0006	500		2009-09-20
	刨絲器	0007	880	790	2008-04-28

牢記的原則 3-6

GROUP 子句是能分割資料表的刀子。

另外，GROUP BY 子句的位置同樣有嚴格的規定，**它必須寫在 FROM 子句的後方（有 WHERE 子句的話也必須再移至 WHERE 子句後方）**。如果不遵守各子句之間的順序關係，寫出來的 SQL 敘述一定無法正常運作，只會得到錯誤的訊息。雖然 SQL 的所有子句尚未全部登場，不過這裡先針對已經介紹過的子句，排出下列的暫定順序。

▶ **子句的撰寫順序**

1. SELECT → 2. FROM → 3. WHERE → 4. GROUP BY

牢記的原則 3-7

SQL 敘述中的子句撰寫順序不可改變，不能任意更換！

彙總鍵包含 NULL 的狀況

再來的這個單元，將以購入單價（buying_price）欄位當作彙總鍵，對資料重新進行分群。由於需要在 GROUP BY 子句中指定購入單價的欄位名稱，所以其寫法如範例 3-14 所示。

範例 3-14　按照各購入單價分別計算記錄筆數

```
SELECT buying_price, COUNT(*)
  FROM Shohin
 GROUP BY buying_price;
```

然後此 SELECT 敘述的執行結果如下所示。

執行結果

```
 buying_price | count
--------------+-------
              |     2
          320 |     1
          500 |     1
         5000 |     1
         2800 |     2
          790 |     1
```

彙總鍵出現資料為 NULL 的記錄

購入單價欄位儲存著 790 元或 500 元等實際數值的記錄，和先前的範例相同，對您來說應該不成問題，不過看到最上面第 1 行記錄的地方，竟然出現了購入單價為 NULL 的資料群組。由這樣的結果可以得知，當彙總鍵中包含 NULL 資料的時候，所有的 NULL 都會被一併分類至名為「NULL」的資料群組，若以圖形來表現就如圖 3-6 所示。

圖 3-6　按照購入單價劃分資料

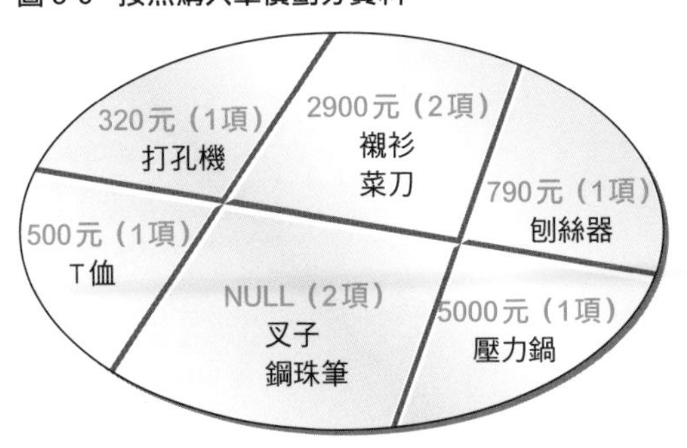

在這種狀況下，請把 NULL 的價錢想成「未知」即可。

牢記的原則 3-8

彙總鍵包含NULL時，結果也會出現「未知」記錄（空白）。

使用 WHERE 子句時 GROUP BY 的作用

加上 GROUP BY 子句的 SELECT 敘述，也能合併使用 WHERE 子句，由於前面已經說明過各子句的先後順序，所以其語法如下所示。

語法 3-2　使用 WHERE 和 GROUP BY 子句進行彙總

```
SELECT <欄位名稱 1>, <欄位名稱 2>, <欄位名稱 3>, ……
  FROM <資料表名稱>
 WHERE <條件式>
 GROUP BY <欄位名稱 1>, <欄位名稱 2>, <欄位名稱 3>, ……;
```

像這樣加上 WHERE 子句進行彙總的時候，會先按照 WHERE 子句所指定的條件留下符合的記錄，然後再進行彙總的動作。以實際的例子來說，請參考一下範例 3-15 的 SELECT 敘述。

範例 3-15　合併使用 WHERE 和 GROUP BY 子句

```
SELECT buying_price, COUNT(*)
  FROM Shohin
 WHERE shohin_catalg = '衣物'
 GROUP BY buying_price;
```

此 SELECT 敘述執行時，由於一開始會按照 WHERE 子句排除不符合的記錄，因此，成為彙總對象的記錄僅有表 3-1 所示的 2 筆記錄。

表 3-1　WHERE 子句處理後的結果

shohin_catalg（商品分類）	shohin_name（商品名稱）	shohin_id（商品 ID）	sell_price（販售單價）	buying_price（購入單價）	reg_date（登錄日期）
衣物	T 恤	0001	1000	500	2009-09-20
衣物	襯衫	0003	4000	2800	

後續再針對這 2 筆記錄，以購入單價進行資料分群（當作彙總鍵），所以範例 3-15 的執行結果如下所示。

執行結果

```
 buying_price | count
--------------+-------
          500 |     1
         2800 |     1
```

換句話說，合併使用 WHERE 子句和 GROUP BY 子句的時候，SELECT 敘述各子句的執行順序如下所示：

▶ **合併使用 WHERE 和 GROUP BY 子句時，SELECT 敘述的執行順序**

FROM → WHERE → GROUP BY → SELECT

這樣的順序和前面語法 3-2 所示的順序不同，也就是說，SQL 敘述在外觀上的排列順序與 DBMS 內部的執行順序並不一致，這也是 SQL 比較難以讓人理解的原因之一。如果是習慣英文思考模式的歐美人士，也許可以順理成章地接受這樣的執行順序，不過對於使用中文的我們來說，總會不自覺地從頭開始依序閱讀、理解，建議您多留意一下這方面的問題。

彙總函數與 GROUP BY 子句的常見錯誤

本書到此，已經學習過彙總函數和 GROUP BY 子句的基本使用方式，由於這些語法相當方便，所以經常會使用到它們的功能，不過撰寫上也有幾個容易出錯以及需要多加注意的地方。

■ 常見錯誤 ① － SELECT 子句中寫入多餘的欄位

合併使用 GROUP BY 子句和 COUNT 之類的彙總函數時，可以寫在 SELECT 子句中的元素非常有限，實際上只有下列 3 種元素能寫入 SELECT 子句。

- 常數
- 彙總函數
- GROUP BY 子句所指定的欄位名稱（亦即彙總鍵）

在第 1 章曾經介紹過，所謂的常數，舉例來說即是 123 之類的數值、或 ' 測試 ' 這樣的字串等，在 SQL 敘述中直接寫明的固定值，若將常數寫至 SELECT 子句中，不會產生任何的問題。另外，從前面這麼多的 SQL 範例，也能看出將彙總函數和彙總鍵寫入 SELECT 子句中，同樣不會有什麼問題。

這裡很容易出錯的地方，在於**將彙總鍵以外的欄位名稱寫入 SELECT 子句中**。舉例來說，範例 3-16 在大部份的 DBMS 上執行會有錯誤，而在 MySQL(MariaDB) 則會得到不太正確的結果（註 3-❸）。

註 3-❸

MariaDB 和 MySQL 能接受這樣的寫法，並且可以順利執行完畢（由於會有多筆候選資料，系統會自動選出 1 筆資料顯示）。但是，因為在 MariaDB 和 MySQL 以外的 DBMS 上完全無法執行，建議您不要使用這樣的寫法。

範例 3-16　在 SELECT 子句寫入彙總鍵以外的欄位名稱會怎麼樣呢？

```
SELECT shohin_name, buying_price, COUNT(*)
  FROM Shohin
 GROUP BY buying_price;
```

執行結果（在 MariaDB 上執行，購入單價為 NULL 的商品只有叉子，少列了刀子）

```
| shohin_name | buying_price | COUNT(*) |
+-------------+--------------+----------+
| 叉子        |         NULL |        2 |
| 打孔機      |          320 |        1 |
| T 恤        |          500 |        1 |
| 刨絲器      |          790 |        1 |
| 襯衫        |         2800 |        2 |
| 壓力鍋      |         5000 |        1 |
```

GROUP BY 子句中沒有 shohin_name 這個欄位名稱，所以不能把 shohin_name 寫入 SELECT 子句中。

為什麼不能使用這樣的寫法，其理由稍微思考一下應該就能理解。如果指定某些欄位進行資料分群（當作彙總鍵），那麼執行結果中的 1 行記錄即代表 1 個資料群組，例如若以購入單價進行資料分群，那麼結果中的 1 行記錄即相當於 1 個相同購入單價的群組，而問題點會發生在購入單價和商品名稱**並不是 1 對 1 的關係**。

舉例來說，購入單價為 2800 元的商品有「襯衫」和「菜刀」，那麼彙總之後 2800 元這行記錄的商品名稱應該要顯示哪個商品呢（圖 3-7）？如果有特別規定顯示哪個商品名稱，或許還可以正常執行，不過實際上並沒有這樣的規定。

圖 3-7　彙總鍵的購入單價和商品名稱並非 1 對 1 的時候

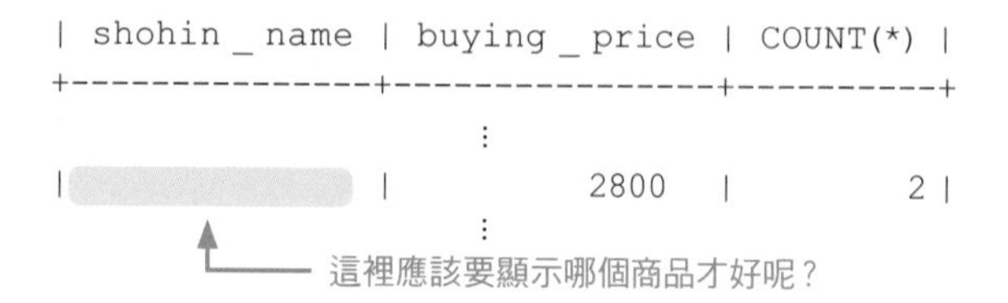

基於上述的理由，如果某個欄位相對於彙總鍵具有多種數值資料，那麼該欄位在理論上就不該寫入 SELECT 子句中。

牢記的原則 3-9

使用GROUP BY子句的時候，SELECT子句中不能寫入彙總鍵以外的欄位名稱。

■ 常見錯誤 ② − GROUP BY 子句中寫入在 SELECT 子句取的別名

這也是常見的錯誤之一。如同章 2-1 節所學過的，如果對 SELECT 子句中的項目使用「AS」這個關鍵字，便能賦予顯示用的別名。不過，GROUP BY 子句中不能使用別名來代替原本的名稱，例如範例 3-17 所示的 SELECT 敘述將產生錯誤（註 3-❹）。

註3-❹

雖然 MariaDB、MySQL 和 PostgreSQL 接受這種寫法，不過畢竟不是通用的寫法，使用上請多加注意。

範例 3-17　GROUP BY 子句使用欄位的別名將產生錯誤

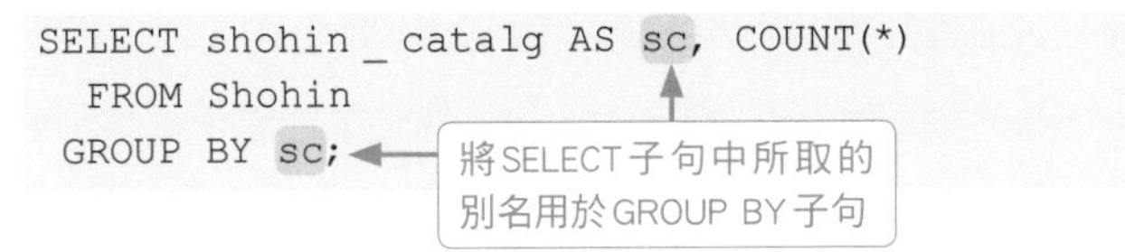

```
SELECT shohin_catalg AS sc, COUNT(*)
  FROM Shohin
 GROUP BY sc;
```


至於為什麼這樣的寫法行不通，其理由如同先前所述，因為 DBMS 內部執行 SQL 敘述的時候，SELECT 子句的順序排在 GROUP BY 子句之後，由於這樣的緣故，在 GROUP BY 子句執行的時間點上，DBMS 尚未執行 SELECT 子句的內容，當然不知道別名所代表的意義。

另外，如果是使用 MySQL (MariaDB)，這樣的寫法不會產生錯誤而獲得下列的結果，不過，**此種寫法無法適用於所有的 DBMS，建議您最好不要使用**。

執行結果

```
      sc        | count
----------------+-------
衣物            |     2
辦公用品        |     2
廚房用品        |     4
```

牢記的原則 3-10

GROUP BY子句不能使用SELECT子句中賦予的別名。

■ 常見錯誤 ③ － GROUP BY 子句會排序其結果？

使用 GROUP BY 子句篩選想要的結果時，在大部分的狀況下，畫面上顯示的結果通常都有好幾行記錄資料，有時候甚至會有數百或數千行的記錄，那麼，這些記錄是以什麼樣的順序呈現在畫面上呢？

答案是**隨機決定**的。

結果中各行記錄的順序沒有一定的規則。如果想要試圖找出規則，乍看之下似乎呈現彙總計算所得的數值為降冪、或彙總鍵為升冪之類的狀況，不過這些都**只是偶然**而已，下次再度執行相同的 SELECT 敘述時，可能會出現完全不同的排列順序，沒有特定的規律。

KEYWORD
● 排序

一般來說，在 SELECT 敘述的執行結果中，各行記錄的顯示順序是隨機決定的，如果想要對其排列順序按照某種規則進行**排序**，必須在 SELECT 敘述中增加特定的語法，而實際的寫法將在 3-4 節再做介紹。

牢記的原則 3-11

即使使用 GROPU BY 子句，畫面上的結果也不會進行排序。

■ 常見錯誤 ④ －將彙總函數寫在 WHERE 子句中

最後所要介紹的常見錯誤，應該是初學時最容易弄錯的地方。做為具體的說明實例，同樣延續使用先前的 SQL 敘述，以商品分類（shohin_catalg）進行資料分群，計算各商品分類分別有幾筆記錄，請看一下範例 3-18 所示的 SELECT 敘述。

範例 3-18

```
SELECT shohin_catalg, COUNT(*)
  FROM Shohin
 GROUP BY shohin_catalg;
```

執行結果

```
shohin_catalg   | count
----------------+-------
衣物            |     2
辦公用品        |     2
廚房用品        |     4
```

看到上面的執行結果之後，再來或許想要「篩選出計算結果剛好有 2 筆記錄的群組」，這樣的需求相當於辦公用品和衣物這 2 行的結果記錄。

為了在篩選時指定條件，您可能會想到使用 WHERE 子句即可，在這樣的思考邏輯下，很多初學者會寫出如範例 3-19 所示的 SELECT 敘述。

範例 3-19　在 WHERE 子句中寫入彙總函數將會發生錯誤

```
SELECT shohin_catalg, COUNT(*)
  FROM Shohin
 WHERE COUNT(*) = 2
 GROUP BY shohin_catalg;
```

很可惜地，上面的 SELECT 敘述將會發生錯誤。

執行結果（MariaDB 的狀況）

```
ERROR 1111 (HY000): Invalid use of group function
```

實際上，可以寫入 COUNT 等彙總函數的地方，只有 SELECT 子句和 HAVING 子句（以及之後才會說明的 ORDER BY 子句）而已。而將要登場的 HAVING 子句，便是可以對分群後的資料指定條件、能「篩選出有 2 筆記錄的群組」的方便工具，下個小節將會學到此 HAVING 子句的相關知識。

牢記的原則 3-12

可以寫入彙總函數的地方，只有 SELECT 子句和 HAVING 子句（以及 ORDER BY 子句）。

COLUMN

DISTINCT 與 GROUP BY

也許有讀者已經注意到了，3-1 節介紹過的 DISTINCT 和 3-2 節剛介紹過的 GROUP BY 子句，2 者同樣都會在後續對欄位排除重複的資料，舉例來說，範例 3-A 的 2 段 SELECT 敘述會獲得相同的結果。

範例 3-A　DISTINCT 和 GROUP BY 具有相同效果

```
SELECT DISTINCT shohin_catalg
  FROM Shohin;

SELECT shohin_catalg
  FROM Shohin
 GROUP BY shohin_catalg;
```

執行結果

```
shohin_catalg
---------------
衣物
辦公用品
廚房用品
```

DISTINCT 與 GROUP BY 子句同樣會把 NULL 資料彙整在一起，而針對多個欄位進行篩選時的結果也完全相同，更進一步來說，不僅是執行的結果相同，2 者的執行速度也幾乎不分上下（註 3-❺），有時候可能會不知道應該採用哪種寫法。

註 3-❺
關於資料庫系統內部的處理方式，2 者都是透過排序處理和雜湊演算來達成。

不過這樣的疑問其實有些本末倒置，若回歸到最基本的原則，寫出來的 SELECT 敘述所表達的意義是否符合需求才是重點。對於「想從篩選結果排除重複資料」的需求，應該採用 DISTINCT，而對於「想取得彙總後的結果」的需求，則應該選擇 GROUP BY 子句，如此才是合理的方式。

知道了上述的原則之後，對於範例 3-A 第 2 段的 SELECT 敘述，也就是沒有 COUNT 之類的彙總函數、只單獨使用 GROUP BY 子句的 SELECT 敘述，應該可以理解到這是相當奇怪的寫法，因為此寫法會讓人搞不清楚為什麼要進行資料分群。

SQL 敘述特別設計成類似英文的語法，因此也具備了讓人比較容易理解其意義的優點，如果只為了執行結果而採用奇怪的寫法，等於是扼殺了它原本的長處，實在是太可惜了。

3-3 對彙總結果指定條件

學習重點

- 使用 COUNT 等函數彙總資料表的資料時，若想對篩選結果指定條件，不能使用 WHERE 子句、必須改用 HAVING 子句。
- 彙總函數可以寫在 SELECT 子句、HAVING 子句和 ORDER BY 子句中。
- HAVING 子句應該寫在 GROUP BY 子句之後。
- WHERE 子句用來「對記錄指定條件」，而 HAVING 子句則是「對資料群組指定條件」。

HAVING 子句

透過前個小節學過的 GROUP BY 子句，便能將資料表的資料分群、獲得想要的篩選結果，而這個小節將進一步介紹對資料群組指定條件的方法。舉例來說，如果想篩選出「彙總後的結果中剛好有 2 筆記錄的資料群組」，那麼應該如何撰寫呢（圖 3-8）？

圖 3-8　僅篩選出符合指定條件的群組

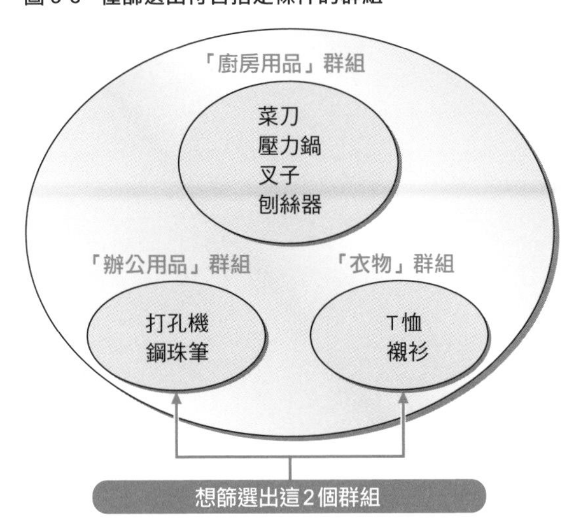

說到指定條件的功能，您腦中最先想到的也許是 WHERE 子句，不過 WHERE 子句終究只能對「各筆記錄」指定條件，而想要對分群後

的資料指定條件，例如指定「當中含有 2 筆記錄」或「平均值為 500」等條件的時候，WHERE 子句就派不上用場了。

因為這樣的緣故，這裡必須使用新的子句來對資料群組指定條件，而此新的子句便是 HAVING 子句（註 3- ❻）。

KEYWORD
●HAVING子句

註3-❻
HAVING 這個單字正是動詞 HAVE（具有）的現在分詞，並非一般英文常見的形式。

HAVING 子句的語法如所下所示。

語法 3-3　HAVING 子句

```
SELECT <欄位名稱 1>, <欄位名稱 2>, <欄位名稱 3>, ……
  FROM <資料表名稱>
 GROUP BY <欄位名稱 1>, <欄位名稱 2>, <欄位名稱 3>, ……
HAVING <針對資料群組的條件>;
```

HAVING 子句的撰寫位置，必須在 GROUP BY 子句之後。而以 DBMS 內部的執行順序來說，HAVING 子句也在 GROUP BY 子句之後。

▶ 使用 HAVING 子句時，SELECT 敘述的撰寫順序

SELECT → FROM → WHERE → GROUP BY → HAVING

牢記的原則 3-13

HAVING子句必須寫在GROUP BY子句之後。

接下來，請試著運用 HAVING 子句的功能吧！以實際的例子來說，對於以商品分類欄位進行彙總的資料群組，若想指定「當中含有 2 筆記錄」的條件，其寫法如同範例 3-20 所示。

範例 3-20　以商品分類進行分群彙總、篩選出「當中含有 2 筆記錄」的群組

```
SELECT shohin_catalg, COUNT(*)
  FROM Shohin
 GROUP BY shohin_catalg
HAVING COUNT(*) = 2;
```

執行結果

```
 shohin_catalg   | count
-----------------+-------
 衣物            |     2
 辦公用品        |     2
```

可以看到含有 4 筆記錄的「廚房用品」被排除在篩選結果之外。如果沒有加上 HAVING 子句，那麼廚房用品也會被列於篩選結果中，不過正因為 HAVING 子句所設定的條件，限制了篩選結果只會列出當中含有 2 筆記錄的群組（範例 3-21）。

範例 3-21　沒有 HAVING 子句進行篩選的狀況

```
SELECT shohin_catalg, COUNT(*)
  FROM Shohin
 GROUP BY shohin_catalg;
```

執行結果

```
shohin_catalg   | count
----------------+-------
衣物            |     2
辦公用品        |     2
廚房用品        |     4
```


再舉個 HAVING 子句的使用實例，此次同樣以商品分類欄位進行分群，不過條件改為「販售單價的平均值大於 2500 元」。

首先如同範例 3-22 所示，此段敘述尚未加上 HAVING 子句的條件。

範例 3-22　尚未加上 HAVING 子句進行篩選

```
SELECT shohin_catalg, AVG(sell_price)
  FROM Shohin
 GROUP BY shohin_catalg;
```

執行結果

```
shohin_catalg   |          avg
----------------+-----------------------
衣物            |  2500.0000000000000000
辦公用品        |   300.0000000000000000
廚房用品        |  2795.0000000000000000
```

可以看到商品分類的 3 個群組均出現於篩選結果之中。如果再以 HAVING 子句設定條件，即是如同範例 3-23 所示的敘述。

範例 3-23　以 HAVING 子句設定條件進行篩選

```
SELECT shohin_catalg, AVG(sell_price)
  FROM Shohin
 GROUP BY shohin_catalg
HAVING AVG(sell_price) >= 2500;
```

執行結果

```
shohin_catalg   |          avg
----------------+--------------------------
 衣物           |     2500.0000000000000000
 廚房用品       |     2795.0000000000000000
```

可看到販售單價平均值為 300 元的辦公用品從結果當中消失了。

可寫在 HAVING 子句的元素

與加上了 GROUP BY 子句的 SELECT 子句相同，能寫入 HAVING 子句的元素同樣有所限制，而且 2 者的限制完全相同，也就是說，可以寫入 HAVING 子句的元素有以下 3 項。

- 常數
- 彙總函數
- GROUP BY 子句所指定的欄位名稱（亦即彙總鍵）

請看到範例 3-20 所示的敘述，最後的「HAVING COUNT(*) = 2」是 HAVING 子句的部分，而其中的 COUNT(*) 為彙總函數、2 為常數，確實遵守了可寫入元素的限制規則。反過來說，若寫成下列的樣子將會發生錯誤（範例 3-24）。

範例 3-24　HAVING 子句的錯誤用法

```
SELECT shohin_catalg, COUNT(*)
  FROM Shohin
 GROUP BY shohin_catalg
HAVING shohin_name = '鋼珠筆';
```

執行結果（於 MariaDB 上執行）

```
#1054 - Unknown column 'shohin_name' in 'having clause'
```

由於 GROUP BY 子句當中並沒有包含名為 shohin_name（商品名稱）的欄位，因此不能將此欄位寫入 HAVING 子句中。當您在摸索 HAVING 子句的使用方法時，建議可以想成「**當分組彙總資料的前半段動作完成之後，HAVING 子句是針對如同表 3-2 所示的資料表指定條件**」，如此一來應該比較容易理解其作用吧！

表 3-2　經過分組彙總後的資料示意表格

shohin_catalg	COUNT(*)
廚房用品	4
衣物	2
辦公用品	2

這樣的理解方式，當然也適用於加上 GROUP BY 子句後的 SELECT 子句。對於此經過分組彙總後的資料表，因為已經沒有 shohin_name 這個欄位，所以指定該資料表中不存在的欄位，當然無法獲得任何結果。

適合以 WHERE 子句取代 HAVING 子句的條件

或許已經有讀者注意到，某些條件可以寫成 HAVING 子句、也可以寫成 WHERE 子句，而這樣的條件便是「**針對彙總鍵的條件**」。由於前個單元曾經提到，被指定為彙總鍵的原資料表欄位，可以寫在 HAVING 子句之中，因此，範例 3-25 的 SELECT 敘述是正確無誤的 SQL 敘述。

範例 3-25　將條件寫成 HAVING 子句

```
SELECT shohin_catalg, COUNT(*)
  FROM Shohin
 GROUP BY shohin_catalg
HAVING shohin_catalg = '衣物';
```

執行結果

```
shohin_catalg   | count
----------------+-------
衣物            |     2
```

上面的 SELECT 敘述若寫成範例 3-26 的樣子，將會獲得完全相同的結果。

範例 3-26　將條件寫成 WHERE 子句的狀況

```
SELECT shohin _ catalg, COUNT(*)
  FROM Shohin
 WHERE shohin _ catalg = '衣物'
 GROUP BY shohin _ catalg;
```

執行結果

```
 shohin_catalg   | count
-----------------+-------
 衣物            |     2
```

2 段敘述的差別僅在於條件撰寫的位置是在 WHERE 子句或 HAVING 子句，而條件的內容完全相同、回傳的結果也完全相同。單看執行的結果，您可能會覺得寫成哪種樣子應該都沒有關係吧。

如果只有在意篩選獲得的結果，這樣的想法並沒有什麼錯誤，不過像這樣針對彙總鍵的條件，筆者認為寫成 WHERE 子句的形式較佳。

而筆者之所以會如此建議，其理由有以下 2 點。

第 1 個理由，WHERE 子句和 HAVING 子句基本上就被賦予了不同的角色定位。如前所述，HAVING 子句的作用在於對「資料群組」指定條件，因此，單純對「記錄」指定條件的時候，應該要寫成 WHERE 子句的形式，如此一來就能清楚區分 2 者的功能，而寫出來的 SQL 敘述也讓人比較容易理解其用意。

- **WHERE 子句＝對記錄指定條件**
- **HAVING 子句＝對資料群組指定條件**

另外 1 個理由則來自於 DBMS 內部的運作方式，由於是較為進階的話題，所以本書特意將這個部分的說明抽出，整理成下面的 COLUMN「WHERE 子句與 HAVING 子句的執行速度」，有興趣的讀者可以繼續往下閱讀。

牢記的原則 3-14

針對彙總鍵的條件應該寫成WHERE子句、而不是HAVING子句。

COLUMN

WHERE子句與HAVING子句的執行速度

可以寫成 WHERE 子句、也能寫成 HAVING 子句的條件，應該盡量選擇 WHERE 子句的另外 1 個理由，便是效能上的考量，也就是執行速度上的差異。由於執行效能並非本書著重的部分，所以書中較少出現相關的說明，不過一般來說，如果都能獲得相同的結果，那麼比起 HAVING 子句的寫法，WHERE 子句的處理速度較快、取得結果所需的時間較短。

想要理解為什麼有這樣的差異，必須先知道 DBMS 內部執行的處理方式。使用 COUNT 等函數來彙總資料表中的資料時，DBMS 內部需要進行「排序」的動作、排列各筆記錄的先後順序，而這樣的排序處理會對硬體效能產生相當大的負擔，也就是屬於相當「吃重」的處理動作（註 3- ❼），因此，如果可以盡量減少需要排序的記錄筆數，那麼執行的速度也會比較快。

註 3- ❼

Oracle 等資料庫雖然是以雜湊演算來取代排序，不過這同樣會造成效能上的負擔。

若使用 WHERE 子句來指定條件，因為進行排序前會先挑選出符合的記錄，所以進行排序的記錄筆數較少，而另外一方面，HAVING 子句需要先完成排序、進行資料分群之後，才會按照條件挑選記錄，因此需要排序更多的記錄筆數。雖然各家 DBMS 內部的運作方式會略有差異，不過這樣的排序處理可以說是大部分 DBMS 的共通做法。

而且，WHERE 子句在速度上佔有優勢的另外 1 個理由，便是 WHERE 子句條件中的欄位如果有建立「**索引（Index）**」，那麼處理速度還可以獲得大幅度的提升。做為 DBMS 提升效能的方法，這項名為索引的技術相當普及，而且產生的效果相當顯著，對於 WHERE 子句來說是非常有利的因素。

KEYWORD

● 索引（Index）

3-4 查詢結果排序

學習重點

- 想要排列查詢結果需要使用 ORDER BY 子句。
- 在 ORDER BY 子句的欄位名稱後方，可加上 ASC 關鍵字指定升冪順序，或加上 DESC 關鍵字指定降冪順序。
- ORDER BY 子句當中可以指定多個排序鍵。
- 當排序鍵欄位含有 NULL 的資料時，會被統一放在最前或最後。
- ORDER BY 子句中可以使用 SELECT 子句所取的欄位別名。
- ORDER BY 子句中可以使用 SELECT 子句所沒有的欄位和彙總函數。
- ORDER BY 子句中不能使用欄位編號。

ORDER BY 子句

前面的各個小節，都是針對資料表中的資料設定各式各樣的條件、執行某些加工動作，藉以完成查詢的工作，而這個小節將再度回歸到單純的 SELECT 敘述（範例 3-27）。

範例 3-27　列出商品 ID、商品名稱、販售單價和購入單價

```
SELECT shohin_id, shohin_name, sell_price, buying_price
  FROM Shohin;
```

執行結果

```
shohin_id  |   shohin_name    |  sell_price   | buying_price
-----------+------------------+---------------+---------------
0001       | T 恤             |          1000 |           500
0002       | 打孔機           |           500 |           320
0003       | 襯衫             |          4000 |          2800
0004       | 菜刀             |          3000 |          2800
0005       | 壓力鍋           |          6800 |          5000
0006       | 叉子             |           500 |
0007       | 刨絲器           |           880 |           790
0008       | 鋼珠筆           |           100 |
```

對於執行結果的內容，沒有需要特別說明的地方，因為此小節的重點並非結果會列出哪些記錄，而在於各筆記錄顯示時的排列順序。

KEYWORD
● 升冪

那麼，執行結果中的 8 筆記錄究竟是按照什麼樣的順序排列呢？乍看之下，似乎是商品 ID 由小排到大的順序（升冪），不過這只是偶然出現的狀況，排列的順序其實是隨機決定的，因此，下次再度執行相同的 SELECT 敘述時，可能會顯示和先前完全不同的順序。

一般來說，從資料表篩選資料的時候，如果沒有特別指定順序，將無法預料各筆記錄會按照什麼樣的順序排列，即使是完全相同的 SELECT 敘述，每次執行的時候或許都會獲得不同的排列順序。

KEYWORD
● ORDER BY 子句

不過在很多實際應用的場合中，如果沒有固定的排列順序，將導致資料難以使用，遇到這樣的需求時，可以在 SELECT 敘述的最後加上 ORDER BY 子句，藉以明確指定各筆記錄的排列順序。

ORDER BY 子句的語法如下所示：

語法 3-4　ORDER BY 子句

```
SELECT <欄位名稱 1>, <欄位名稱 2>, <欄位名稱 3>, ……
  FROM <資料表名稱>
 ORDER BY <排序基準的欄位名稱 1>, <排序基準的欄位名稱 2>, ……;
```

舉例來說，如果想按照販售單價由低排至高、也就是指定為升冪順序時，可以寫成如同範例 3-28 所示的敘述。

範例 3-28　按照販售單價由低排至高（升冪）

```
SELECT shohin_id, shohin_name, sell_price, buying_price
  FROM Shohin
 ORDER BY sell_price;
```

執行結果

```
shohin_id  | shohin_name      | sell_price     | buying_price
-----------+------------------+----------------+--------------
0008       | 鋼珠筆           |            100 |
0006       | 叉子             |            500 |
0002       | 打孔機           |            500 |          320
0007       | 刨絲器           |            880 |          790
0001       | T 恤             |           1000 |          500
0004       | 菜刀             |           3000 |         2800
0003       | 襯衫             |           4000 |         2800
0005       | 壓力鍋           |           6800 |         5000
```

販售單價為升冪

不論在什麼狀況之下，此 ORDER BY 子句都必須寫在整段 SELECT 敘述的最後位置，因為對 DBMS 來說，排序各筆記錄的步驟是回傳結果前的最後 1 道手續，另外，寫在 ORDER BY 子句中的欄位名稱稱為「**排序鍵**」，而各子句之間的順序關係整理後如下所示。

KEYWORD
● 排序鍵

▶ **子句的撰寫順序**

1. SELECT 子句 → 2. FROM 子句 →
3. WHERE 子句 → 4. GROUP BY 子句 →
5. HAVING 子句 → 6. ORDER BY 子句

牢記的原則 3-15

ORDER BY 子句必定寫在 SELECT 敘述的最後位置。

另外，如果覺得不需要指定記錄的排列順序，也可以不用加上 ORDER BY 子句。

指定升冪或降冪

KEYWORD
● 降冪
● DESC 關鍵字

相對於前述的範例，若想讓販售單價由高排至低、也就是**降冪**的排序方式，可以使用範例 3-29 的方式，在欄位名稱後方加上 **DESC 關鍵字**。

範例 3-29　按照販售單價由高排至低（降冪）

```
SELECT shohin_id, shohin_name, sell_price, buying_price
  FROM Shohin
 ORDER BY sell_price DESC;
```

執行結果

shohin_id	shohin_name	sell_price	buying_price
0005	壓力鍋	6800	5000
0003	襯衫	4000	2800
0004	菜刀	3000	2800
0001	T 恤	1000	500
0007	刨絲器	880	790
0002	打孔機	500	320
0006	叉子	500	
0008	鋼珠筆	100	

如同您所看到的結果，這次最貴的 6800 元壓力鍋排在第 1 行的位置。實際上，想要指定先前的升冪排序方式時，SQL 也備有名為 ASC 的關鍵字，不過沒有加上關鍵字的時候，預設即為升冪的排序方式，而這樣的安排應該是因為實務上比較常使用升冪排序的緣故。ASC 和 DESC 分別是英文單字 Ascendent 以及 Descendent 的縮寫。

KEYWORD
● ASC 關鍵字

牢記的原則 3-16

ORDER BY 子句沒有特別指定順序時，預設為升冪排序。

由於 ASC 和 DESC 關鍵字是分別附加在各欄位名稱之後，所以可以做到指定某個欄位為升冪、同時另外 1 個欄位做降冪排序。

指定多個排序鍵

對於此小節開頭所示、按照販售單價做升冪排序的 SELECT 敘述（範例 3-28），請再次回顧一下其執行結果，應該可以看到當中有 2 項 500 元的商品記錄吧，而相同售價商品之間的先後順序，若沒有特別指定，還是會獲得隨機決定的順序。

如果想針對這樣「同順位」的商品，指定更加細緻的排列順序，需要再增加 1 個排序鍵。這裡選擇指定商品 ID 進行升冪排序，使用如同範例 3-30 所示的敘述。

範例 3-30　按照販售單價和商品 ID 做升冪排序

```
SELECT shohin_id, shohin_name, sell_price, buying_price
  FROM Shohin
 ORDER BY sell_price, shohin_id;
```

執行結果

```
shohin_id | shohin_name | sell_price | buying_price
----------+-------------+------------+-------------
0008      | 鋼珠筆      |        100 |
0002      | 打孔機      |        500 |          320
0006      | 叉子        |        500 |
0007      | 刨絲器      |        880 |          790
0001      | T 恤        |       1000 |          500
0004      | 菜刀        |       3000 |         2800
0003      | 襯衫        |       4000 |         2800
0005      | 壓力鍋      |       6800 |         5000
```

售價相同時再按商品 ID 升冪

如上所示，ORDER BY 子句中可以指定多個排序鍵，左側的排序鍵會被優先拿來排列順序，如果該排序鍵欄位具有相同的數值資料，再參考其右側的排序鍵完成第 2 階段的排序。而視實際上的需求，當然也可以使用 3 個以上的欄位做為排序鍵。

NULL 的順序

前面的例子，都是以販售單價（sell_price 欄位）做為排序鍵，不過這次將試著使用購入單價（buying_price 欄位）當作排序鍵，此時會出現問題的地方，在於鋼珠筆和叉子這 2 筆記錄的購入單價為 NULL，而 NULL 的資料到底會被排序在哪個位置呢？NULL 是比 100 來得大還是比較小呢？還有，5000 和 NULL 何者比較大呢？

這裡請回想一下在第 2 章「**不能對 NULL 使用比較運算子**」所學過的內容。沒錯！不能對 NULL 使用比較運算子，也就是說，無法排出 NULL 和數值之間的先後順序，也無法和文字和日期做比較，因此，如果指定含有 NULL 的欄位做為排序鍵，那麼 NULL 會被統一放在最前面或最後面的位置（範例 3-31）。

範例 3-31　按照購入單價做升冪排序

```
SELECT shohin_id, shohin_name, sell_price, buying_price
  FROM Shohin
 ORDER BY buying_price;
```

執行結果

```
shohin_id | shohin_name | sell_price | buying_price
----------+-------------+------------+-------------
0002      | 打孔機      |        500 |          320
0001      | T 恤        |       1000 |          500
0007      | 刨絲器      |        880 |          790
0003      | 襯衫        |       4000 |         2800
0004      | 菜刀        |       3000 |         2800
0005      | 壓力鍋      |       6800 |         5000
0006      | 叉子        |        500 |
0008      | 鋼珠筆      |        100 |
```

NULL 會被統一放在最前或最後

放在最前面或最後面並沒有一定的準則，由於其中也有些 DBMS 允許自行指定排在前面或後面，建議您可以試著查閱一下目前所使用 DBMS 的功能說明。

牢記的原則 3-17

排序鍵含有NULL的時候，NULL會被統一放在最前或最後。

使用欄位別名指定排序鍵

在 3-2 節的「常見錯誤 2」曾經提及，GROUP BY 子句中不能使用在 SELECT 子句命名的欄位別名，不過 ORDER BY 子句中可以使用欄位的別名，因此，如範例 3-32 所示的 SELECT 敘述不會產生錯誤，可以正常執行完畢。

範例 3-32　ORDER BY 子句中可以使用欄位別名

```
SELECT shohin_id AS id, shohin_name, sell_price AS sp,
buying_price
  FROM Shohin
 ORDER BY sp, id;
```

這段敘述所代表的意義，和前面「先按照販售單價升冪、再按照商品 ID 升冪排序」的 SELECT 敘述（範例 3-31）完全相同。

執行結果

```
 id  |   shohin_name    |  sp   | buying_price
-----+------------------+-------+--------------
0008 | 鋼珠筆           |   100 |
0002 | 打孔機           |   500 |          320
0006 | 叉子             |   500 |
0007 | 刨絲器           |   880 |          790
0001 | T 恤             |  1000 |          500
0004 | 菜刀             |  3000 |         2800
0003 | 襯衫             |  4000 |         2800
0005 | 壓力鍋           |  6800 |         5000
```

為什麼 GROUP BY 子句中不能使用的別名，卻可以用在 ORDER BY 子句當中呢？其理由隱藏於 DBMS 內部執行 SQL 敘述的順序之中。SELECT 敘述的執行順序，若以各段子句為單位將如下所示。

▶ **SELECT 敘述的內部執行順序**

FROM → WHERE → GROUP BY → HAVING → SELECT → ORDER BY

由於這是粗略歸納出來的流程，所以在部分細節上各家 DBMS 可能會有些差異，不過應該已經足以讓您理解其原因。當中的重點在於 SELECT 子句的位置處於「**GROUP BY 子句的後面、以及 ORDER BY 子句的前面**」，因為有著這樣的順序關係，所以在 GROUP BY 子句執行的時間點上，DBMS 還不知道 SELECT 子句中替欄位取的別名（註 3-❽），若是位於 SELECT 子句之後的 ORDER BY 子句，就不會有這樣的問題了。

註 3-❽
這對 HAVING 子句來說也是相同的道理，因此 HAVING 子句亦不能使用欄位別名。

牢記的原則 3-18

ORDER BY 子句中可以使用在 SELECT 子句取的欄位別名。

ORDER BY 子句可使用的欄位

ORDER BY 子句中可以使用資料表的任意欄位當作排序鍵，即使該欄位沒有寫在 SELECT 子句之中（範例 3-33）。

範例 3-33 SELECT 子句中沒有的欄位亦可寫入 ORDER BY 子句

```
SELECT shohin_name, sell_price, buying_price
  FROM Shohin
 ORDER BY shohin_id;
```

執行結果

```
   shohin_name   | sell_price | buying_price
-----------------+------------+--------------
 T 恤            |       1000 |          500
 打孔機          |        500 |          320
 襯衫            |       4000 |         2800
 菜刀            |       3000 |         2800
 壓力鍋          |       6800 |         5000
 叉子            |        500 |
 刨絲器          |        880 |          790
 鋼珠筆          |        100 |
```

另外，ORDER BY 子句中也能使用彙總函數（範例 3-34）。

範例 3-34　彙總函數可以用於 ORDER BY 子句中

```
SELECT shohin_catalg, COUNT(*)
  FROM Shohin
 GROUP BY shohin_catalg
 ORDER BY COUNT(*);
```

亦可使用彙總函數

執行結果

```
shohin_catalg   | count
----------------+--------
衣物             |      2
辦公用品         |      2
廚房用品         |      4
```

牢記的原則 3-19

ORDER BY 子句中也能使用 SELECT 子句中沒有的欄位以及彙總函數。

請勿使用欄位編號

KEYWORD
● 欄位編號

雖然這樣的用法可能會讓您有些訝異，不過在 OEDER BY 子句中，其實可以使用 SELECT 子句中各欄位對應的**欄位編號**。這裡所說的欄位編號，指的是對 SELECT 子句的各欄位由左邊開始依序賦予 1、2、3、…這樣的編號，例如第 1 個欄位為編號 1、第 2 個為編號 2、…餘此類推，因此，範例 3-35 的 2 段 SELECT 敘述具有相同的作用。

範例 3-35　ORDER BY 子句中可以使用欄位編號

```
-- 指定欄位名稱
SELECT shohin_id, shohin_name, sell_price, buying_price
  FROM Shohin
 ORDER BY sell_price DESC, shohin_id;

-- 指定欄位編號
SELECT shohin_id, shohin_name, sell_price, buying_price
  FROM Shohin
 ORDER BY 3 DESC, 1;
```

第 2 段 SELECT 敘述的 ORDER BY 子句代表了「**先按照 SELECT 子句第 3 個欄位做降冪、再按照第 1 個欄位做升冪排序**」的意思，這和第 1 段 SELECT 敘述的作用完全相同。

執行結果

```
shohin_id  | shohin_name     | sell_price   | buying_price
-----------+-----------------+--------------+---------------
0005       | 壓力鍋          |         6800 |         5000
0003       | 襯衫            |         4000 |         2800
0004       | 菜刀            |         3000 |         2800
0001       | T 恤            |         1000 |          500
0007       | 刨絲器          |          880 |          790
0002       | 打孔機          |          500 |          320
0006       | 叉子            |          500 |
0008       | 鋼珠筆          |          100 |
```

這樣以欄位編號指定排序鍵的寫法，由於不需輸入欄位名稱，所以使用起來相當方便，不過基於下列 2 點理由，建議您避免使用此寫法。

首先，第 1 個理由是這樣的 SQL 敘述**不易閱讀**。若使用欄位編號，光看 ORDER BY 子句將無法理解到底是使用哪些欄位當作排序鍵，必須參考 SELECT 子句、甚至將全部的欄位依序數過 1 次。在上面的範例中，由於 SELECT 子句中的欄位數量不多，可能還感受不到其缺點，不過實務上有時候需要寫入數量龐大的欄位名稱，如果再加上 SELECT 和 ORDER BY 子句之間夾著很長的 WHERE 或 HAVING 子句，那麼閱讀起來將會非常辛苦。

再來的第 2 個理由是更加根源的問題。實際上，此項目編號的功能在 SQL-92（註 3-❾）的規範中被列為「**將來應該刪除的功能**」，因此，即使現在沒有什麼問題，到了將來 DBMS 進行版本更新的時候，原本可以正常運作的 SQL 敘述可能會突然無法執行，導致嚴重的問題發生。臨時性的 SQL 敘述或許可以這樣寫，不過撰寫資訊系統所需的 SQL 敘述時，應該避免使用此項功能。

註 3-❾
1992 年所制定的標準 SQL 規範。

牢記的原則 3-20

ORDER BY 子句中請勿使用欄位編號。

自我練習

3.1 下列的 SELECT 敘述在語法上有誤，請指出所有有問題的地方。

```
SELECT shohin _ id, SUM(shohin _ name)
-- 此 SELECT 敘述有誤。
  FROM Shohin
 GROUP BY shohin _ catalg
 WHERE reg _ date > '2009-09-01';
```

3.2 請試著撰寫 SELECT 敘述，列出販售單價（sell_price 欄位）總合比購入單價（buying_price 欄位）總和多 1.5 倍的商品分類，執行後的結果應該如下所示。

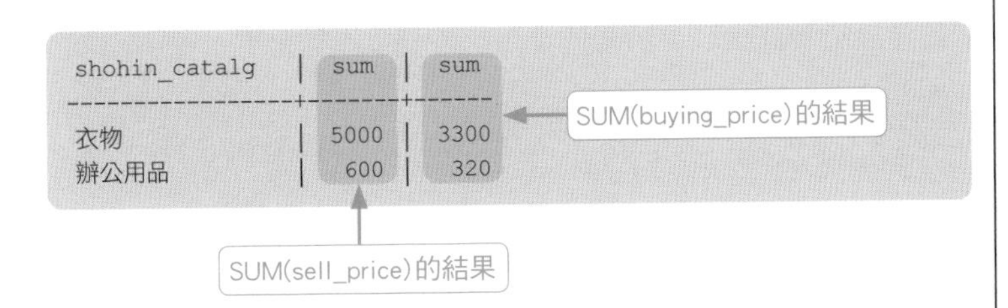

shohin_catalg	sum	sum
衣物	5000	3300
辦公用品	600	320

3.3 假設您曾經執行過某段 SELECT 敘述，從 Shohin（商品）資料表篩選出所有的記錄，那個時候，您有利用 ORDER BY 子句指定排序方式，不過現在卻忘記當時指定了什麼樣的規則，請參考下列的執行結果，思考一下該 ORDER BY 子句的寫法。

執行結果

shohin_id	shohin_name	shohin_catalg	sell_price	buying_price	reg_date
0003	襯衫	衣物	4000	2800	
0008	鋼珠筆	辦公用品	100		2009-11-11
0006	叉子	廚房用品	500		2009-09-20
0001	T 恤	衣物	1000	500	2009-09-20
0004	菜刀	廚房用品	3000	2800	2009-09-20
0002	打孔機	辦公用品	500	320	2009-09-11
0005	壓力鍋	廚房用品	6800	5000	2009-01-15
0007	刨絲器	廚房用品	880	790	2008-04-28

memo

第4章　更新資料

新增資料（INSERT）
刪除資料（DELETE）
修改資料（UPDATE）
交易功能

SQL

本章的主題

到前個章節為止，對於資料表中儲存的資料，已經學習過了各式各樣的查詢方法，當時所使用的 SQL 都是 SELECT 敘述，不過這樣的 SELECT 敘述，並不會讓資料表中的資料內容發生任何變化，也就是說，它其實是「讀取專用」的指令。

在本章中，將會介紹如何透過 DBMS 更新資料表中的資料內容，而更新資料的處理動作，大致上可分為「新增（INSERT）」、「刪除（DELETE）」以及「修改（UPDATE）」等 3 種類型，您可以在這個章節中學到此 3 種更新方法的相關詳細解說。另外，對於用來管控資料庫中資料更新的「交易功能」，也能在本章學到此重要知識。

4-1 新增資料（INSERT）

學習重點

- 想在資料表中新增資料（記錄）需要使用 INSERT 敘述，原則上，每執行 1 次 INSERT 敘述可新增 1 筆記錄。
- 將多個欄位名稱或內容值以逗號隔開、前後加上括號圍起來，這樣的形式稱為「串列（List）」。
- 對資料表所有欄位執行 INSERT 的時候，資料表名稱後方的欄位串列可以省略。
- 若想存入 NULL，可在 VALUES 子句的內容值串列中直接寫入「NULL」。
- 資料表的欄位可以設定預設值（初始值），而想設定預設值時，需要在 CREATE TABLE 敘述中對欄位加上 DEFAULT 條件約束。
- 想存入預設值成為內容值時，可以採用在 INSERT 敘述的 VALUES 子句中寫入 DEFAULT 關鍵字（明示方法）、或省略欄位名稱和內容值串列（默認方法）等 2 種方式。
- 從其他資料表複製資料時可使用 INSERT…SELECT 敘述。

什麼是 INSERT

在 1-4 節中，曾經學過用於建立資料表的 CREATE TABLE 敘述，而在剛以 CREATE　TABLE 敘述建立好資料表的階段，此新資料表還只是個空箱子，必須在這個箱子中放入「資料」之後，資料庫才能成為有用的東西。而用來存入資料的 SQL 便是 INSERT（插入）敘述（圖 4-1），作用是將記錄插入資料表中。

KEYWORD
- INSERT 敘述

此小節將著重於學習 INSERT 敘述的相關知識。

圖 4-1　INSERT（插入）的流程

① 單以CREATE TABLE敘述建立資料表，
資料表中空無一物。

Shohin（商品）資料表

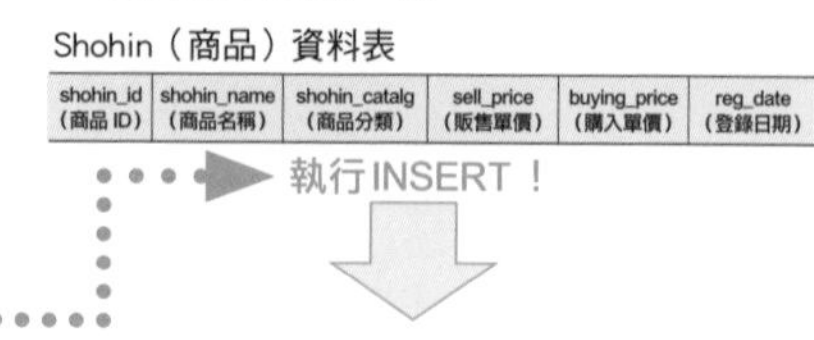

shohin_id（商品 ID）	shohin_name（商品名稱）	shohin_catalg（商品分類）	sell_price（販售單價）	buying_price（購入單價）	reg_date（登錄日期）

② 若以INSERT敘述新增資料

新增的記錄

0001	T 恤	衣物	1000	500	2009-09-20
0002	打孔機	辦公用品	500	320	2009-09-11

執行INSERT！

③ 資料被新增至資料表中

Shohin（商品）資料表

shohin_id（商品 ID）	shohin_name（商品名稱）	shohin_catalg（商品分類）	sell_price（販售單價）	buying_price（購入單價）	reg_date（登錄日期）
0001	T 恤	衣物	1000	500	2009-09-20
0002	打孔機	辦公用品	500	320	2009-09-11

為了便於學習INSERT敘述的使用方式，首先來建立名為「ShohinIns」的資料表吧！請執行範例 4-1 所示的 CREATE TABLE 敘述。此資料表的格式架構，除了 sell_price（販售單價）欄位設定了「DEFAULT 0」的條件約束之外，其他皆與前面使用的 Shohin（商品）資料表完全相同。「DEFAULT 0」的意義將在之後再做說明，現在先不必急著了解。

範例 4-1　建立 ShohinIns 資料表的 CREATE TABLE 敘述

```
CREATE TABLE ShohinIns
(shohin_id       CHAR(4)         NOT NULL,
 shohin_name     VARCHAR(100)    NOT NULL,
 shohin_catalg   VARCHAR(32)     NOT NULL,
 sell_price      INTEGER         DEFAULT 0,
 buying_price    INTEGER         ,
 reg_date        DATE            ,
 PRIMARY KEY (shohin_id));
```

如同先前所述，剛建立好的資料表當中沒有任何資料，下個單元開始，將在空無一物的 ShohinIns 資料表中新增資料。

INSERT 敘述的基本語法

INSERT 敘述的範例其實已經在前面的章節登場過 1 次，也就是在第 1-5 節中，用來對 CREATE TABLE 敘述所建立的 Shohin 資料表新增（插入）資料，不過當時的使用目的在於準備學習 SELECT 敘述所需的資料，所以省略了其語法的詳細解說，這裡重新再從語法開始為您說明。

INSERT 敘述的基本語法如下所示。

語法 4-1　INSERT 敘述

```
INSERT INTO <資料表名稱> (欄位名稱 1, 欄位名稱 2, ……) VALUES
(內容值 1, 內容值 2, ……)
```

舉例來說，假設想在 ShohinIns 資料表中新增 1 筆如下所示的記錄資料。

shohin_id（商品 ID）	shohin_name（商品名稱）	shohin_catalg（商品分類）	sell_price（販售單價）	buying_price（購入單價）	reg_date（登錄日期）
0001	T 恤	衣物	1000	500	2009-09-20

能完成此動作的 INSERT 敘述如同範例 4-2 所示。

範例 4-2　在資料表中新增 1 筆記錄資料

```
INSERT INTO ShohinIns (shohin_id, shohin_name, shohin_
catalg, sell_price, buying_price, reg_date) VALUES
 ('0001', 'T 恤', '衣物', 1000, 500, '2009-09-20');
```

由於 shohin_id（商品 ID）欄位和 shohin_name（商品名稱）欄位均為字串型別，所以插入的內容值必須使用 '0001' 的方式以單引號圍住，這對於 reg_date（登錄日期）的日期型別欄位來說也是相同的道理（註 4-❶）。

註 4-❶
日期型別的相關說明，請參考第 1 章的「指定資料型別」單元。

另外，將多個欄位名稱或內容值以逗號隔開、前後加上括號圍起來，這樣的形式就稱為**串列**（List）。以範例 4-2 的 INSERT 敘述來說，當中含有下列 2 段串列。

KEYWORD
- 串列
- 欄位串列
- 內容值串列

A. **欄位串列**→ (shohin_id, shohin_name, shohin_catalg, sell_price, buying_price, reg_date)

B. **內容值串列**→ ('0001', 'T 恤 ', ' 衣物 ', 1000, 500, '2009-09-20')

註4-❷
不過，想存入預設值的時候，項目數量不需等同資料表的欄位數量，相關內容將在後面的「存入預設值」中說明。

理所當然地，資料表名稱後方的欄位串列、和 VALUES 子句後方的內容串列，其中列出的項目數量必須一致，下面的例子會因為數量不同而發生錯誤，無法順利新增資料（註 4- ❷）。

```
-- VALUES 子句的內容值串列少了 1 個欄位！
INSERT INTO ShohinIns (shohin_id, shohin_name, shohin_
calalg, sell_price, buying_price, reg_date) VALUES
('0001', 'T 恤', '衣物', 1000, 500);
```

註4-❸
關於新增多筆記錄的方式，請參考 COLUMN「INSERT 多筆記錄」。

此外，每執行 1 次 INSERT 敘述基本上只會新增 1 筆記錄（註 4- ❸），因此，想要新增多筆記錄的時候，原則上必須按照記錄筆數多次執行 INSERT 敘述。

牢記的原則 4-1

原則上，每執行 1 次 INSERT 敘述只會新增 1 筆記錄。

KEYWORD
● 多行 INSERT

COLUMN

INSERT 多筆記錄

上面提到了「每執行 1 次 INSERT 敘述只會新增 1 筆記錄」，雖然這適用於大部分的情況，不過並不是絕對的原則。以實際的狀況來說，很多 DBMS 都能做到 1 次 INSERT 多筆記錄，而這樣的功能就稱為「多行 INSERT（multi row INSERT）」，從名稱應該很容易理解它的功用吧！

其語法如同範例 4-A 的敘述所示，在 VALUES 子句中，寫入了多段以逗號區隔開來的內容值串列。

範例 4-A　一般的 INSERT 與多行 INSERT

```
-- 一般的 INSERT
INSERT INTO ShohinIns VALUES ('0002', '打孔機', ➡
'辦公用品', 500, 320, '2009-09-11');
INSERT INTO ShohinIns VALUES ('0003', '襯衫', ➡
'衣物', 4000, 2800, NULL);
INSERT INTO ShohinIns VALUES ('0004', '菜刀', ➡
'廚房用品', 3000, 2800, '2009-09-20');

-- 多行 INSERT (Oracle 除外)
```

```
INSERT INTO ShohinIns VALUES ('0002', '打孔機', ➡
'辦公用品', 500, 320, '2009-09-11'),
                                ('0003', '襯衫', ➡
'衣物',4000, 2800, NULL),
                                ('0004', '菜刀', ➡
'廚房用品', 3000, 2800, '2009-09-20');
```

看起來是很直覺、容易理解的語法，而且需要輸入的部分也減少了，不過在使用上有些需要注意的事項。

首先第 1 個需要注意的是 INSERT 敘述輸入時出錯、甚至導致存入錯誤資料的狀況。當然有時候 DBMS 會擋下錯誤的 SQL 敘述，不過想要找出多行 INSERT 哪裡有誤，會比一般單筆記錄的 INSERT 敘述更加辛苦。

第 2 個要注意的是此語法無法在所有的 DBMS 上正常執行。上述的多行 INSERT 語法僅適用於 DB2、SQL Server、PostgreSQL、MySQL 和 MariaDB 等資料庫，而 **Oracle 不接受此語法**。

專用語法

Oracle 必須改用下面看起來有點奇怪的語法。

```
-- Oracle上的多行 INSERT
INSERT ALL INTO ShohinIns VALUES ('0002', ➡
'打孔機', '辦公用品', 500, 320, '2009-09-11')
           INTO ShohinIns VALUES ('0003', '襯衫',➡
'衣物', 4000, 2800, NULL)
           INTO ShohinIns VALUES ('0004', '菜刀', ➡
'廚房用品', 3000, 2800, '2009-09-20')
SELECT * FROM DUAL;
```

DUAL 是 Oracle 特有的 1 種虛擬資料表（Dummy Table）（註 4- ❹），安裝後會自動產生，而最後一行「SELECT * FROM DUAL」的部分引用此虛擬資料表，不具實質的意義。

註 4- ❹
想撰寫沒有引用特定資料表的 SELECT 敘述時，寫在 FROM 子句中的特殊資料表，當中存放的資料沒有意義，也不能成為 INSERT 和 UPDATE 的對象。

省略欄位串列

如果是對資料表的所有欄位執行 INSERT 動作，那麼便可省略資料表名稱後方的欄位名稱串列，這個時候，VALUES 子句所列舉的各個內容值，會從左邊第 1 個欄位依序存入資料表成為 1 筆記錄。因此，範例 4-3 所示的 2 段 INSERT 敘述會插入完全相同的資料。

範例 4-3　省略欄位串列

```
-- 有欄位串列
INSERT INTO ShohinIns (shohin _ id, shohin _ name, shohin _
catalg, sell _ price, buying _ price, reg _ date) VALUES
('0005', '壓力鍋', '廚房用品', 6800, 5000, '2009-01-15');

-- 無欄位串列
INSERT INTO ShohinIns VALUES ('0005', '壓力鍋',
'廚房用品', 6800, 5000, '2009-01-15');
```

存入 NULL

想要以 SELECT 敘述讓 1 筆記錄的某個欄位為 NULL 的時候，可以在 VALUES 子句內容值串列的相對位置直接寫入「NULL」。舉例來說，如果想讓 buying_price（購入單價）欄位為 NULL 的話，可以使用範例 4-4 所示的 INSERT 敘述寫法。

範例 4-4　在 buying_price 欄位存入 NULL

```
INSERT INTO ShohinIns (shohin _ id, shohin _ name, shohin _
catalg, sell _ price, buying _ price, reg _ date) VALUES
('0006', '叉子', '廚房用品', 500, NULL, '2009-09-20');
```

不過請注意，能存入 NULL 的欄位，當然僅限於沒有加上 NOT NULL 條件約束的欄位，如果對加上 NOT　NULL 條件約束的欄位存入 NULL，那麼這樣的 INSERT 敘述將會發生錯誤，造成插入資料的動作失敗。

另外，所謂的「插入資料失敗」，代表無法將這段 INSERT 敘述中的資料新增至資料表中，而之前已經存入資料表的資料並不會有消失或損壞的狀況發生（註 4- ❺）。

註 4- ❺

不只是 INSERT，還有 DELETE 和 UPDATE 等更新資料用的 SQL 敘述，執行失敗的時候都不會對資料表中既有的資料造成任何影響。

存入預設值

資料表的欄位可以設定**預設值**（初始值），若想對欄位設定預設值，需要在建立資料表的 CREATE　TABLE 敘述中，對該欄位加上 **DEFAULT 條件約束**。

KEYWORD

- 預設值
- DEFAULT 條件約束

範例 4-5 節錄自本章開頭用來建立 ShohinIns 資料表的 CREATE TABLE 敘述，其中的「DEFAULT　0」便是設定 DEFAULT 條件約束的部分，像這樣使用「DEFAULT　<預設值>」的形式，即可指定欄位的預設值。

範例 4-5

```
CREATE TABLE ShohinIns
(shohin_id   HAR(4)   NOT NULL,
 (略)
 sell_price   INTEGER  DEFAULT 0, -- 設定販售單價的預設值為 0
 (略)
 PRIMARY KEY (shohin_id));
```

像這樣在建立資料表的階段對欄位設定預設值，之後以 INSERT 敘述新增記錄的時候，就能引用預設值做為欄位的內容值，而引用的做法可分為「**明示方法**」和「**默認方法**」等 2 種方式。

■ ① 以明示方法存入預設值

KEYWORD
● DEFAULT 關鍵字

此方式需要在 VALUES 子句中寫入 **DEFAULT 關鍵字**（範例 4-6）。

範例 4-6　以明示方法存入預設值

```
INSERT INTO ShohinIns (shohin_id, shohin_name, shohin_
catalg, sell_price, buying_price, reg_date) VALUES
 ('0007', '刨絲器', '廚房用品', DEFAULT, 790, '2008-04-28');
```

執行上面的敘述，RDBMS 便會自動使用該欄位的預設值取代 DEFAULT 的部分，在資料表中新增 1 筆記錄。

再來請試著使用下列的 SELECT 敘述，確認一下先前 INSERT 敘述所新增的資料。

```
-- 確認新增的資料
SELECT * FROM ShohinIns WHERE shohin_id = '0007';
```

在這種狀況之下，由於 sell_price（販售單價）欄位的預設值為 0，所以 sell_price 欄位儲存著 0 的數值。

執行結果

```
shohin_id   | shohin_name  | shohin_catalg   |     sell_price | buying_price | reg_date
------------+--------------+-----------------+----------------+--------------+-----------
0007        | 刨絲器       | 廚房用品        |              0 |          790 | 2008-04-28
```

■ ② 以默認方法存入預設值

其實不使用 DEFAULT 關鍵字也能對欄位存入預設值。如果想讓欄位存入預設值，只要從欄位串列和內容值串列中，省略該欄位名稱和內容值的部分即可。請按照範例 4-7 所示的寫法，將 sell_price（販售單價）欄位的部分從 INSERT 敘述中移除。

範例 4-7　以默認方法存入預設值

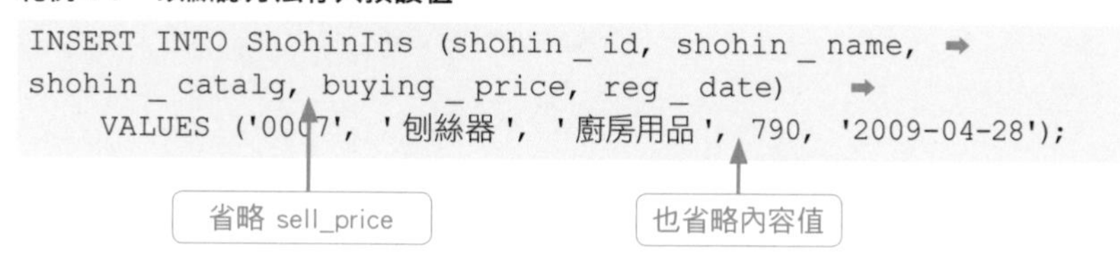

```
INSERT INTO ShohinIns (shohin_id, shohin_name, ➡
shohin_catalg, buying_price, reg_date)   ➡
    VALUES ('0007', '刨絲器', '廚房用品', 790, '2009-04-28');
```


NOTICE

● 因為商品 ID 是主鍵，範例 4-6 之後接著執行範例 4-7 會出現錯誤訊息，需要先DELETE 掉，或者改用其他商品 ID。

此種方式同樣會在 sell_price 欄位中存入預設值的 0。

看過上述 2 種方式之後，再來需要思考一下「實務上採用哪種方式較佳」的問題。雖然只是個人意見，不過筆者自己推薦使用 1 的「明示方法」，因為這樣可以讓人一眼就能看出 sell_price 欄位被指定存入預設值，成為比較容易閱讀的 SQL 敘述。

另外，對於省略欄位名稱的方式，還有 1 個需要補充說明的事項。如果被省略掉的欄位沒有設定預設值，那麼執行後將會存入 NULL，若是這個欄位還具有 NOT　NULL 的條件約束，2 者相互矛盾將會導致 INSERT 敘述發生錯誤（範例 4-8），這點需要特別注意。

範例 4-8　沒有設定預設值的狀況

```
-- 省略無條件約束的 buying_price 欄位：存入「NULL」
INSERT INTO ShohinIns (shohin_id, shohin_name, ➡
shohin_catalg, sell_price, reg_date)  ➡
    VALUES ('0008', '鋼珠筆', '辦公用品', 100, '2009-11-11');

-- 省略有 NOT NULL 條件約束的 shohin_name 欄位：將發生錯誤！
INSERT INTO ShohinIns (shohin_id, shohin_catalg, ➡
 sell_price, buying_price, reg_date)  ➡
    VALUES ('0009', '辦公用品', 1000, 500, '2009-12-12');
```

牢記的原則 4-2

省略 INSERT 敘述中的欄位名稱，將會對該欄位存入預設值，如果沒有設定預設值則改存入 NULL。

從其他資料表複製資料

想要在資料表中新增記錄，除了以 VALUES 子句具體指定存入的資料之外，還有「從其他資料表篩選資料存入」的方式。以下將能學到篩選某個資料表的資料、再複製至其他資料表新增資料的做法。

為了練習此方式的操作方法，首先需要執行範例 4-9 所示的敘述，另外建立 1 個練習用的資料表。

範例 4-9　建立 ShohinCopy 資料表的 CREATE TABLE 敘述

```
-- 用來存入資料的商品複製資料表
CREATE TABLE ShohinCopy
(shohin_id      CHAR(4)       NOT NULL,
 shohin_name    VARCHAR(100)  NOT NULL,
 shohin_catalg  VARCHAR(32)   NOT NULL,
 sell_price     INTEGER ,
 buying_price   INTEGER ,
 reg_date       DATE ,
 PRIMARY KEY (shohin_id));
```

此 ShohinCopy（商品複製）資料表的各項宣告定義，和之前所使用的 Shohin（商品）資料表完全相同，只有改變資料表的名稱。

趕快來試一下將 Shohin 資料表的資料複製新增至 ShohinCopy（商品複製）資料表吧！只要執行範例 4-10 所示的敘述，便能把 SELECT 所得的資料 INSERT 至目的資料表。

範例 4-10　INSERT…SELECT 敘述

```
-- 將商品資料表的資料「複製」至商品複製資料表
INSERT INTO ShohinCopy (shohin_id, shohin_name, ➡
shohin_catalg, sell_price, buying_price, reg_date)
SELECT shohin_id, shohin_name, shohin_catalg, ➡
sell_price, buying_price, reg_date
  FROM Shohin;
```

假如做為資料來源的 Shohin 資料表當中儲存著 8 筆記錄，此 INSERT…SELECT 敘述執行之後，ShohinCopy 資料表中便會新增完全相同的 8 筆記錄，而且 Shohin 資料表中的資料不會有任何變化，還是維持原來的 8 筆記錄。因為 INSERT…SELECT 敘述有著這樣的作用，所以也適合用於資料的備份工作（圖 4-2）。

KEYWORD
● INSERT…SELECT 敘述

圖 4-2 INSERT…SELECT 敘述

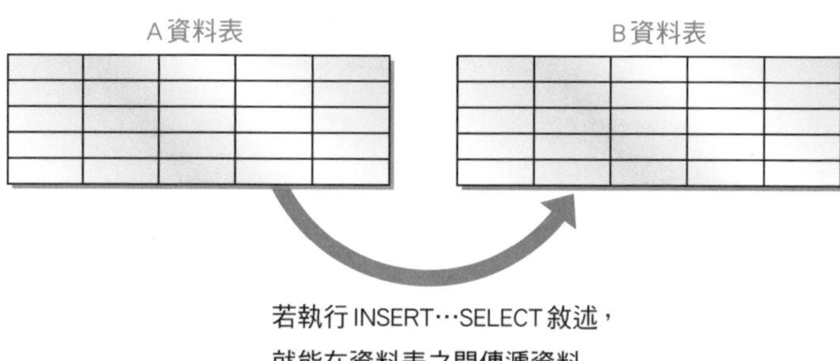

■ SELECT 敘述部分的變化用法

此 INSERT 敘述內的 SELECT 敘述部分，可以加上 WHERE 子句或 GROUP BY 子句等子句，也能將前面所學過的各式各樣 SELECT 敘述寫法應用於其中（註 4-❻），讓資料表之間交換資料的時候更為便利。

註 4-❻
但是加上 ORDER BY 子句將不具任何意義，因為資料表內部的各筆記錄並沒有一定的順序。

接下來請試著在 SELECT 敘述的部分增加 GROUP BY 子句吧，而做為資料 INSERT 的目的地，這裡需要先以範例 4-11 所示的敘述建立新的 ShohinCatalg（商品分類）資料表。

範例 4-11 建立 ShohinCatalg 資料表的 CREATE TABLE 敘述

```
-- 存放各商品分類價格總計的資料表
CREATE TABLE ShohinCatalg
(shohin_catalg      VARCHAR(32) NOT NULL,
 sum_sell_price     INTEGER ,
 sum_buying_price   INTEGER ,
 PRIMARY KEY (shohin_catalg));
```

此為用來存放各商品分類（shohin_catalg）的販售單價總計（sum_sell_price）以及購入單價總計（sum_buying_price）的資料表。請執行範例 4-12 所示的 INSERT…SELECT 敘述，從 shohin 資料表篩選出資料並完成總計計算、再 INSERT 至 ShohinCatalg 資料表。

範例 4-12 彙總其他資料表的資料再行新增的 INSERT…SELECT 敘述

```
INSERT INTO ShohinCatalg (shohin_catalg, ➡
sum_sell_price, sum_buying_price)
SELECT shohin_catalg, SUM(sell_price), SUM(buying_price)
  FROM Shohin
 GROUP BY shohin_catalg;
```

若再以 SELECT 敘述來確認結果，應該可以看到 ShohinCatalg 資料表中已經新增了下列的記錄資料。

```
-- 確認新增的資料
SELECT * FROM ShohinCatalg;
```

執行結果

```
 shohin_catalg  |  sum_sell_price   | sum_buying_price
----------------+-------------------+-------------------
 衣物           |              5000 |              3300
 辦公用品       |               600 |               320
 廚房用品       |             11180 |              8590
```

牢記的原則 4-3

INSERT…SELECT 敘述內的 SELECT 敘述部分，可以使用 WHERE 子句和 GROUP BY 子句等語法，不過 ORDER BY 子句無法發揮作用。

4-2 刪除資料（DELETE）

學習重點

- 將整個資料表完全刪除需要使用 DROP TABLE 敘述，而想留下資料表本身結構、僅刪除所有記錄時，則應該使用 DELETE 敘述。
- 想刪除部分的記錄時，可使用 WHERE 子句指定刪除對象的條件。而加上 WHERE 子句限制刪除對象記錄的 DELETE 敘述稱為「搜尋式 DELETE」。

DROP TABLE 敘述與 DELETE 敘述

瞭解了新增資料的方法之後，接下來便是如何刪除資料，而刪除資料的方法大致上可分為 2 類。

KEYWORD

- DROP TABLE 敘述
- DELETE 敘述

① 透過 DROP TABLE 敘述將整個資料表刪除。

② 透過 DELETE 敘述，保留資料表這個儲存用的容器、結構，僅刪除其中的所有資料記錄。

① 的 DROP TABLE 敘述雖然已經在 1-5 節介紹過，不過這裡再稍微為您複習一下。由於 DROP TABLE 敘述會將整個資料表完全刪除，之後若想再將資料新增至相同的資料表，必須以 CREATE TABLE 重新建立此資料表。

相對於此，由於 ② 的 DELETE 敘述只能刪除資料表中的資料（記錄），不會影響到資料表本身的結構，所以之後只要使用 INSERT 敘述便能再度新增資料。

而本章標題所謂的「刪除資料」，主要著重於單純移除資料記錄的 DELETE 敘述，學習其使用方法。

另外，雖然在第 1 章也曾經提及，不過這裡還是要請您特別注意，刪除資料的時候千萬不能出錯，如果刪了不該刪除的資料，再怎麼懊悔也於事無補，而重建資料也將會是非常辛苦的工作。

DELETE 敘述的基本語法

DELETE 敘述的基本語法如下所示，其格式相當簡單。

語法 4-2　保留資料表、刪除所有記錄的 DELETE 敘述

```
DELETE FROM <資料表名稱>;
```

如果按照此基本語法撰寫 DELETE 敘述並執行之，那麼被指定資料表中的所有記錄都會被刪除。因此，若想清空 Shohin 資料表、刪除當中的所有記錄，只要執行範例 4-13 所示的 DELETE 敘述即可。

範例 4-13　清空 Shohin 資料表

```
DELETE FROM Shohin;
```

若不小心漏掉 FROM 而寫成「DELETE <資料表名稱>」、或加上多餘的欄位名稱而變成「DELETE <欄位名稱> FROM <資料表名稱>」等都是常見的錯誤寫法，這些都只會獲得錯誤訊息、無法正常執行，撰寫時請多注意。

上述的第 1 種錯誤寫法之所以無法順利執行，是因為 DELETE 敘述所刪除的對象並非資料表、而是資料表中包含的「記錄」，有了這樣的理解之後應該比較不容易寫錯吧（註 4-❼）。

註 4-❼
和 INSERT 敘述相同，更新資料的動作都是以「單筆記錄」做為基本單位，而下個小節的 UPDATE 敘述同樣如此。

另外，第 2 種寫法有誤也是基於完全相同的理由，由於刪除的對象並非欄位、而是記錄，所以無法以 DELETE 敘述刪除掉某些欄位，因為這樣的緣故，DELETE 敘述當中不能指定欄位名稱，而使用星號寫成「DELETE * FROM Shohin;」的樣子當然也是錯誤的寫法，只會得到錯誤訊息。

牢記的原則 4-4

DELETE 敘述的刪除對象並非資料表和欄位、而是「記錄」。

刪除特定記錄的 DELETE 敘述（搜尋式 DELETE）

如果不想 1 次刪除資料表中的所有資料、只刪除特定的記錄，和 SELECT 敘述的做法相同，可以加上 WHERE 子句並在其中寫入條件，像這樣能限制刪除對象記錄的 DELETE 敘述，就稱為「搜尋式 DELETE」(註 4-❽)。

KEYWORD
● 搜尋式DELETE

註4-❽
此「搜尋式 DELETE」雖然是正式的用語，不過實際上很少這樣稱呼，大多單純稱「DELETE 敘述」。

搜尋式 DELETE 的語法如下所示。

語法 4-3　僅刪除特定記錄

```
DELETE FROM <資料表名稱>
 WHERE <條件>;
```

下面將以 Shohin（商品）資料表為操作對象（表 4-1），練習刪除特定的資料。

表 4-1　商品資料表

shohin_id（商品 ID）	shohin_name（商品名稱）	shohin_catalg（商品分類）	sell_price（販售單價）	buying_price（購入單價）	reg_date（登錄日期）
0001	T 恤	衣物	1000	500	2009-09-20
0002	打孔機	辦公用品	500	320	2009-09-11
0003	襯衫	衣物	4000	2800	
0004	菜刀	廚房用品	3000	2800	2009-09-20
0005	壓力鍋	廚房用品	6800	5000	2009-01-15
0006	叉子	廚房用品	500		2009-09-20
0007	刨絲器	廚房用品	880	790	2008-04-28
0008	鋼珠筆	辦公用品	100		2009-11-11

舉例來說，請看一下如何只刪除販售單價（sell_price）大於或等於 4000 元的記錄（範例 4-14），以此資料表來說，「襯衫」和「壓力鍋」等 2 項商品將成為被刪除的對象。

範例 4-14　只刪除販售單價大於或等於 4000 元的記錄

```
DELETE FROM Shohin
 WHERE sell_price >= 4000;
```

WHERE 子句部分的撰寫方式，只要運用和先前 SELECT 敘述完全相同的寫法即可。

若以 SELECT 敘述確認刪除後的資料表內容，應該可以看出有 2 筆記錄已經被刪除、剩下 6 筆記錄。

```
-- 確認刪除的結果
SELECT * FROM Shohin;
```

執行結果

```
 shohin_id  | shohin_name | shohin_catalg  |  sell_price | buying_price | reg_date
------------+-------------+----------------+-------------+--------------+-----------
 0001       | T恤         | 衣物           |        1000 |          500 | 2009-09-20
 0002       | 打孔機      | 辦公用品       |         500 |          320 | 2009-09-11
 0004       | 菜刀        | 廚房用品       |        3000 |         2800 | 2009-09-20
 0006       | 叉子        | 廚房用品       |         500 |              | 2009-09-20
 0007       | 刨絲器      | 廚房用品       |         880 |          790 | 2008-04-28
 0008       | 鋼珠筆      | 辦公用品       |         100 |              | 2009-11-11
```

牢記的原則 4-5

刪除特定記錄的時候，需要以WHERE子句撰寫刪除對象記錄的條件。

此外，DELETE 敘述和 SELECT 敘述不同，不能加上 GROUP BY、HAVING 以及 ORDER BY 等 3 個子句，能使用的僅有 WHERE 子句。其理由稍微思考一下應該就能理解，因為 GROUP BY 和 HAVING 子句的作用，在於從資料表篩選資料的時候「改變取出資料的形式」，而 ORDER BY 子句的目的，則是為了指定執行結果的排列順序，因此，想要刪除資料的時候，這些子句都沒有出場的機會。

KEYWORD
● TRUNCATE 敘述

COLUMN

刪除與捨棄

做為從資料表刪除資料的實作方法，標準 SQL 只有提供了 DELETE 敘述，不過在眾多的各家資料庫之中，很多都有提供另外 1 個名為「**TRUNCATE**」的指令，以主流的資料庫來說，Oracle、SQL Server、PostgreSQL、MySQL（MariaDB）和 DB2 等資料庫都具有此指令。

TRUNCATE 這個單字具有「捨棄」意思，其具體的使用方式如下所示。

語法 4-A　直接刪除資料表中所有記錄

```
TRUNCATE <資料表名稱>;
```

和 DELETE 敘述不同，TRUNCATE 敘述會直接刪除資料表中的所有記錄，不能以 WHERE 子句指定條件、僅刪除特定的記錄，因此無法精細控制刪除的對象，不過相對地，比起 DELETE 敘述的處理速度，TRUNCATE 敘述具有更加快速的優點。實際上，由於 DELETE 敘述在 DML 敘述中算是需要花費許多時間的指令，如果不必保留任何記錄，改用 TRUNCATE 可以縮短執行的時間。

不過，例如 **Oracle** 將 TRUNCATE 定義為 DDL 而不是 DML 的狀況，各家資料庫之間的些許差異是必須留意的地方（註 4-❾）。使用 TRUNCATE 的時候，必須先詳加閱讀廠商所提供的說明手冊、再謹慎運用，因為越是方便的工具通常也有相對的缺點。

註 4-❾
Oracle 的 ROLLBACK 對 TRUNCATE 無效，TRUNCATE 在執行上都預設採用 COMMIT 的方式。

4-3 修改資料（UPDATE）

學習重點

- 修改資料表中的資料時，需要使用 UPDATE 敘述。
- 若想修改特定的記錄，可以使用 WHERE 子句指定修改對象的條件，而以 WHERE 子句限制修改對象的 UPDATE 敘述稱為「搜尋式 UPDATE」。
- UPDATE 敘述能將欄位的值清空為 NULL。
- 同時更新多個欄位的時候，可在 UPDATE 敘述的 SET 子句中列出多個欄位並以逗號隔開。

UPDATE 的基本語法

以 INSERT 敘述新增資料之後，未來有可能需要修改這些已經儲存在資料表中的資料，舉例來說，應該經常會遇到「不小心將某項商品的販售單價打錯了！」之類的狀況，這個時候，其實不必使用先刪除原本資料再新增的麻煩方式，只要改用 UPDATE 敘述，便能修正先前錯誤輸入的資料。

KEYWORD
● UPDATE 敘述

UPDATE 敘述和 INSERT 敘述以及 DELETE 敘述同樣屬於 DML 敘述，利用此敘述即能修改資料表中的資料，其基本語法如下所示。

語法 4-4　修改資料表中資料的 UPDATE 敘述

```
UPDATE <資料表名稱>
    SET <欄位名稱> = <新值或算式>;
```

KEYWORD
● SET 子句

被修改的欄位以及更新後的內容值應當寫在 SET 子句的部分。這裡再次以 Shohin（商品）資料表做為練習用的範例資料表，由於前個小節最後執行了「刪除販售單價大於或等於 4000 元的記錄」的 DELETE 敘述，所以目前此資料表少了 2 筆記錄，成為表 4-2 所示剩餘 6 筆記錄的狀況。

表 4-2 Shohin 資料表

shohin_id （商品 ID）	shohin_name （商品名稱）	shohin_catalg （商品分類）	sell_price （販售單價）	buying_price （購入單價）	reg_date （登錄日期）
0001	T 恤	衣物	1000	500	2009-09-20
0002	打孔機	辦公用品	500	320	2009-09-11
0004	菜刀	廚房用品	3000	2800	2009-09-20
0006	叉子	廚房用品	500		2009-09-20
0007	刨絲器	廚房用品	880	790	2008-04-28
0008	鋼珠筆	辦公用品	100		2009-11-11

接下來，請先試著將全部商品記錄的 reg_date（登錄日期）欄位統一改為「2009 年 10 月 10 日」，其寫法如範例 4-15 所示。

範例 4-15 將全部的登錄日期改為「2009 年 10 月 10 日」

```
UPDATE Shohin
   SET reg_date = '2009-10-10';
```

資料表的內容變成了什麼樣子呢？請以 SELECT 敘述確認一下吧。

```
-- 確認修改後的內容
SELECT * FROM Shohin ORDER BY shohin_id;
```

執行結果

```
 shohin_id | shohin_name | shohin_catalg | sell_price | buying_price | reg_date
-----------+-------------+---------------+------------+--------------+-----------
 0001      | T恤         | 衣物          |       1000 |          500 | 2009-10-10
 0002      | 打孔機      | 辦公用品      |        500 |          320 | 2009-10-10
 0004      | 菜刀        | 廚房用品      |       3000 |         2800 | 2009-10-10
 0006      | 叉子        | 廚房用品      |        500 |              | 2009-10-10
 0007      | 刨絲器      | 廚房用品      |        880 |          790 | 2009-10-10
 0008      | 鋼珠筆      | 辦公用品      |        100 |              | 2009-10-10
```

所有記錄均改為「2009-10-10」

另外，如果前個小節被刪除的「襯衫」商品仍然存在於資料表中，那麼執行範例 4-15 的敘述之後會得到什麼樣的結果呢？在這種狀況之下，原本為 NULL 的欄位仍然會被存入「2009-10-10」的日期資料。

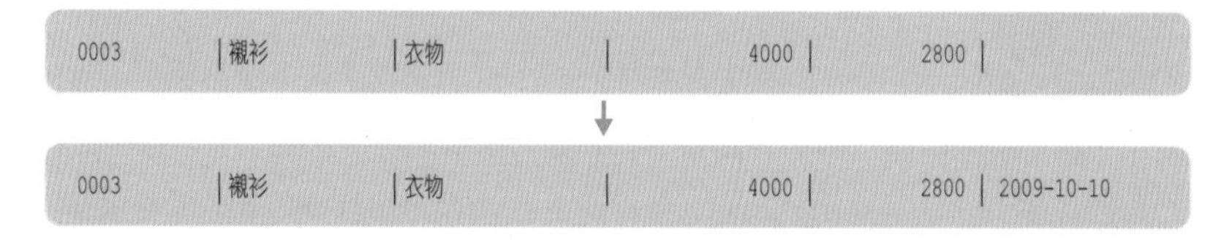

指定條件的 UPDATE 敘述（搜尋式 UPDATE）

實作過 1 次修改所有記錄之後，下面請試著針對特定的記錄修改其資料。而想針對特定記錄修改資料的時候，和 DELETE 敘述相同，只要使用 WHERE 子句即可做到，像這樣能限制修改範圍的 UPDATE 敘述亦稱為「搜尋式 UPDATE」，它的語法如下所示，外觀看起來也相當類似 DELETE 敘述吧。

KEYWORD
● 搜尋式 UPDATE

語法 4-5 僅修改特定記錄的搜尋式 UPDATE

```
UPDATE <資料表名稱>
   SET <欄位名稱> = <新值或算式>
 WHERE <條件>;
```

舉例來說，如果想針對商品分類（shohin_catalg）為「廚房用品」的記錄，將其販售單價（sell_price）提高為原本價格的 10 倍，可以寫成如範例 4-16 所示的敘述。

範例 4-16 針對商品分類為「廚房用品」的記錄，將販售單價改為 10 倍

```
UPDATE Shohin
   SET sell_price = sell_price * 10
 WHERE shohin_catalg = '廚房用品';
```

同樣再以 SELECT 敘述確認一下修改後的內容吧。

```
-- 確認修改後的內容
SELECT * FROM Shohin ORDER BY shohin_id;
```

執行結果

shohin_id	shohin_name	shohin_catalg	sell_price	buying_price	reg_date
0001	T恤	衣物	1000	500	2009-10-10
0002	打孔機	辦公用品	500	320	2009-10-10
0004	菜刀	廚房用品	30000	2800	2009-10-10
0006	叉子	廚房用品	5000		2009-10-10
0007	刨絲器	廚房用品	8800	790	2009-10-10
0008	鋼珠筆	辦公用品	100		2009-10-10

販售單價多了10倍

WHERE 子句的「shohin_catalg = '廚房用品'」條件，將修改的範圍限制在廚房用品的 3 筆記錄，然後利用 SET 子句的「sell_price * 10」計算式，算出「原本單價 10 倍的數值」並再度回存。從這個例子可以看出，SET 子句中等號右側除了固定的值之外，也能寫入包含欄位名稱的計算式。

將資料改為 NULL

KEYWORD
● NULL 清空

使用 UPDATE 敘述也能將欄位的內容值改為 NULL（這樣的更新資料方式一般稱為「NULL 清空」），而想將欄位改為 NULL 的時候，只要在 SET 子句的等號右側直接寫上 NULL 即可。這裡請實際練習一下，試著將商品 ID（shohin_id）為「0008」的鋼珠筆其登錄日期（reg_date）改為 NULL 吧。

範例 4-17　將商品 ID 為「0008」的鋼珠筆的登錄日期改為 NULL

```
UPDATE Shohin
   SET reg_date = NULL
 WHERE shohin_id = '0008';
```

```
-- 確認修改後的內容
SELECT * FROM Shohin ORDER BY shohin_id;
```

執行結果

shohin_id	shohin_name	shohin_catalg	sell_price	buying_price	reg_date
0001	T 恤	衣物	1000	500	2009-10-10
0002	打孔機	辦公用品	500	320	2009-10-10
0004	菜刀	廚房用品	3000	2800	2009-10-10
0006	叉子	廚房用品	5000		2009-10-10
0007	刨絲器	廚房用品	8800	790	2009-10-10
0008	鋼珠筆	辦公用品	100		

鋼珠筆的登錄日期變成 NULL 了！

這樣的用法和之前的 INSERT 敘述相同，在 UPDATE 敘述中也能把 NULL 當成 1 個內容值來使用。

不過，將欄位內容值改為 NULL 的操作，僅適用於沒有加上 NOT NULL 或主鍵條件約束的欄位，如果試圖把帶有這些條件約束的欄位改為 NULL，將會出現錯誤訊息，而先前的 INSERT 敘述在此點上也是相同的。

牢記的原則 4-6

UPDATE 敘述亦能將欄位內容值改為 NULL，不過僅限於沒有 NOT NULL 條件約束的欄位。

修改多個欄位的資料

UPDATE 敘述的 SET 子句部分，其實可以寫成同時修改多個欄位的形式。例如先前的範例將廚房用品的販售單價（sell_price）改為原本的 10 倍，假如想同時將購入單價（buying_price）也改為 1/2 的話，最簡單的做法可以像範例 4-18 一樣，執行 2 段 UPDATE 敘述來修改 2 個欄位的資料。

範例 4-18　能正確執行卻有些冗長的 UPDATE 敘述

```
-- 1 段 UPDATE 敘述僅修改 1 個欄位
UPDATE Shohin
   SET sell_price = sell_price * 10
 WHERE shohin_catalg = '廚房用品';

UPDATE Shohin
   SET buying_price = buying_price / 2
 WHERE shohin_catalg = '廚房用品';
```

雖然這樣的方式也能達成目的，不過執行 2 次 UPDATE 敘述的動作有些多餘，而且需要輸入的 SQL 敘述也會增加。實際上，上面的處理動作可以彙整成單一的 UPDATE 敘述，而彙整的做法有範例 4-19 以及範例 4-20 所示的 2 種方式。

範例 4-19　將範例 4-18 的處理彙整成單一 UPDATE 敘述的方式 ①

```
-- 將各欄位的部分以逗號隔開
UPDATE Shohin
   SET sell_price = sell_price * 10,
       buying_price = buying_price / 2
 WHERE shohin_catalg = '廚房用品';
```

範例 4-20　將範例 4-18 的處理彙整成單一 UPDATE 敘述的方式 ②

```
-- 使用串列的形式將欄位和值分別以括號 () 圍起來
UPDATE Shohin
   SET (sell_price, buying_price) = (sell_price * 10
, buying_price / 2)
 WHERE shohin_catalg = '廚房用品';
```

此 2 種形式的 UPDATE 敘述執行之後，都會獲得下列相同的結果。由於 WHERE 子句將修改的對象限制在廚房用品，所以只有 3 筆商品記錄的販售單價（sell_price）和購入單價（buying_price）發生變化，如下所示。

```
-- 確認修改後的內容
SELECT * FROM Shohin ORDER BY shohin_id;
```

執行結果

shohin_id	shohin_name	shohin_catalg	sell_price	buying_price	reg_date
0001	T恤	衣物	1000	500	2009-10-10
0002	打孔機	辦公用品	500	320	2009-10-10
0004	菜刀	廚房用品	300000	1400	2009-10-10
0006	叉子	廚房用品	50000		2009-10-10
0007	刨絲器	廚房用品	88000	395	2009-10-10
0008	鋼珠筆	辦公用品	100		

廚房用品的販售單價變成10倍

廚房用品的購入單價變成1/2

而且 SET 子句中不僅可以列出 2 個欄位、也能列出 3 個以上的欄位，同時對更多的欄位修改資料。

不過這裡必須特別注意一下，範例 4-19 所示將各欄位部分以逗號隔開的方式 ①，適用於所有的 DBMS，而另外一方面，範例 4-20 所示使用串列形式的方式 ②，則只能在某些 DBMS 上執行（註 4-⑩），因此，基本上採用 ① 的方式會較為保險。

註4-⑩
在 PostgreSQL 和 DB2 上可正常執行。

4-4 交易功能

學習重點

- 1 筆交易包含了 1 個以上的資料更新動作，而且這些更新動作應該一併執行完畢。藉由交易功能，對於多個資料更新的動作，就能進行確認或取消等管控工作。
- 交易的所有處理動作結束時，需要使用 COMMIT（確認處理動作）或 ROLLBACK（取消處理動作）等 2 個指令。
- DBMS 的交易必須遵守不可分割性（Atomicity）、一致性（Consistency）、隔離性（Isolation）以及持續性（Durability）等 4 項原則，取這些單字的第 1 個字母亦稱之為 ACID 特性。

什麼是交易功能

KEYWORD
● 交易

聽到交易（Transaction）這個詞彙，應該有些讀者會覺得陌生，交易一般指的是商業行為，不過在 RDBMS 的世界中，它代表了「對資料表中資料執行更新動作的基本單位」，若以更簡單的方式來形容，交易是「**對資料庫執行 1 個以上的更新動作時，這些更新動作的代稱**」。

更新資料表中的資料時，如同前面幾個小節的內容，需要使用 INSERT、DELETE 以及 UPDATE 等敘述來完成，不過實務上更新資料的時候，一般無法單靠 1 段敘述就達成目的，經常必須組合多段敘述並連續執行，而交易功能可以將這些操作整合成比較容易理解和使用的形式。

做為交易功能的運用實例，請思考一下這樣的狀況。

假設您現在是負責管理 Shohin（商品）資料表的程式設計師或系統工程師，而販售部門的主管對您提出了以下的指示。

「在前一陣子的會議中，做出了將襯衫的販售單價降低 1000 元的決議，而為了彌補降價的損失，同時決定將 T 恤的販售單價調高 1000 元，可以請你按照這樣的需求更新資料庫中的資料嗎？」

由於您已經在前面學過資料更新的方法，心中想著「利用 UPDATE 更新資料就可以做到了吧」，於是對該位主管回覆「好的，請交給我處理」。

這個時候，交易其實是由下面 2 段更新資料的敘述所構成。

- 更新商品資料的交易

① 將襯衫的販售單價降低 1000 元

```
UPDATE Shohin
   SET sell_price = sell_price - 1000
 WHERE shohin_name = '襯衫';
```

② 將 T 恤的販售單價調高 1000 元

```
UPDATE Shohin
   SET sell_price = sell_price + 1000
 WHERE shohin_name = 'T 恤';
```

依照指示，① 和 ② 的更新動作必須一併完成，如果只執行了 ① 的敘述而忘記 ② 的敘述，或反過來只執行 ② 卻忘記 ①，工作都只算是完成了一半，必定會受到上司的責罰。**像這樣「需要一併執行完畢的多個更新動作」，應當整合成單一的「交易」來運用。**

牢記的原則 4-7

1 筆交易包含了 1 個以上的更新動作，而且應該一併執行完畢。

另外，1 筆交易中「應該包含多少數量的更新動作」以及「應當包含什麼樣的處理動作」，以 DBMS 的角度來說並沒有一定的準則，這些完全要按照使用者的需求來設定。舉例來說，襯衫和 T 恤的販售單價在修改時是否應該連動調整，DBMS 這邊並不知道。

如何設定交易功能

在 DBMS 內建立交易的時候，請按照如下的語法撰寫 SQL 敘述。

語法 4-6　交易的語法

```
交易起始敘述；

   DML 敘述①；
   DML 敘述②；
   DML 敘述③；
   ...

交易結束敘述（COMMIT 或 ROLLBACK）；
```

以「交易起始敘述」和「交易結束敘述」圍住用來更新資料的 DML 敘述（INSERT/UPDATE/ DELETE 敘述），此即為交易的形式。

此時有個需要稍加留意的地方，那便是「交易起始敘述」的部分應該如何撰寫（註 4-⑪）。因為實際上在標準 SQL 的規範中，並沒有明確定義交易起始敘述的格式，因此各家 DBMS 分別採用了不同的專用語法，以下列舉一些較具代表性的語法。

註 4-⑪

相對於起始敘述，結束敘述僅有 COMMIT 和 ROLLLBACK 兩種寫法。

KEYWORD

- BEGIN TRANSACTION
- START TRANSACTION

- **SQL SERVER、PostgreSQL**

  BEGIN TRANSACTION

- **MySQL、MariaDB**

  START TRANSACTION

- **Oracle、DB2**

  無

舉例來說，若使用上一頁 2 段 UPDATE 敘述（① 和 ②）來建立交易功能，即可寫成如同範例 4-21 所示的樣子。

範例 4-21

SQL Server　PostgreSQL

```
BEGIN TRANSACTION;

    -- 將襯衫的販售單價降低 1000 元
    UPDATE Shohin
       SET sell_price = sell_price - 1000
     WHERE shohin_name = '襯衫';
```

```
    -- 將 T 恤的販售單價調高 1000 元
    UPDATE Shohin
       SET sell_price = sell_price + 1000
     WHERE shohin_name = 'T 恤';

COMMIT;
```

MySQL MariaDB

```
START TRANSACTION;

    -- 將襯衫的販售單價降低 1000 元
    UPDATE Shohin
       SET sell_price = sell_price - 1000
     WHERE shohin_name = '襯衫';

    -- 將 T 恤的販售單價調高 1000 元
    UPDATE Shohin
       SET sell_price = sell_price + 1000
     WHERE shohin_name = 'T 恤';


COMMIT;
```

Oracle DB2

```
-- 將襯衫的販售單價降低 1000 元
UPDATE Shohin
   SET sell_price = sell_price - 1000
 WHERE shohin_name = '襯衫';

-- 將 T 恤的販售單價調高 1000 元
UPDATE Shohin
   SET sell_price = sell_price + 1000
 WHERE shohin_name = 'T 恤';

COMMIT;
```

如範例所示，按照所使用的 DBMS，其「交易起始敘述」也各有不同。而 Oracle 和 DB2 原本便沒有起始敘述的設計，也許會有讀者覺得這樣的方式有點奇特，不過實際上**預設啟動交易功能**的做法，在標準 SQL 的規格中已有規範（註 4- ⑫）。因此，對於交易起始的時間點，即使是累積了很多經驗的工程師，也常常忘了它的存在，如果試著詢問一下學校的學長或公司的前輩「您知道此 DBMS 的交易功能是什麼時候啟動的呢？」，應該就能測出他對於資料庫的理解程度了吧。

註 4- ⑫

在「A Guide to SQL Standard (4th Edition)」中有著相關敘述。

另外一方面，交易的結束點必須由使用者以明確的方式來指定，而結束交易需要使用下列 2 個指令。

■ COMMIT — 確認處理動作

KEYWORD
● COMMIT

COMMIT 這個交易結束指令，會實際套用交易中所有處理動作產生的資料變動（圖 4-3），假如以電腦檔案來比喻，此指令相當於「覆蓋儲存」的功能。執行了 COMMIT 之後，因為無法再度回到交易開始前的狀態，所以執行前請再次自行確認是否真的可以變更資料。

圖 4-3　COMMIT 的示意圖＝處理動作會一直線完成

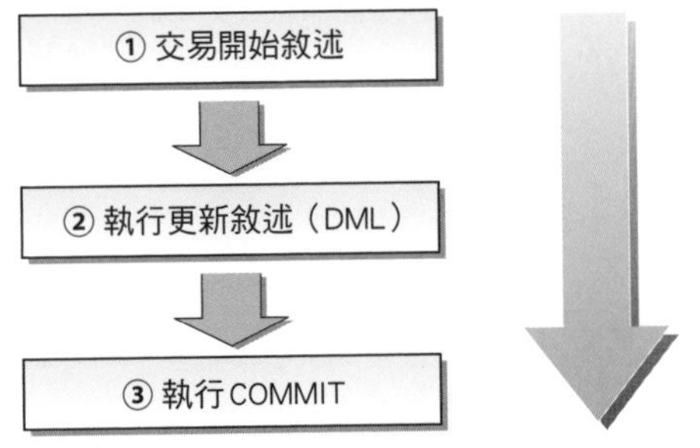

萬一不小心確認了其中包含錯誤變更動作的交易，便會面臨必須重新建立資料表、再次登錄資料…等麻煩步驟的窘境，最糟的狀況還可能完全遺失重要的資料，所以需要特別注意（尤其是 DELETE 敘述之後的 COMMIT，執行前應該更加細心留意）。

牢記的原則 4-8

不清楚交易何時開始也沒有關係，但是結束時必須再三確認，以免事後懊悔不已。

■ ROLLBACK — 取消處理動作

而 ROLLBACK 這個交易結束指令，會捨棄交易中所有處理動作產生的資料變動（圖 4-4），若以電腦檔案來比喻，則相當於「不儲存關閉」的功能。執行了 ROLLBACK 之後，資料庫會回復到交易開始前的狀態（範例 4-22），一般來說，和 COMMIT 相較之下，ROLLBACK 比較不會造成大量的資料損毀。

圖 4-4　ROLLBACK 的示意圖＝一口氣回到起始的地方

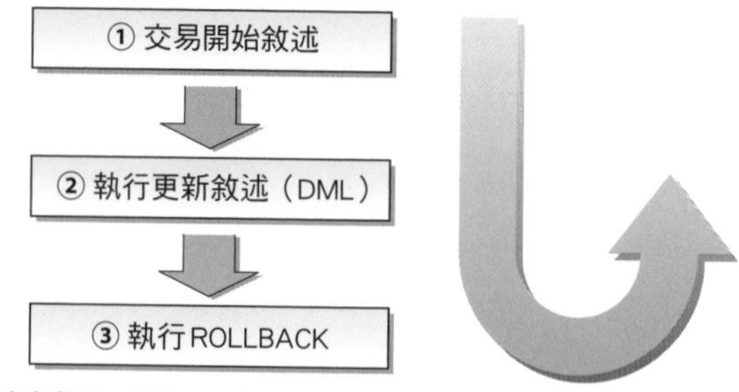

結束狀態：等同於 ① 執行前的狀態

範例 4-22　ROLLBACK 交易的實例

SQL Server　PostgreSQL

```
BEGIN TRANSACTION; ——①

    -- 將襯衫的販售單價降低 1000 元
    UPDATE Shohin
       SET sell_price = sell_price - 1000
     WHERE shohin_name = '襯衫';

    -- 將 T 恤的販售單價調高 1000 元
    UPDATE Shohin
       SET sell_price = sell_price + 1000
     WHERE shohin_name = 'T 恤';

ROLLBACK;
```

KEYWORD

● ROLLBACK

專用語法

如同先前所學，不同 DBMS 的交易功能語法也會有些差異，如果想在 MariaDB 上執行範例 4-22 的敘述，請將 ① 的部分改為「STRAT TRANSACTION;」，另外，在 Oracle 和 DB2 上執行時，不需要 ① 的部分、直接刪除即可。

COLUMN

交易功能的起始點

前面已經說明過「交易起始的標準指令並不存在，因此各家 DBMS 分別採用了不同的指令」。

實際上，幾乎所有的資料庫產品連交易的起始指令都不需要，若要探究其原因，在大部份的狀況之下，當連上資料庫的時候，其實就已經是默認啟動交易的狀態，因此使用者不必特別明確下達指令來啟動交易。舉例來說，連上 Oracle 資料庫之後，在開始執行第 1 段 SQL 敘述的時間點上，交易功能已經是默認啟動的狀態。

像這樣不需要指令便默認啟動交易功能的資料庫，應該如何區隔各筆交易呢？此問題有下列 2 種方式可供選擇。

KEYWORD
● 自動確認模式

Ⓐ 採用「1 段 SQL 敘述即是 1 筆交易」的規則（**自動確認模式**）

Ⓑ 到使用者執行 COMMIT 或 ROLLBACK 為止視為 1 筆交易

在一般的 DBMS 上，通常可以自行選擇其中 1 種模式。而**預設**為自動確認模式的 DBMS 有 **SQL Server**、**PostgreSQL**、**MySQL** 和 **MariaDB** 等資料庫（註 4-⓭），在此種模式之下，DML 敘述將如下所示，每段敘述都彷彿被交易起始敘述和結束敘述圍住。

註 4-⓭
舉例來說，在 PostgreSQL 9.5.5 文件的 3.4. Transactions 小節中，有著如下的說明「PostgreSQL 的所有 SQL 敘述其實都是在交易的狀態下執行，即使沒有發送 BEGIN 指令，每段敘述都會被視為以 BEGIN 和 COMMIT（如果順利執行完畢）圍住」。

```
BEGIN TRANSACTION;
     -- 將襯衫的販售單價降低 1000 元  （和前面相同，放不下所以省略）
COMMIT;
BEGIN TRANSACTION;
     -- 將 T 恤的販售單價調高 1000 元  （和前面相同，放不下所以省略）
COMMIT;
```

另外一方面，以預設為Ⓑ模式的 Oracle 來說，在使用者自行發送 COMMIT/ROLLBACK 之前，此筆交易都不會結束。

在自動確認模式的狀況下，請特別注意 DELETE 敘述的執行。如果不是處於自動確認模式，即使以 DELETE 敘述刪除資料，只要執行 ROLLBACK 指令，就能取消交易讓資料表的資料回復，不過，這僅限於有明確下達指令啟動交易、或是關閉自動確認模式的狀態。假如誤以為自動確認模式處於關閉狀態，而執行了 DELETE 敘述，那麼便無法以 ROLLBACK 指令回復資料，這樣的失誤相當恐怖，卻也是初學時常犯的錯誤。若是不小心誤刪資料、只剩重新輸入的手段，將會是令人欲哭無淚的狀況，所以請一定要多加留心。

ACID 特性

KEYWORD
● ACID 特性

關於 DBMS 的交易功能，在標準規範中訂定有應當遵守的 4 大原則，取各個單字的第 1 個字母稱之為「ACID 特性」，這些原則是所有 DBMS 都必須遵守的通用規則。

KEYWORD
● 不可分割性（Atomicity）

■ 不可分割性（Atomicity）

當 1 筆交易結束的時候，對於當中所包含的更新處理動作，確保結束時的狀態為全部執行完畢、或全部取消執行的特性，也稱為「All or Nothing」。舉例來說，若使用先前調整售價的例子，絕對不能在襯衫已經降價、而 T 恤卻沒有漲價的狀態下結束交易，這個例子結束時的狀態只能是 2 段 SQL 敘述均執行完畢（COMMIT）或都沒有實際執行（ROLLBACK）、在 2 種結果中選擇其一。

為何此不可分割性如此重要？其實只要設想交易執行到半途便結束的情況，應該就可以理解其理由，明明使用者將 2 段 UPDATE 敘述寫成 1 筆記錄的形式，DBMS 卻不按牌理出牌、只執行當中的某些部分，很明顯地一定會妨礙到正常的工作。

KEYWORD
● 一致性（Consistency）

■ 一致性（Consistency）

此性質為交易中所包含的處理動作，都需要滿足資料庫預先設定的條件約束，例如主鍵或 NOT NULL 等條件約束。舉例來說，如同前面章節所說明過的內容，將附加了 NOT NULL 條件約束的欄位更改為 NULL、或新增違反主鍵條件約束的記錄時，這樣的 SQL 敘述將會發生錯誤而無法順利執行，此情況若換成交易功能的說法，有如將這些違反規則的 SQL 敘述「強制 ROLLBACK」，總而言之，這些 SQL 敘述會以 1 段敘述為單位被取消執行，最後結果等於沒有被執行。

圖 4-5　確保一致性的示意圖

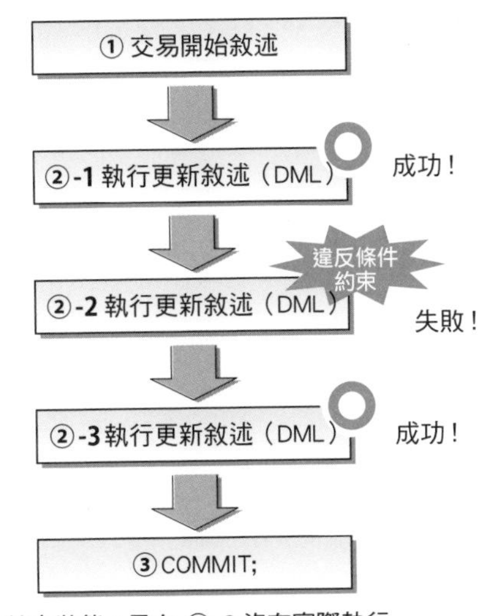

KEYWORD
● 隔離性（Isolation）

■ 隔離性（Isolation）

確保各筆交易之間不會相互受到干涉影響的性質。按照這個性質，交易之間不會相互包容形成巢狀結構，另外，某筆交易結束之前，其他交易無法得知此筆交易所造成的變動，因此，即使某筆交易替資料表新增了一些記錄，在執行 COMMIT 確認之前，其他的交易都處於「看不到」這些新增記錄的狀態。

KEYWORD
● 持續性（Durability）
● 日誌（Log）

■ 持續性（Durability）

此項性質亦稱為持久性，當交易在 COMMIT 或 ROLLBACK 結束之後，確保資料內容會維持在該時間點狀態的性質，即使未來系統發生故障而遺失資料，資料庫也不會回復到交易更新前的內容。

如果沒有持續性的特性，好不容易以 COMMIT 順利結束某筆交易，卻因為系統發生故障而遺失更新後的資料，必須重新執行交易中所包含的所有處理動作，這樣的狀況會讓人感到非常無力。

確保此持續性的方法在實務上各有差異，不過其中最受到歡迎的做法，便是將交易的執行記錄先儲存至硬碟等裝置之中，而這樣的執行記錄稱為「**日誌（Log）**」，當發生系統故障的時候，便可以利用日誌內容回復到故障前（交易完成後）的狀態。

自我練習

4.1 A 先生從自己的電腦連上資料庫，針對剛以 CREATE TABLE 敘述建立完成、尚未存入任何資料的 Shohin（商品）資料表，執行以下的 SQL 敘述新增資料。

```
START TRANSACTION;
    INSERT INTO Shohin VALUES ('0001', 'T 恤' , ➡
'衣物', 1000, 500, '2009-09-20');
    INSERT INTO Shohin VALUES ('0002', '打孔機', ➡
'辦公用品', 500, 320, '2009-09-11');
    INSERT INTO Shohin VALUES ('0003', '襯衫', ➡
 '衣物', 4000, 2800, NULL);
```

之後，剛好 B 先生也立即操作自己的電腦連上同一資料庫，執行了下面的 SELECT 敘述，這個時候 B 先生會獲得什麼樣的結果呢？

```
SELECT * FROM Shohin;
```

【提示】可以先使用 DELETE 敘述，將資料表清空成為剛建立完成的狀態，然後模擬 A 與 B 的操作並觀察執行結果。

4.2 假設資料庫中有個內含下列 3 筆記錄的 Shohin 資料表。

商品 ID	商品名稱	商品分類	販售單價	購入單價	登錄日期
0001	T 恤	衣物	1000	500	2009-09-20
0002	打孔機	辦公用品	500	320	2009-09-11
0003	襯衫	衣物	4000	2800	

如果想直接複製這 3 筆記錄將資料增加為 6 筆，所以執行了以下的 INSERT 敘述，如此一來會得到什麼樣的結果呢？

```
INSERT INTO Shohin SELECT * FROM Shohin;
```

4.3 假設已有問題 4.2 所示的 Shohin 資料表以及當中的資料，這裡需要另外建立 1 個新的資料表，此 ShohinProfit（商品利潤）資料表的結構如下所示，它具有名為 s_profit（利潤）的欄位。

```
-- 商品利潤資料表
CREATE TABLE ShohinProfit
(shohin_id       CHAR(4)       NOT NULL,
 shohin_name     VARCHAR(100)  NOT NULL,
 sell_price      INTEGER ,
 buying_price    INTEGER ,
 s_profit        INTEGER ,
 PRIMARY KEY (shohin_id));
```

請撰寫 SQL 敘述，根據 Shohin 資料表求得各商品的利潤，然後將結果存入 ShohinProfit 資料表成為如下所示的狀況，利潤單純以「販售單價 - 購入單價」來計算即可。

shohin_id	shohin_name	sell_price	buying_price	s_profit
0001	T 恤	1000	500	500
0002	打孔機	500	320	180
0003	襯衫	4000	2800	1200

4.4 對於問題 4.3 中已經存入資料的 ShohinProfit 資料表，這裡需要完成以下的資料更新動作。

1. 將襯衫的販售單價從 4000 元降至 3000 元。
2. 承接上述的結果，重新計算襯衫的利潤。

更新後的 ShohinProfit 資料表如下所示，請寫出能達成此目的 SQL 敘述。

shohin_id	shohin_name	sell_price	buying_price	s_profit
0001	T 恤	1000	500	500
0002	打孔機	500	320	180
0003	襯衫	3000	2800	200

更新後的販售單價和利潤

memo

第5章 進階查詢功能

檢視表

子查詢

關聯子查詢

SQL

本章的主題

到前個章節為止，我們學過了「建立」、「查詢」以及「更新」資料表等一連串與資料內容相關的操作方法，而從這個章節開始，將依循上述的基本操作，逐步往更為進階的應用方式邁進。

在這個章節之中，會把前面介紹過的SELECT敘述嵌進其他的SQL敘述，以名為「檢視表」以及「子查詢」的技術為中心繼續往下學習。由於檢視表和子查詢在使用方式上相當類似資料表，若利用這些技術便能寫出更有彈性的SQL敘述。

5-1 檢視表

- 檢視表與資料表
- 檢視表的建立方式
- 檢視表的限制 1 ─建立時不可使用 ORDER BY 子句
- 檢視表的限制 2 ─透過檢視表更新資料
- 刪除檢視表

5-2 子查詢

- 子查詢與檢視表
- 子查詢的名稱
- 純量子查詢
- 可寫入純量子查詢的位置
- 使用純量子查詢的需注意事項

5-3 關聯子查詢

- 一般子查詢與關聯子查詢的差異
- 關聯子查詢也能進行資料分群
- 連結條件必須寫在子查詢內

5-1 檢視表

學習重點

- 若從 SQL 的觀點來看，檢視表可說是「等同於資料表的東西」。2 者的差異在於資料表當中儲存著「實際的資料」，而檢視表當中所儲存的是「SELECT 敘述」(檢視表本身不具有資料內容)
- 若運用檢視表的功能，對於所需資料存放於多個資料表之類的狀況，亦能輕鬆地完成複雜的資料彙集操作。
- 將經常使用的 SELECT 敘述製作成檢視表，便能重複利用。
- 建立檢視表時，需要使用 CREATE VIEW 敘述。
- 檢視表在使用上具有「不能使用 ORDER BY 子句」以及「可透過檢視表更新資料、但是有些限制條件」等 2 項限制事項。
- 刪除檢視表時，需要使用 DROP VIEW 敘述。

檢視表與資料表

KEYWORD
● 檢視表

首先，一開始要學習的新工具便是「**檢視表**（View）」。

從 SQL 的觀點來看，檢視表可說等同於資料表。實際上在 SQL 敘述之中，幾乎不必特意區分此為資料表或是檢視表，只有「更新」資料的時候才需要留意 2 者的差異，此點將在之後再做詳述，至少在您撰寫、組合 SELECT 敘述的時候，可以不用在意資料表和檢視表之間的差別。

那麼，檢視表和資料表到底有什麼不同之處呢？他們的差異其實僅在於「**是否儲存著實際的資料**」。

通常我們會先建立資料表，然後以 INSERT 敘述新增資料，利用這樣的方式將資料存入資料庫之中。而說到資料庫中資料的真實存放位置，其實是位於電腦內部的**儲存裝置**（一般為硬碟），因此，之後執行 SELECT 敘述查詢資料的時候，實際上是從儲存裝置（硬碟）取出資料，再進行各種運算處理，最後將資料回傳給使用者，此為大致上的流程。

另外一方面，檢視表的機制不會在儲存裝置中存入資料。如果要問資料存放於何處，可以說**檢視表的儲存空間中沒有任何資料**，實際上，它所儲存的僅是「SELECT 敘述」(圖 5-1)，而我們想從檢視表取出資料的時候，其實是先執行檢視表內部存放的 SELECT 敘述，暫時建立出虛擬的資料表，之後再從中提取出資料。

圖 5-1　檢視表與資料表的差異

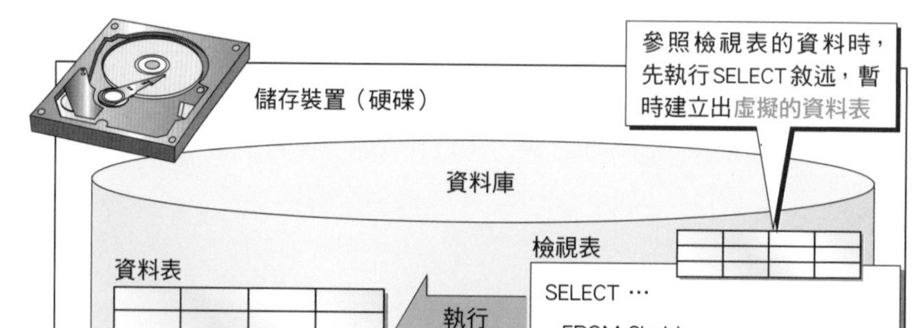

■ 檢視表的優點

檢視表大致上具有下列 2 個優點。

第 1 個，因為不儲存資料所以可以節省儲存裝置的容量。舉例來說，在 4-1 節中曾經為了存放各商品分類（shohin_catalg）的價格總計，另外建立了 1 個新的資料表，由於此資料表中的資料最後還是要存放至儲存裝置，所以會占用相對應的儲存裝置容量，不過，若是將相同的資料以檢視表的形式儲存，則只需存放如範例 5-1 所示的 SELECT 敘述即可，如此一來便能節省儲存裝置的空間容量。

範例 5-1　檢視表只需儲存 SELECT 敘述即可

```
SELECT shohin_catalg, SUM(sell_price), SUM(buying_price)
  FROM Shohin
 GROUP BY shohin_catalg;
```

在前面的這個例子之中，由於存入商品分類資料表的資料僅有數筆記錄，所以改為檢視表的做法並無法大幅減少儲存容量，不過實務上的資料量通常更為龐大，在這種狀況下，檢視表所能省下的容量將非常可觀。

牢記的原則 5-1

相對於資料表儲存著「真實的資料」，檢視表僅儲存著用來從資料表取出資料的「SELECT 敘述」。

第 2 個優點，若將頻繁使用的 SELECT 敘述預先存成檢視表的形式，那麼就不必每次輸入相同的敘述，也能重複利用取出同樣的資料集。檢視表建立之後，只要呼叫使用就能簡單取得該 SELECT 敘述的執行結果，越是本身包含了很多彙總統計和判斷條件的大型 SELECT 敘述，更能感受到檢視表提高工作效率的好處。

而且，檢視表所包含的資料會與原本的資料表產生連動，隨時自動更新到最新的資料內容或狀態。由於檢視表終究只是「SELECT 敘述」而已，每次「參照檢視表中的資料」時，其實是「執行該 SELECT 敘述」，因此可以篩選出最新狀態的資料，這也是將資料另存資料表所辦不到的優點（註 5-❶）。

註 5-❶

如果將部分資料另存至新的資料表，那麼在以明確的 SQL 敘述更新此資料表之前，這部分的資料都不會發生變化。

牢記的原則 5-2

經常使用的 SELECT 敘述可以轉為檢視表，方便重複利用。

檢視表的建立方式

KEYWORD

● CREATE 敘述

建立檢視表需要使用 CREATE VIEW 敘述，其語法如下所示。

語法 5-1　建立檢視表的 CREATE VIEW 敘述

```
CREATE VIEW <檢視表名稱> (<檢視表欄位名稱1>, <檢視表欄位名稱2>, ……)
AS
<SELECT 敘述>
```

AS 關鍵字的後方便是撰寫 SELECT 敘述的位置，SELECT 敘述所取得的欄位排列順序會和檢視表的欄位排列順序一致，SELECT 敘述的第 1 個欄位對應檢視表的第 1 個欄位、第 2 個欄位對應檢視表的第 2 個欄位…餘此類推，而檢視表的各欄位名稱，需要在自訂的檢視表名稱後方以串列 (List) 的形式來設定。

Memo

此小節之後會根據先前一直使用的 Shohin（商品）資料表來建立檢視表，如果您有按照前面章節的內容修改了 Shohin 資料表內的資料，請在建立檢視表之前先將資料回復至最初的狀態，回復的步驟如下所示。

①將 Shohin 資料表的所有資料清空

```
DELETE FROM Shohin;
```

②執行第 1 章範例 1-6 的 SQL 敘述，將資料新增至 Shohin 資料表

②的 SQL 敘述 (CreateTableShohin.sql) 已收錄於範例檔案的 Sample\CreateTable\MySQL 資料夾中，可直接取用執行。

接下來請試著動手建立檢視表吧！而做為資料來源的資料表，正是一直使用的 Shohin 資料表（範例 5-2）。

範例 5-2　ShohinSum 檢視表

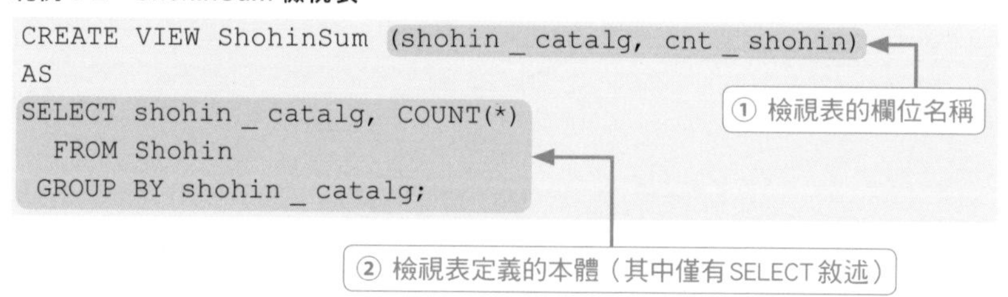
```
CREATE VIEW ShohinSum (shohin_catalg, cnt_shohin)
AS
SELECT shohin_catalg, COUNT(*)
  FROM Shohin
 GROUP BY shohin_catalg;
```


如此便在資料庫內建立了 1 個名為 ShohinSum（商品總計）的檢視表。位於第 2 行的關鍵字「AS」是絕對不能省略的部分，這裡的 AS 和替欄位或資料表取別名時所使用的 AS 不同，如果省略將會發生錯誤，雖然 2 者相當容易讓人搞混，不過語法就是如此規定，請把此項規則記起來。

再來說到檢視表的使用方式，其實檢視表在使用上和資料表並無不同，只要將它的名稱寫在 SELECT 敘述的 FROM 子句部分即可（範例 5-3）。

範例 5-3　使用檢視表

```
SELECT shohin _ catalg, cnt _ shohin
  FROM ShohinSum;
```

← FROM 子句中指定檢視表而非資料表名稱

執行結果

```
shohin_catalg   |  cnt_shohin
----------------+--------------
衣物            |            2
辦公用品        |            2
廚房用品        |            4
```

此 ShohinSum 檢視表的內容，就如同其定義本體（SELECT 敘述）的執行效果，存放著按照各商品分類（shohin_catalg）分別計算商品數量（cnt_shohin）的結果。因此，假若各位讀者在工作上必須像這樣頻繁地彙總統計資料，其實不必每次重複使用 GROUP BY 子句和 COUNT 函數來撰寫 SELECT 敘述、藉以從 Shohin 資料表取得相同的資料，僅需建立 1 次檢視表，之後便能透過簡單的 SELECT 敘述，快速獲得想要的統計結果。而且，如果原本 Shohin 資料表當中的資料發生變動，ShohinSum 檢視表這邊查詢到的資料也會自動更新到最新狀態，相當便利。

之所以能夠做到這樣的事情，也是因為**檢視表儲存著 SELECT 敘述**的緣故。而建立檢視表的時候，可以寫入各種形式的 SELECT 敘述，除了 WHERE、GROUP BY 以及 HAVING 等子句之外，也能使用「SELECT *」的方式指定所有的欄位。

■ 對檢視表進行查詢

在 FROM 子句中指定檢視表進行查詢的時候，會依循下列 2 個階段的步驟。

① 先執行建立檢視表當時所定義的 SELECT 敘述，

② 將該結果當作 FROM 子句所指定的資料來源，完成此 SELECT 敘述的執行動作。

註 5-❷

不過按照實際的運作方式，也有某些 DBMS 會在內部直接重新組合 2 段 SELECT 敘述。

KEYWORD

● 多層檢視表

換句話說，以檢視表為對象的查詢動作，總是需要執行 2 段以上的 SELECT 敘述（註 5-❷）。

這裡使用「2 段以上」而不是「2 段」的說法，是因為建立檢視表的時候也能指定其他檢視表當作資料來源，形成類似「疊床架屋」的架構（圖 5-2），這樣的做法可稱為「**多層檢視表**」。舉例來說，可以執行範例 5-4 所示的敘述，將 ShohinSum 檢視表當作資料來源，建立出另外 1 個 ShohinSumJim 檢視表。

圖 5-2　可根據某個檢視表再建立新的檢視表

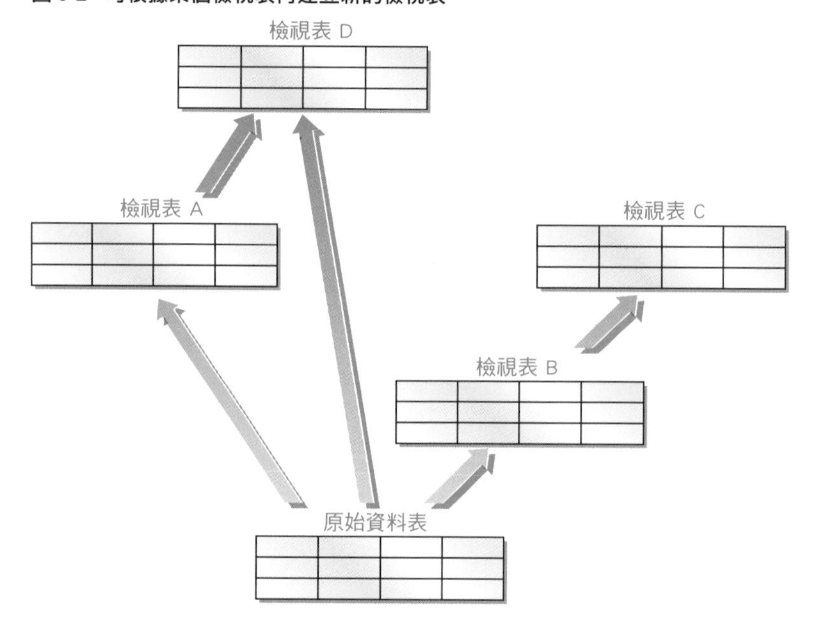

範例 5-4　ShohinSumJim 檢視表

```
CREATE VIEW ShohinSumJim (shohin_catalg, cnt_shohin)
AS
SELECT shohin_catalg, cnt_shohin
  FROM ShohinSum        ← 根據檢視表建立檢視表
 WHERE shohin_catalg = '辦公用品';
```

```
-- 確認檢視表是否建立完成
SELECT shohin_catalg, cnt_shohin
  FROM ShohinSumJim;
```

執行結果

```
shohin_catalg   |  cnt_shohin
----------------+--------------
辦公用品         |            2
```

最重要的，雖然語法上認可這樣的方式，不過請盡量避免在檢視表上反覆重疊建立檢視表的做法。這是為什麼呢？因為以大部分的DBMS 來說，**重疊建立檢視表的做法將會招致資料庫的效能低落**，因此，尤其是在尚未熟練的初學階段，請盡可能維持在只使用單層檢視表的方式。

牢記的原則 5-3

請（盡量）避免在檢視表上重疊建立檢視表。

其他需要注意的事項，還有檢視表在使用上具有 2 項限制，請繼續看一下這些限制的相關說明吧！

檢視表的限制 ①
建立時不可使用 ORDER BY 子句

前面雖然曾經說過「建立檢視表的時候，可以寫入各種形式的SELECT 敘述」，不過其實有個例外，那便是不能使用 ORDER BY 子句，因為這樣的限制，所以下面所示的檢視表建立敘述將不被認可。

```
-- 不能這樣建立檢視表
CREATE VIEW ShohinSum (shohin_catalg, cnt_shohin)
AS
SELECT shohin_catalg, COUNT(*)
  FROM Shohin
 GROUP BY shohin_catalg
 ORDER BY shohin_catalg;
```

檢視表的定義中不能使用ORDER BY子句

若要探討為什麼不能使用 ORDER BY 子句，其實和資料表的道理相同，因為檢視表也被設定成「各筆記錄沒有先後順序」的緣故，實際上，有某些 DBMS 可以使用加上 OREDER BY 子句的敘述來建立檢視表（註 5- ❸），不過這並非一般通用的語法，因此，建立檢視表的時候請不要使用 ORDER BY 子句。

註 5- ❸
例如 PosegreSQL、MariaDB 就能毫無問題地執行前面所列的 CREATE VIEW 敘述。

牢記的原則 5-4

建立檢視表的敘述中請勿使用 ORDER BY 子句。

檢視表的限制 ② 透過檢視表更新資料

到目前為止，如果是寫在 SELECT 敘述之中，檢視表的使用方式看起來和資料表完全相同，那麼，若是換成 INSERT、DELETE 以及 UPDATE 等會更新資料的 SQL 敘述時，狀況又將如何呢？

雖然訂有嚴格的限制，不過還是有機會透過檢視表更新原資料表中實際儲存的資料，在標準 SQL 中有著如下的規定。

「用來建立檢視表的 SELECT 敘述在符合某些條件的狀況之下，便能透過此檢視表更新資料」

下面列舉幾項比較主要的條件。

① SELECT 子句中沒有 DISTINCT 關鍵字

② FROM 子句中只有 1 個資料表

③ 沒有使用 GROUP BY 子句

④ 沒有使用 HAVING 子句

目前為止章節中的所有範例，其 FROM 子句所含的資料表都只有 1 個，因此，您可能還無法理解條件② 的意義，不過 FROM 子句當中其實可以並列寫入多個資料表名稱，這個名為「結合資料表」的相關操作方式，將在 7-2 節再做介紹，學習之後應該就能了解此條件的意思。

其他的條件大多是和彙總統計相關的事項。若以較為簡單方式來說明，例如此次範例所使用的 ShohinSum 檢視表，如果檢視表所呈現的資料、是原資料表經過彙總處理之後的結果，那麼對檢視表所執行的變更動作，資料庫當然無法判斷應該如何反映至原資料表中儲存的資料，導致無法透過檢視表更新資料。

以實際的例子來說，若嘗試對 ShohinSum 檢視表執行如下的 INSERT 敘述：

```
INSERT INTO ShohinSum VALUES ('電器產品', 5);
```

此 INSERT 敘述只會得到有誤的回應訊息，這是因為 ShohinSum 檢視表使用 GROUP BY 子句對原本的 Shohin 資料表做了分群彙總的動作，為什麼不能透過具有彙總動作的檢視表更新資料呢？

先說明一下，檢視表終究是原本的資料表所衍生出來的產物，因此，如果直接變更原資料表的內容，檢視表這邊所看到的資料也會跟著發生變化，反之亦然，若是透過檢視表變更資料內容，資料庫也必須將變更的動作反映至原資料表，維持 2 者之間的一致性。

圖 5-3　無法透過具有彙總動作的檢視表更新資料

ShohinSum（商品總計）檢視表

shohin_catalg（商品分類）	cnt_shohin（商品數量）
衣物	2
辦公用品	2
廚房用品	4

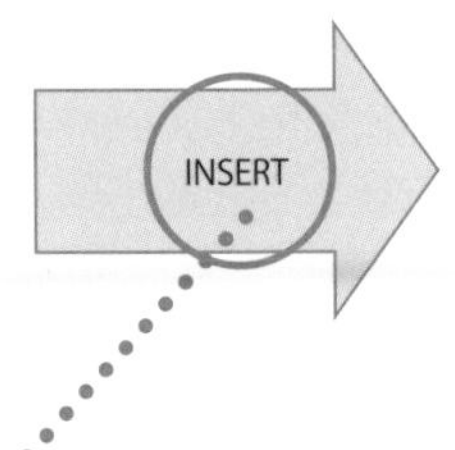

ShohinSum（商品總計）檢視表

shohin_catalg（商品分類）	cnt_shohin（商品數量）
衣物	2
辦公用品	2
廚房用品	4
電器產品	5

INSERT 敘述

INSERT INTO ShohinSum VALUES ('電器產品', 5);

只知道要新增
幾筆記錄以及其
商品分類！

Shohin（商品）資料表

shohin_id（商品 ID）	shohin_name（商品名稱）	shohin_catalg（商品分類）	sell_price（販售單價）	buying_price（購入單價）	reg_date（登錄日期）
0001	T 恤	衣物	1000	500	2009-09-20
0002	打孔機	辦公用品	500	320	2009-09-11
0003	襯衫	衣物	4000	2800	
0004	菜刀	廚房用品	3000	2800	2009-09-20
0005	壓力鍋	廚房用品	6800	5000	2009-01-15
0006	叉子	廚房用品	500		2009-09-20
0007	刨絲器	廚房用品	880	790	2008-04-28
0008	鋼珠筆	辦公用品	100		2009-11-11
?	?	電器產品	?	?	?
?	?	電器產品	?	?	?
?	?	電器產品	?	?	?
?	?	電器產品	?	?	?
?	?	電器產品	?	?	?

再回到之前的 INSERT 敘述，像這樣對 ShohinSum 檢視表新增 1 筆 ('電器產品', 5) 的紀錄時，應該要如何配合修改原本 Shohin 資料表中的資料呢？雖然知道要新增商品分類為「電器產品」的 5 項商品（5 筆記錄），不過並不知道這些商品的商品 ID、商品名稱、販售單價…等資料（圖 5-3），資料庫無法完成這樣意義不明的工作。

牢記的原則 5-5

檢視表和資料表的資料內容是連動的，因此不能透過具有彙總動作的檢視表更新資料。

■ 可透過檢視表更新的例子

反過來說，如果是範例 5-5 這樣沒有進行彙總的檢視表，就能將資料更新的結果反映至原本的資料表。

範例 5-5　可更新資料的檢視表

```
CREATE VIEW ShohinJim (shohin_id, shohin_name, ➡
shohin_catalg, sell_price, buying_price, reg_date)
AS
SELECT *
  FROM Shohin
 WHERE shohin_catalg = '辦公用品';
```

沒有彙總以及結合的SELECT敘述

由於 ShohinJim 檢視表只有過濾出屬於辦公用品的商品，所以若對此檢視表執行如範例 5-6 所示的 INSERT 敘述，當然可以順利完成。

範例 5-6　對檢視表新增資料

```
INSERT INTO ShohinJim VALUES ('0009', '印章', '辦公用品',
95, 10, '2009-11-30');
```

對此檢視表新增 1 筆記錄

注意

如果是 PostgreSQL 的資料庫，由於某些版本會將檢視表預設為只能讀取，所以執行範例 5-6 的 INSERT 敘述時，可能會看到下面的錯誤訊息。

執行結果（PostgreSQL 的狀況）

```
ERROR: cannot update a view
HINT: You need an unconditional ON UPDATE DO INSTEAD rule.
```

遇到這種狀況的時候，在執行 INSERT 敘述之前，必須先執行範例 5-A 的敘述來允許對檢視表更新資料，而 DB2、MariaDB 和 MySQL 等其他 DBMS 則不需要此步驟。

範例 5-A　在 PostgreSQL 上允許對檢視表更新資料

PostgreSQL

```
CREATE OR REPLACE RULE insert_rule
AS ON INSERT
TO ShohinJim DO INSTEAD
INSERT INTO Shohin VALUES (
            new.shohin_id,
            new.shohin_name,
            new.shohin_catalg,
            new.sell_price,
            new.buying_price,
            new.reg_date);
```

是否有新增記錄，請以 SELECT 敘述確認一下吧。

● 確認檢視表的資料

```
-- 確認檢視表新增後的結果
SELECT * FROM ShohinJim;
```

執行結果

```
shohin_id   | shohin_name | shohin_catalg  |      sell_price |   buying_price | reg_date
------------+-------------+----------------+-----------------+----------------+-----------
0002        | 打孔機      | 辦公用品       |             500 |            320 | 2009-09-11
0008        | 鋼珠筆      | 辦公用品       |             100 |                | 2009-11-11
0009        | 印鑑        | 辦公用品       |              95 |             10 | 2009-11-30
```

已新增記錄

● 確認原資料表的資料

```
-- 確認原資料表新增後的結果
SELECT * FROM Shohin;
```

執行結果

```
shohin_id   | shohin_name | shohin_catalg  |      sell_price |   buying_price | reg_date
------------+-------------+----------------+-----------------+----------------+-----------
0001        | T恤         | 衣物           |            1000 |            500 | 2009-09-20
0002        | 打孔機      | 辦公用品       |             500 |            320 | 2009-09-11
0003        | 襯衫        | 衣物           |            4000 |           2800 |
0004        | 菜刀        | 廚房用品       |            3000 |           2800 | 2009-09-20
0005        | 壓力鍋      | 廚房用品       |            6800 |           5000 | 2009-01-15
0006        | 叉子        | 廚房用品       |             500 |                | 2009-09-20
0007        | 刨絲器      | 廚房用品       |             880 |            790 | 2008-04-28
0008        | 鋼珠筆      | 辦公用品       |             100 |                | 2009-11-11
0009        | 印鑑        | 辦公用品       |              95 |             10 | 2008-11-30
```

已新增記錄

理所當然地，如果檢視表的建立方式符合前述的條件，當然也可以像使用資料表一樣，對此檢視表執行 UPDATE 或 DELETE 等敘述，不過執行這些更新資料的敘述時，也會受到原本資料表所設定條件約束（主鍵或 NOT NULL 等）的限制，此點請多加留意。

刪除檢視表

KEYWORD
● DROP VIEW 敘述

想刪除既有的檢視表需要使用 DROP VIEW 敘述，其語法如下所示。

語法 5-2　刪除檢視表的 DROP VIEW 敘述

```
DROP VIEW 檢視表名稱;
```

舉例來說，若要刪除 ShohinSum 檢視表，可以執行範例 5-7 所示的敘述。

範例 5-7　刪除 ShohinSum 檢視表

```
DROP VIEW ShohinSum;
```

專用語法

在 PostgreSQL 上，想刪除多層檢視表架構中的來源檢視表時，會因為檢視表之間的依存關係而看到下列的錯誤訊息。

執行結果（PostgreSQL 的狀況）

```
ERROR:  cannot drop view shohinsum because other ➡
        objects depend on it
DETAIL: view shohinsumjim depends on view shohinsum
HINT:   Use DROP ... CASCADE to drop the dependent ➡
        objects too.
```

這個時候需要使用下面的寫法，加上 CASCADE 參數移除所有依存關係。

PostgreSQL

```
DROP VIEW ShohinSum CASCADE;
```

Memo

這裡需要再次將 Shohin 資料表回復到最初的資料狀態（8 筆記錄），請執行下列的 DELETE 敘述，刪除之前新增的 1 筆記錄。

範例 5-B

```
-- 刪除商品 ID 為 0009 的印鑑
DELETE FROM Shohin WHERE shohin_id = '0009';
```

5-2 子查詢

學習重點

- 若要用 1 句話來形容子查詢，那便是「用過即丟的檢視表（SELECT 敘述）」。子查詢和檢視表不同，它的 SELECT 敘述在執行完畢後會立即被消除。
- 由於子查詢需要賦予名稱，所以請配合其處理內容取個適當的名稱。
- 純量子查詢是「回傳結果必定為單一記錄的單一欄位值」的子查詢。

子查詢與檢視表

KEYWORD
- 子查詢

在前個小節學習了檢視表這個便利工具的相關操作方式，而接下來這個小節將要學到的「**子查詢**（Subquery）」功能，便是以檢視表為基礎的技術，如果用 1 句話來表達子查詢的特點，它可以說是「用過即丟的檢視表」。

這裡再為您複習一下，檢視表這項功能不會儲存實際的資料，它僅儲存著用來取出資料的 SELECT 敘述，利用此工具便能提升使用上的便利性。而相對於此的子查詢，可以說是將**建立檢視表的 SELECT 敘述**直接鑲嵌至 FROM 子句當中。說了這麼多，不如實際操作驗證一下，請使用前個小節的 ShohinSum（商品總計）檢視表，試著比較 2 者之間的差異吧！

首先，請再度看一下建立 ShohinSum 檢視表的敘述，以及對此檢視表執行 SELECT 敘述的結果（範例 5-8）。

範例 5-8　建立 ShohinSum 檢視表與確認用的 SELECT 敘述

```
-- 按照商品分類分別統計商品數量的檢視表
CREATE VIEW ShohinSum (shohin_catalg, cnt_shohin)
AS
SELECT shohin_catalg, COUNT(*)
  FROM Shohin
 GROUP BY shohin_catalg;

-- 確認檢視表的資料內容
SELECT shohin_catalg, cnt_shohin
  FROM ShohinSum;
```

如果改用子查詢的方式來達成相同的目的，將如同範例 5-9 所示。

範例 5-9　子查詢

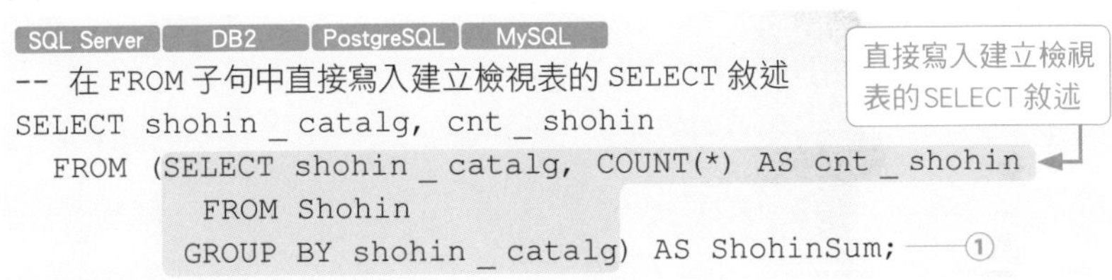
SQL Server　DB2　PostgreSQL　MySQL

```
-- 在 FROM 子句中直接寫入建立檢視表的 SELECT 敘述
SELECT shohin_catalg, cnt_shohin
  FROM (SELECT shohin_catalg, COUNT(*) AS cnt_shohin
          FROM Shohin
         GROUP BY shohin_catalg) AS ShohinSum; ——①
```


> **專用語法**
>
> Oracle 在 FROM 子句的地方不能使用 AS（會發生錯誤），因此，想要在 Oracle 上執行範例 5-9 敘述的時候，請將 ① 這行的「) AS ShohinSum;」部分改為「) ShohinSum;」。

上述 2 種方式所獲得的結果完全相同。

執行結果

```
shohin_catalg   |  cnt_shohin
----------------+--------------
衣物            |            2
辦公用品        |            2
廚房用品        |            4
```

如同您所看到的，將原本用來定義檢視表的 SELECT 敘述直接寫入 FROM 子句中，這樣的寫法便被稱為子查詢。「AS ShohinSum」的部分為賦予此子查詢的名稱，由於是用過立即捨棄的名稱，所以不會像檢視表一樣保存在儲存裝置（硬碟）中，此段 SELECT 敘述在執行之後也會立即消失無蹤。

子查詢的英文單字 Subquery 是由「下層的（Sub）」以及「查詢（Query）」這 2 個單字所組成，由於 Query（查詢）和 SELECT（篩選）具有相同的意思，您可以把子查詢解讀成「低 1 階的 SELECT 敘述」。

實際上，子查詢形式的 SELECT 敘述有如程式語言的巢狀結構，其執行順序為先執行 FROM 子句中的內部 SELECT 敘述，然後再執行外圍的 SELECT 敘述（圖 5-4）。

圖 5-4　SELECT 敘述的執行順序（子查詢）

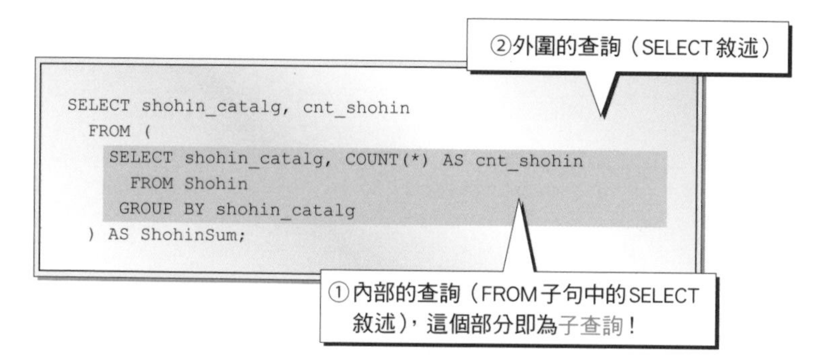

① 先執行 FROM 子句中的 SELECT 敘述（子查詢）

```
SELECT shohin_catalg, COUNT(*) AS cnt_shohin
  FROM Shohin
 GROUP BY shohin_catalg;
```

② 針對 ① 的結果執行外圍的 SELECT 敘述

```
SELECT shohin_catalg, cnt_shohin
  FROM ShohinSum;
```

牢記的原則 5-6

子查詢會從內部的 SELECT 敘述開始執行。

■ 增加子查詢的層數

由於子查詢的層數原則上沒有什麼限制，子查詢中的 FROM 子句可以再使用子查詢、而其中的 FROM 子句還可以再度使用子查詢……不斷重複，理論上應該是可以寫成無限多層的巢狀結構（範例 5-10）。

範例 5-10　增加子查詢巢狀結構的層數

SQL Server　DB2　PostgreSQL　MySQL

```
SELECT shohin_catalg, cnt_shohin
  FROM (SELECT *
          FROM (SELECT shohin_catalg, COUNT(*) AS cnt_shohin
                  FROM Shohin
                 GROUP BY shohin_catalg) AS ShohinSum ——①
         WHERE cnt_shohin = 4) AS ShohinSum2; ——②
```

> **專用語法**
> Oracle 在 FROM 子句的地方不能使用 AS（會發生錯誤），因此，想要在 Oracle 上執行範例 5-10 敘述的時候，請將 ① 這行的「) AS ShohinSum」部分改為「) ShohinSum」，② 的「) AS ShohinSum2;」部分改為「) ShohinSum2;」。

執行結果

```
shohin_catalg   |  cnt_shohin
----------------+--------------
廚房用品          |             4
```

這整段 SQL 敘述中，最內側子查詢（ShohinSum）的功用和先前相同，它按照各商品分類（shohin_catalg）分別統計商品數量，然後到了上 1 層的子查詢（ShohinSum2），則限制篩選出商品數量（cnt_shohin）為 4 的紀錄，所以結果僅剩廚房用品的 1 筆記錄。

但是，隨著子查詢的階層數量增加，除了這樣複雜的 SQL 敘述難以閱讀之外，與介紹檢視表時的說明相同，這同樣會對資料庫的效能造成負面的影響，因此，請盡量避免使用過多層數的子查詢。

子查詢的名稱

在先前的範例當中，子查詢被賦予了「ShohinSum」之類的名稱，由於原則上必須替子查詢取個稱呼，所以請在思考該子查詢的處理內容之後，再取個容易聯想的適當名稱。以這個範例來說，因為其功用在於彙總統計 Shohin 資料表的資料，因此使用了原本資料表的名稱、再加上 Sum 這個具有總和意思的單字。

替子查詢取名的時候需要使用 AS 關鍵字，不過某些 DBMS 可以省略此 AS 關鍵字（註 5- ❹）。

註 5- ❹
其中也有像是 Oracle 這樣加上 AS 反而會出現錯誤訊息的資料庫，不過請把此狀況當作例外。

純量子查詢

KEYWORD
- 純量子查詢
- 純量

接下來將要介紹 1 種較為特殊的子查詢，也就是名為「純量子查詢（Scalar Subguery）」的技術。

■ 什麼是純量

「純量」譯自於 Scalar 這個單字，它具有「單純的數值」的意思，在資料庫以外的其他領域也能看到這個詞彙。

前面所學到的子查詢，雖然偶爾會得到僅有 1 筆記錄的結果，不過子查詢基本上會回覆多筆的記錄，也就是說，其結果相當於 1 個完整的資料表，這樣的方式看起來也相當合理。

KEYWORD
● 回傳值

所謂的回傳值，是函數或 SQL 敘述等處理執行完畢之後，回覆其結果所回傳的值。

相對於此的純量子查詢，則是「回傳值必定為單一記錄的單一欄位值」的特殊子查詢，而所謂資料表中「單一記錄」的「單一欄位」的內容值，指的便是「10」或「台北市」這樣的數值或字串。

牢記的原則 5-7

純量子查詢是回傳值為單一值的子查詢。

也許有讀者已經注意到了，沒錯！回傳值為單一值的狀況，代表可以對純量子查詢的回傳值使用 =、<> 等比較運算子、與其他純量值進行比較，而純量子查詢有意思的地方便是在於這個特點，下面趕快來試著運用純量子查詢的功能吧。

■ 在 WHERE 子句使用純量子查詢

我們在 4-2 節曾經練習以各式各樣的條件從 Shohin（商品）資料表篩選出資料，那個時候，不知道是否有讀者想過如何以下列的條件進行查詢：

「查詢販售單價高於全部商品平均販售單價的商品」

如果想查看售價屬於前半段等級的商品，遇到這類的需求時，便需要使用上述的條件來查詢資料。

然而這並不是以普通做法就能達成的需求，如果直接使用 AVG 函數寫出如下的 SQL 敘述，執行之後只會得到錯誤訊息。

```
-- WHERE 子句中不能使用彙總函數
SELECT shohin_id, shohin_name, sell_price
  FROM Shohin
 WHERE sell_price > AVG(sell_price)   ←「販售單價大於平均值」的條件？
```

這段 SELECT 敘述的意思看起來似乎相當合理，但是 SQL 規定不能將彙總函數寫在 WHERE 子句之中，所以無法順利執行。

那麼，到底要如何才能寫出代表上述條件的 SELECT 敘述呢？

這裡即是純量子查詢能發揮其效果的地方。首先，如果想要求得 Shohin（商品）資料表中所含全部商品的販售單價（sell_price）平均值，可執行範例 5-11 所示的敘述。

範例 5-11　可求得平均販售單價的純量子查詢

```
SELECT AVG(sell _ price)
  FROM Shohin;
```

執行結果

```
           avg
------------------------
  2097.5000000000000000
```

AVG 函數的使用方式和 COUNT 函數相同，它內部的計算式如下所示：

(1000+500+4000+3000+6800+500+880+100) / 8=2097.5

透過 AVG 函數得到平均價格約為 2100 元。這裡可以很明顯地看出，範例 5-11 的 SELECT 敘述的查詢結果為純量值，因為「2097.5」這個數字的確是單一值，因此，對於先前無法正常執行 SELECT 敘述，我們可以將這個結果數值直接應用於其 WHERE 子句的比較式中，正確完整的 SQL 敘述如範例 5-12 所示。

範例 5-12　篩選出販售單價（sell_price）高於全部商品平均販售單價的商品

```
SELECT shohin _ id, shohin _ name, sell _ price
  FROM Shohin
 WHERE sell _ price > (SELECT AVG(sell _ price)
                         FROM Shohin);
```

求得平均販售單價的純量子查詢

執行結果

```
 shohin_id     | shohin_name     |     sell_price
---------------+-----------------+----------------
 0003          | 襯衫            |           4000
 0004          | 菜刀            |           3000
 0005          | 壓力鍋          |           6800
```

如同先前也曾經說明過的內容，使用子查詢功能的 SQL 敘述，會先從子查詢的部分開始執行，所以，這個例子一開始當然也是先執行下面所示的子查詢部分（圖 5-5），求得所有商品販售單價的平均值。

```
-- ① 內部的子查詢
SELECT AVG(sell _ price)
  FROM Shohin;
```

由於其結果為「2097.5」，所以原本子查詢的部分會被置換為此數值，再執行如下所示的 SELECT 敘述。

```
-- ② 外圍的查詢敘述
SELECT shohin _ id, shohin _ name, sell _ price
  FROM Shohin
 WHERE sell _ price > 2097.5
```

看到這樣的 SQL 敘述，各位讀者應該能輕易地理解它的意義吧，而最後的執行結果已經列於上一頁的最下面。

圖 5-5　SELECT 敘述的執行順序（純量子查詢）

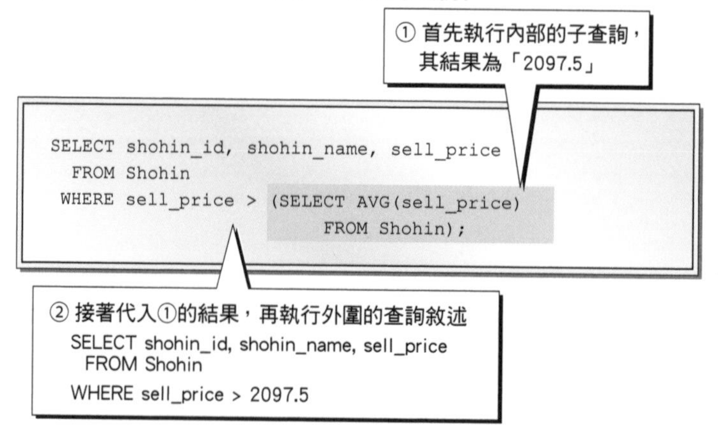

可寫入純量子查詢的位置

SQL 敘述中可以寫入純量子查詢的位置，不僅只限於 WHERE 子句，基本上，能寫入純量值的地方都可以改寫為純量子查詢的形式，也就是說，原本可以寫入常數或欄位名稱的所有地方，不論是 SELECT 子句、GROUP BY 子句、HAVING 子句以及 ORDER BY 子句等，純量子查詢幾乎可以寫在所有的子句之中。

舉例來說，若在 SELECT 子句中使用先前用來計算平均售價的純量子查詢，其寫法將如範例 5-13 所示。

範例 5-13　在 SELECT 子句中使用純量子查詢

```
SELECT shohin_id,
       shohin_name,
       sell_price,
       (SELECT AVG(sell_price)
          FROM Shohin) AS avg_price
  FROM Shohin;
```

純量子查詢

執行結果

```
shohin_id  |  shohin_name  |  sell_price  |      avg_price
-----------+---------------+--------------+----------------------
0001       | T 恤          |         1000 | 2097.5000000000000000
0002       | 打孔機        |          500 | 2097.5000000000000000
0003       | 襯衫          |         4000 | 2097.5000000000000000
0004       | 菜刀          |         3000 | 2097.5000000000000000
0005       | 壓力鍋        |         6800 | 2097.5000000000000000
0006       | 叉子          |          500 | 2097.5000000000000000
0007       | 刨絲器        |          880 | 2097.5000000000000000
0008       | 鋼珠筆        |          100 | 2097.5000000000000000
```

此敘述執行後獲得的結果，會在商品一覽表的所有商品後方都加上 1 欄平均售價，某些帳目報表可能會有這類的需求。

另外，如果寫在 HAVING 子句之中，這裡舉個實際的例子，請看一下範例 5-14 所示的 SELECT 敘述。

範例 5-14　在 HAVING 子句中使用純量子查詢

```
SELECT shohin_catalg, AVG(sell_price)
  FROM Shohin
 GROUP BY shohin_catalg
HAVING AVG(sell_price) > (SELECT AVG(sell_price)
                             FROM Shohin);
```

純量子查詢

執行結果

```
shohin_catalg  |          avg
---------------+----------------------
衣物           |  2500.0000000000000000
廚房用品       |  2795.0000000000000000
```

這整段查詢敘述的意義為「先計算各商品分類的平均販售單價，然後篩選出大於全部商品平均售價的商品分類」，如果這段 SELECT 敘述沒有 HAVING 子句的部分，那麼結果當中會增加 1 筆平均販售單價為 300 元的「辦公用品」分類，不過由於全部商品的平均販售單價為 2097.5 元，所以加上 HAVING 子句的限制條件之後，辦公用品分類就被排除在結果之外。

使用純量子查詢的需注意事項

最後，為您說明想要使用純量子查詢的時候必須特別注意的地方，那便是「**絕對不能讓子查詢回傳包含多筆記錄的結果**」，因為當子查詢回傳多筆記錄的時候，這已經不屬於純量子查詢、而只是一般子查詢的用法，如此一來，既不能使用 = 或 <> 等運算子來和純量值做比較，也無法寫入 SELECT 子句等位置之中。

舉例來說，下列的 SELECT 敘述將會發生錯誤。

```
SELECT shohin_id,
       shohin_name,
       sell_price,
       (SELECT AVG(sell_price)
          FROM Shohin
         GROUP BY shohin_catalg) AS avg_price
  FROM Shohin;
```


錯誤的理由非常簡單，因為此子查詢會回傳如下的多筆記錄結果。

```
          avg
----------------------
2500.0000000000000000
 300.0000000000000000
2795.0000000000000000
```

不可能在 SELECT 子句的 1 筆記錄中塞入 3 筆記錄，因此，上述的 SELECT 敘述會因為「由於子查詢回傳多筆記錄而無法執行」的理由回覆錯誤訊息（註 5-❺）。

註 5-❺

例如 MariaDB 會回覆如下的錯誤訊息。「ERROR 1242 (21000): Subquery returns more than 1 row」

5-3 關聯子查詢

學習重點

- 關聯子查詢能在細分後的群組內比較大小。
- 和 GROUP BY 子句相同，關聯子查詢也具有將資料群組「切開」的功能。
- 關聯子查詢的連結條件必須寫在子查詢之中，否則會發生錯誤，此點請特別注意。

一般子查詢與關聯子查詢的差異

如同前個小節所學到的內容，若想篩選出「**販售單價（sell_price）高於所有商品平均售價的商品**」，只要運用子查詢的功能即可達成，而這次將稍微修改一下條件，改為「**在各商品分類中、販售單價高於該類商品平均售價的商品**」，請您試著想一下如何從各分類中篩選出這樣的商品吧！

■ 在各商品分類中比較平均販售單價

光靠上述的說明可能比較難以理解，所以您可以利用具體的例子來輔助思考，例如先以分類為「廚房用品」的商品當作範例，而此分類中包含了如表 5-1 所示的 4 項商品。

表 5-1 「廚房用品」分類的商品項目

商品名稱	販售單價
菜刀	3000
壓力鍋	6800
叉子	500
刨絲器	880

因此，計算這 4 項商品平均售價的計算式如下所示。

(3000+6800+500+880) / 4=2795（元）

如此一來，此群組內高於平均售價的便是菜刀與壓力鍋這 2 項商品，所以這 2 項商品應該成為被篩選出來的對象。

再針對剩餘的分類群組執行相同的動作。「衣物」這個群組的平均售價為：

(1000+4000) / 2=2500（元）

因此，襯衫應該成為被篩選的對象。而「辦公用品」群組的平均售價為：

(500+100) / 2=300（元）

所以打孔機應該成為被篩選的對象。

看過以上的說明之後，您應該比較能夠理解這裡想要達成的目標了吧。這裡並非 1 次針對全部的商品，而是先按照分類將商品「細分成」較小的群組，然後在各群組內比較分類平均售價與各商品販售單價的大小。

計算各商品分類平均售價的動作並不難，因為您已經學過相關的操作方式，只要像範例 5-15 一樣利用 GROUP BY 子句即可做到。

範例 5-15　求得各商品分類的平均售價

```
SELECT AVG(sell _ price)
  FROM Shohin
 GROUP BY shohin _ catalg;
```

不過，如果按照前個小節純量子查詢的做法，直接將上面的 SELECT 敘述當作子查詢寫入 WHERE 子句，只會得到錯誤訊息而不是想要的結果。

```
-- 錯誤的子查詢寫法
SELECT shohin _ id, shohin _ name, sell _ price
  FROM Shohin
 WHERE sell _ price > (SELECT AVG(sell _ price)
                         FROM Shohin
                        GROUP BY shohin _ catalg);
```

錯誤的理由如同前個小節最後的說明，此子查詢會回傳 2795、2500 和 300 等 3 筆記錄，這違背了純量子查詢的原則，想在 WHERE 子句中使用子查詢的時候，回傳的資料必須只有 1 筆記錄。

不過，想要在商品分類的群組範圍中、比較商品販售單價和分類平均售價的大小，您目前應該想不到其他的寫法，那麼到底應該怎麼做才好呢？

■ 使用關聯子查詢的解決方式

KEYWORD
● 關聯子查詢

這裡能派上用場的可靠夥伴便是**關聯子查詢**（Correlated Subquery）。

只要在先前的 SELECT 敘述中增加 1 行內容，即可變成能獲得所需結果的 SELECT 敘述（註 5-❻），口說不如實作，首先來看一下正確的 SELECT 敘述吧（範例 5-16）。

註 5-❻
實際上，範例 5-16 的 SELECT 敘述沒有 GROUP BY 子句也能獲得正確的結果，因為 WHERE 子句增加了「S1.shohin_catalg = S2.shohin_catalg」的條件，AVG 函數自然會分別計算各商品分類的平均售價，不過為了方便和先前的錯誤敘述做對比，所以維持加上 GROUP BY 子句的狀態。

範例 5-16　利用關聯子查詢在各商品分類中比較平均售價

SQL Server　DB2　PostgreSQL　MySQL

```
SELECT shohin_catalg, shohin_name, sell_price
  FROM Shohin AS S1 ──①
 WHERE sell_price > (SELECT AVG(sell_price)
                       FROM Shohin AS S2 ──②
      此條件是重點 ──▶ WHERE S1.shohin_catalg = S2.shohin_catalg
                      GROUP BY shohin_catalg);
```

專用語法
Oracle 在 FROM 子句的地方不能使用 AS（會發生錯誤），因此，想要在 Oracle 上執行範例 5-16 敘述的時候，請將 ① 的「FROM Shohin AS S1」改為「FROM Shohin S1」，而 ② 的「FROM Shohin AS S2」改為「FROM Shohin S2」。

執行結果

```
shohin_catalg     | shohin_name     |    sell_price
------------------+-----------------+--------------
辦公用品           | 打孔機           |           500
衣物               | 襯衫             |          4000
廚房用品           | 菜刀             |          3000
廚房用品           | 壓力鍋           |          6800
```

執行之後，便能針對辦公用品、衣物和廚房用品這 3 個分類，分別篩選出各群組中販售單價高於分類平均售價的商品。

這裡的重點在於**子查詢內增加的 WHERE 子句條件**。如果以中文來表達其意思，即相當於「**在相同的商品分類中**、比較各商品的販售單價和分類平均售價」。

因為此次做為比較對象的資料來自於相同的 Shohin 資料表，所以需要以 S1 和 S2 的資料表別名做個區別。使用關聯子查詢的時候，必須像這樣在欄位名稱前方加上資料表別名，以「<資料表別名>.<欄位名稱>」的形式來撰寫。

如同這個範例，關聯子查詢可以用於限定資料表部分群組資料、而非整個資料表進行比較的需求，因此，運用關聯子查詢的時候，一般會使用「綁定」或「限制」的說法來形容，以此次的範例來說，可以說「綁定商品分類」來與平均售價做比較。

關聯子查詢可以在細分後的群組內比較大小。

關聯子查詢也能進行資料分群

如果換個角度來看，關聯子查詢也和 GROUP BY 子句一樣，具有將資料集合進行「分群」的功能。

不知道您是否還記得先前為了說明 GROUP BY 子句的功能、當時所使用過的示意圖（圖 5-6）。

這代表將資料表中的所有記錄按照商品分類劃分開來，而關聯子查詢劃分資料的示意圖，基本上也相當類似先前的 GROUP BY 子句（圖 5-7）。

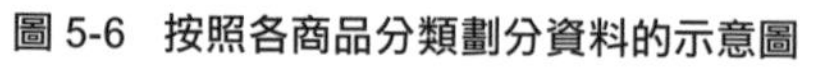
圖 5-6　按照各商品分類劃分資料的示意圖

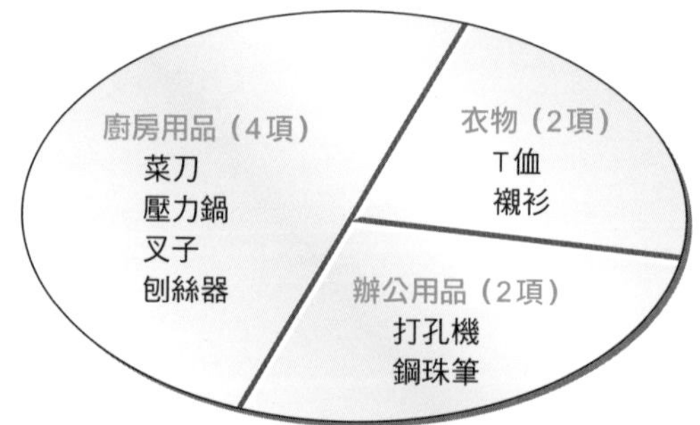

圖 5-7　以子查詢劃分資料的示意圖

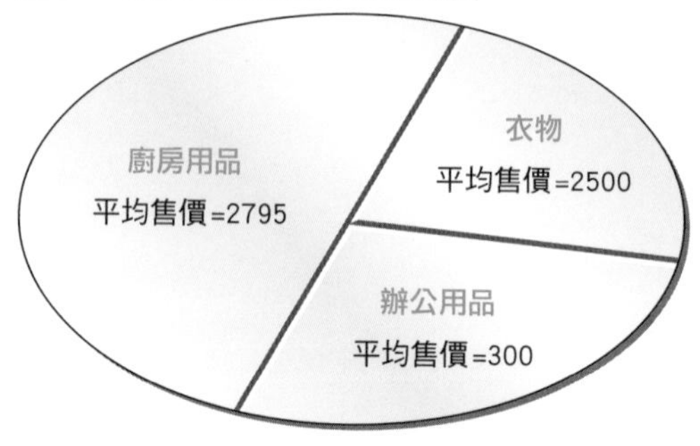

子查詢的部分會在各商品分類的範圍中、分別計算該分類的平均售價，然後到外圍 SELECT 敘述的 WHERE 子句、以各商品的售價和各分類的平均售價做比較。關聯子查詢實際上雖然會回傳多筆記錄，不過這樣的機制卻不會發生發生錯誤，執行時 DBMS 內部的運作方式大概如圖 5-8 所示。

圖 5-8　關聯子查詢執行時 DBMS 內部運作方式的示意

當商品分類改變的時候，用來比較的平均售價也隨之改變，如此一來便能比較各商品的販售單價與平均售價之間的大小關係。因為關聯子查詢的內部運作方式比較難以想像，所以對於初學者來說，算是公認相當不容易理解的功能之一，不過若是設法像上圖一樣「看懂」其內部運作方式，應該能夠理解到它其實出乎意料之外地簡單吧！

連結條件必須寫在子查詢內

SQL 的初學者使用關聯子查詢的時候，有個相當容易犯的錯誤，那便是把用來「綁定」的連結條件寫到子查詢的外側、而不是內部，以具體的例子來說，請看一下以下的 SELECT 敘述。

```
-- 錯誤的關聯子查詢撰寫方式
SELECT shohin_catalg, shohin_name, sell_price
  FROM Shohin AS S1
 WHERE S1.shohin_catalg = S2.shohin_catalg
   AND sell_price > (SELECT AVG(sell_price)
                       FROM Shohin AS S2
                      GROUP BY shohin_catalg);
```

把用來「綁定」的連結條件寫到子查詢的外側

這段敘述只有將原本寫在子查詢內部的條件移至外側，沒有再做其它更動，不過此 SELECT 敘述無法正常執行、只會得到有誤的訊息。這樣的寫法似乎也沒什麼錯誤，卻是受限於 SQL 的規則而被禁止的寫法。

KEYWORD
● 關聯名稱
● 領域

那麼到底是什麼樣的規則呢？那便是**關聯名稱**的存活**領域**，這 2 個詞彙看起來似乎有點難，不過說明起來其實相當簡單。所謂的關聯名稱，指的是 S1 和 S2 這些替資料表所取的別名，而領域（Scope）則是這些名稱的存活範圍（有效範圍），換句話說，關聯名稱具有只能在某些範圍內使用的限制。

具體來說，在子查詢內部所賦予的關聯名稱，也只能在該子查詢的範圍內使用（圖 5-9），如果換個說法，可以想成是「從內部可以看到外面，但是從外側看不到內部的狀況」。關聯名稱會像這樣只能存在於特定的有效範圍中，請一定要先把這個規則記起來。

如同前個小節也曾經說明過，SQL 敘述會從最內部的子查詢開始逐層往外執行，所以先前範例的子查詢部分執行完畢的時候，只會留下最後回傳的結果，而來源資料表的別名 S2 早已消失（註 5- ❼），因此，當執行的順序來到子查詢的外側時，S2 這個名稱已經不復存在，資料庫只能回復「沒有此名稱的資料表」之類的錯誤訊息。

註 5- ❼
雖然說是消失，不過這當然只是消除掉「S2」這個別名，原本的 Shohin 資料表中的資料不會受到影響。

圖 5-9　子查詢內部關聯名稱的存活範圍

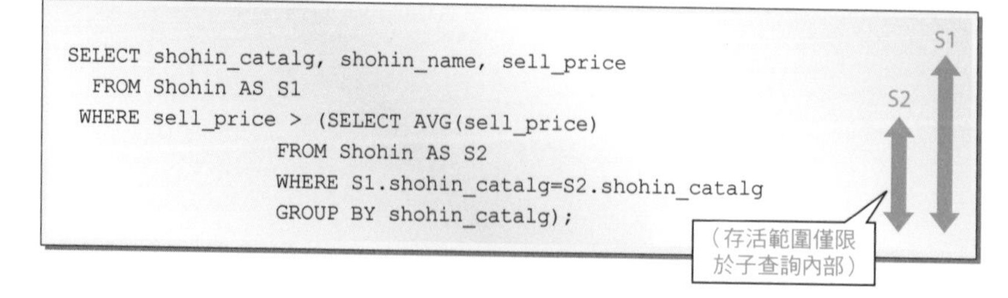
```
SELECT shohin_catalg, shohin_name, sell_price
  FROM Shohin AS S1
 WHERE sell_price > (SELECT AVG(sell_price)
                       FROM Shohin AS S2
                      WHERE S1.shohin_catalg=S2.shohin_catalg
                      GROUP BY shohin_catalg);
```

自我練習

5.1 請建立滿足下列 3 個條件的檢視表，此檢視表的名稱可訂為 ViewExercise5_1。另外，這裡同樣只需要引用先前一直使用的 Shohin 資料表，而且其中的資料為儲存著最初 8 筆記錄的狀態。

- **條件 1**：販售單價高於 1000 元。
- **條件 2**：登錄日期為 2009 年 9 月 20 日。
- **條件 3**：需要包含商品名稱、販售單價以及登錄日期等 3 個欄位。

若對此檢視表執行以下的 SELECT 敘述，應該要獲得下方的執行結果。

```
SELECT * FROM ViewExercise5 _ 1;
```

執行結果

```
shohin_name | sell_price    | reg_date
------------+---------------+------------
T 恤        |          1000 | 2009-09-20
菜刀        |          3000 | 2009-09-20
```

5.2 請試著針對問題 5.1 所建立的 ViewExercise5_1 檢視表存入如下的資料，請問結果會是如何呢？。

```
INSERT INTO ViewExercise5 _ 1 VALUES ('小刀', 300, '2009-11-02');
```

5.3 請思考如何寫出能獲得下列結果的 SELECT 敘述，最右側的 sell_price_all 欄位為全部商品的平均販售單價。

執行結果

```
shohin_id | shohin_name     | shohin_catalg | sell_price   |    sell_price_all
----------+-----------------+---------------+--------------+---------------------
0001      | T 恤            | 衣物          |         1000 | 2097.5000000000000000
0002      | 打孔機          | 辦公用品      |          500 | 2097.5000000000000000
0003      | 襯衫            | 衣物          |         4000 | 2097.5000000000000000
0004      | 菜刀            | 廚房用品      |         3000 | 2097.5000000000000000
0005      | 壓力鍋          | 廚房用品      |         6800 | 2097.5000000000000000
0006      | 叉子            | 廚房用品      |          500 | 2097.5000000000000000
0007      | 刨絲器          | 廚房用品      |          880 | 2097.5000000000000000
0008      | 鋼珠筆          | 辦公用品      |          100 | 2097.5000000000000000
```

5.4 請試著撰寫 SQL 敘述建立名為 AvgPriceByCatalg 的檢視表，此檢視表的資料如下所示，而來源資料表的條件和問題 5.1 相同。

執行結果

```
shohin_id |  shohin_name    | shohin_catalg  | sell_price    |    sell_price_all
-----------+----------------+----------------+---------------+----------------------
0001       | T 恤           | 衣物           |          1000 |  2500.0000000000000000
0002       | 打孔機         | 辦公用品       |           500 |   300.0000000000000000
0003       | 襯衫           | 衣物           |          4000 |  2500.0000000000000000
0004       | 菜刀           | 廚房用品       |          3000 |  2795.0000000000000000
0005       | 壓力鍋         | 廚房用品       |          6800 |  2795.0000000000000000
0006       | 叉子           | 廚房用品       |           500 |  2795.0000000000000000
0007       | 刨絲器         | 廚房用品       |           880 |  2795.0000000000000000
0008       | 鋼珠筆         | 辦公用品       |           100 |   300.0000000000000000
```

【提示】此題的重點在於 avg_sell_price 欄位，這個欄位和問題 5.3 不同，是各商品分類的平均販售單價，和本章 5-3 節相關子查詢所求得的結果相同，也就是說，撰寫的時候請使用相關子查詢，不過您必須自行寫出完整的敘述。

第6章

函數、述詞、CASE運算式

各式各樣的函數

述詞

CASE運算式

SQL

本章的主題

不只是SQL，在所有的程式語言之中，「函數」都扮演著非常重要的角色。函數的地位相當於程式語言的「工具箱」，當中準備了為數眾多的各式工具，只要利用函數所提供的功能，我們就能簡單地完成數學運算、字串操作、以及日期計算等等非常多樣化的演算工作。

在這個章節之中，將針對較為具有代表性的函數、以及其特殊型式的「述詞」以及「CASE運算式」，看一下它們的相關使用方式。

6-1 各式各樣的函數

- 函數的類型
- 數學函數
- 字串函數
- 日期函數
- 轉換函數

6-2 述詞

- 什麼是述詞
- LIKE 述詞－搜尋相同的字串
- BETWEEN －範圍搜尋
- IS NULL、IS NOT NULL －判斷是否為 NULL
- IN 述詞－ OR 的簡便形式
- 指定子查詢做為 IN 述詞的參數
- EXISTS 述詞

6-3 CASE運算式

- 什麼是 CASE 運算式
- CASE 運算式的語法
- CASE 運算式的使用方式

6-1 各式各樣的函數

學習重點

- 函數按照其用途類別，大致上可分為數學函數、字串函數、日期函數、轉換函數、以及彙總函數等類型。
- 由於函數的數量非常多，所以不必勉強全部記住，只要先學會經常使用的代表性函數，其他函數在需要的時候再查詢用法即可。

函數的類型

到目前為止的章節內容，主要都在針對文法或語法，也就是以「應遵守的規則」為中心來學習 SQL。這個章節將稍微改變一下視角，為您介紹 SQL 所預先準備的方便工具，而位於這些工具核心地位的便是「**函數**（Function）」。

KEYWORD
- 函數
- 參數（Parameter）
- 回傳值

前面 3-1 節也曾經學過一些函數的相關用法，這裡再稍微幫您複習一下。所謂的函數，即是「若 " 輸入 " 某個值，那麼便會 " 輸出 " 對應值」的功能，此時的輸入值被稱為「**參數**（Parameter）」，而輸出的值則被稱為「**回傳值**」。

SQL 的函數大致上可分為下列幾種類型：

KEYWORD
- 數學函數
- 字串函數
- 日期函數
- 轉換函數
- 彙總函數

- **數學函數**（用來計算數值的函數）
- **字串函數**（用來操作字串的函數）
- **日期函數**（用來操作日期的函數）
- **轉換函數**（轉換資料型別或內容值的函數）
- **彙總函數**（用來統計資料的函數）

由於在第 3 章曾經介紹過彙總函數，所以各位讀者對於函數應該已經有些基本的認識了吧，當時只說明了 COUNT、SUM、AVG、MAX 和 MIN 等 5 個較為常用的彙總函數，若再加上其他類型的函數，其總數少說超過 200 個。也許您會想說「這麼多怎麼學得完」，不過其實不用過於擔心，函數的數量雖然很多，但是經常用到的頂多 30 ～ 50 個，遇到不熟悉的函數時，再查閱參考文件（Reference）即可（註 6-❶）。

註 6-❶
各家 DBMS 一般會製作較為精簡的參考文件，其形式可能為實體書籍、電子檔或透過網站查閱。

在這個小節中，將會介紹一些較為常用且具代表性的函數，剛開始可能無法把全部的內容都記起來，不過請先閱讀過 1 遍，至少知道「原來有這樣的函數存在」，然後在實際使用的時候再查閱參考文件即可。

另外，接下來的內容會按照函數的類型和英文字母的順序來編排。

數學函數

KEYWORD
● 數學函數

關於最基本的**數學函數**其實您早已學習過了，說到這邊也許有讀者已經想到，沒錯！那便是在第 2 章的 2-2 節所介紹過的加減乘除四則運算。

KEYWORD
● ＋運算子
● -運算子
● *運算子
● /運算子

- ＋（加法運算）
- -（減法運算）
- *（乘法運算）
- /（除法運算）

因為這些運算子也具有「針對輸入、回應輸出」的功能，所以毫無疑問地屬於數學函數，而下面將另外列舉一些其他較具代表性的數學函數。

首先，為了便於練習數學函數的使用方式，這裡準備了範例 6-1 所示的範例資料表，其名稱可訂為 SampleMath。

資料型別「NUMERIC」是大部分 DBMS 都具有的資料型別，需要以「**NUMERIC（整體位數，小數位數）**」的形式來指定數值大小。由於之後還會介紹到數學函數中相當常用的 ROUND 函數，而 MariaDB 的 ROUND 函數只能對 NUMERIC 等具有小數點的數值型別產生效用，所以特別使用了此資料型別。

範例 6-1　建立 SampleMath 資料表

```
-- DDL：建立資料表
CREATE TABLE SampleMath
(m  NUMERIC (10,3),
 n  INTEGER,
 p  INTEGER);
```

MySQL　MariaDB

```
-- DML：存入資料
START TRANSACTION; ——①

INSERT INTO SampleMath(m, n, p) VALUES (500,   0,    NULL);
INSERT INTO SampleMath(m, n, p) VALUES (-180,  0,    NULL);
INSERT INTO SampleMath(m, n, p) VALUES (NULL, NULL, NULL);
INSERT INTO SampleMath(m, n, p) VALUES (NULL, 7,     3);
INSERT INTO SampleMath(m, n, p) VALUES (NULL, 5,     2);
INSERT INTO SampleMath(m, n, p) VALUES (NULL, 4,     NULL);
INSERT INTO SampleMath(m, n, p) VALUES (8,     NULL, 3);
INSERT INTO SampleMath(m, n, p) VALUES (2.27,  1,    NULL);
INSERT INTO SampleMath(m, n, p) VALUES (5.555, 2,    NULL);
INSERT INTO SampleMath(m, n, p) VALUES (NULL, 1,     NULL);
INSERT INTO SampleMath(m, n, p) VALUES (8.76,  NULL, NULL);

COMMIT;
```

專用語法

各家 DBMS 交易功能的語法略有差異，如果在 PostgreSQL 或 SQL Server 執行範例 6-1 的 DML 敘述時，需要將 ① 這行改為「BEGIN TRANSACTION;」，而在 Oracle 或 DB2 上執行的時候，不需要 ① 的部分、直接刪除即可。

詳細的說明請參閱第 4 章「如何設定交易功能」的內容。

先來確認一下新建立完成的資料表內容吧，當中應該包含著 m、n、p 這 3 個欄位。

```
SELECT * FROM SampleMath;
```

執行結果

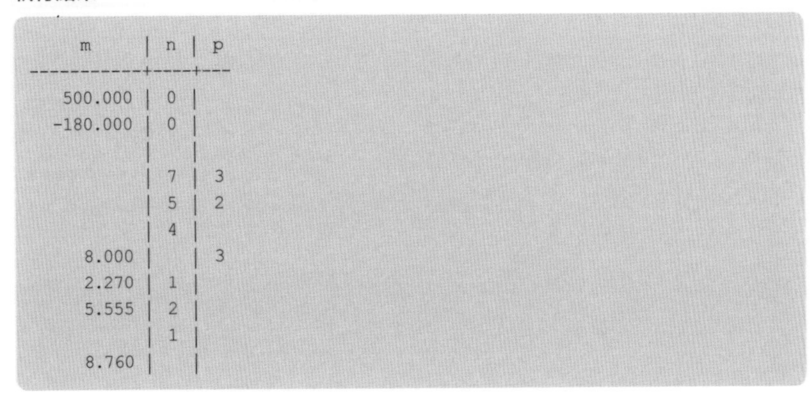

```
     m     | n | p
-----------+---+---
   500.000 | 0 |
  -180.000 | 0 |
           |   |
           | 7 | 3
           | 5 | 2
           | 4 |
     8.000 |   | 3
     2.270 | 1 |
     5.555 | 2 |
           | 1 |
     8.760 |   |
```

■ ABS－絕對值

語法 6-1　ABS 函數

```
ABS(數值)
```

KEYWORD
- ABS
- 絕對值

ABS 是能求得絕對值的函數，而絕對值（Absolute Value）不考慮數值的正負、是用來表達和零之間距離大小的數值。若簡單說明取得絕對值的方式，0 和正數會維持原本的的數值，而負數則會移除負號（範例 6-2）。

範例 6-2　求得數值的絕對值

```
SELECT m,
       ABS(m) AS abs _ col
  FROM SampleMath;
```

執行結果

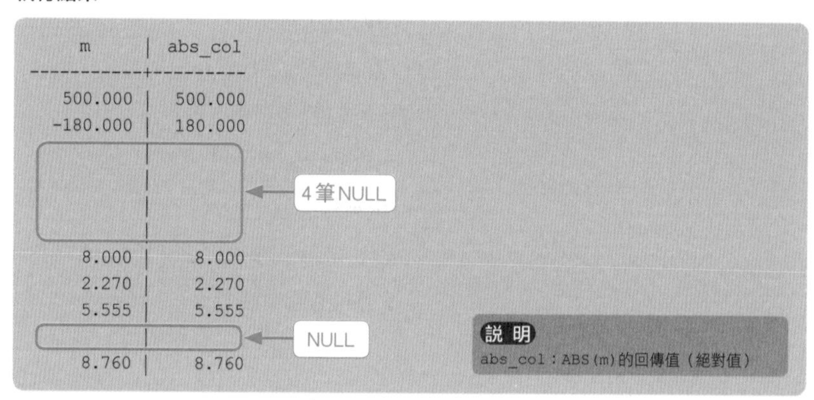

右側的 abs_col 欄位便是以 ABS 函數所求得的 m 欄位絕對值，請比對原本 m 欄位有個 -180 的數值，移除負號之後變成 180。

看到這樣的結果您也許已經察覺，當 ABS 函數的參數、也就是原本欄位的數值為 NULL 的時候，其結果亦為 NULL，此狀況不僅限於 ABS 函數，大部分的函數對於 NULL 的輸入幾乎都會回傳 NULL（註 6-❷）。

註 6-❷
不過後面「轉換函數」單元將要介紹的 COALESCE 函數是個例外。

■ MOD－餘數

語法 6-2　MOD 函數

```
MOD(被除數, 除數)
```

KEYWORD
● MOD 函數

MOD 是用來求得除法運算餘數的函數，其名稱來自於 Modulo 的縮寫。它的使用方式若舉例來說，由於「7 ÷ 3」的餘數為 1，所以「MOD(7, 3) = 1」（範例 6-3）。另外，因為帶有小數的數值在運算上沒有「餘數」的概念，因此能適用 MOD 函數的只有整數型別的欄位。

範例 6-3　求得除法運算（n÷p）的餘數

Oracle　DB2　PostgreSQL　MySQL

```
SELECT n, p,
       MOD(n, p) AS mod _ col
  FROM SampleMath;
```

執行結果

n	p	mod_col
0		
0		
7	3	1
5	2	1
4		
	3	
1		
2		
1		

說明
mod_col：MOD(n, p)的回傳值（n÷p的餘數）

這裡有個需要特別注意的地方，在目前主要的各家 DBMS 之中，只有 SQL Server 無法使用此 MOD 函數。

專用語法

KEYWORD
● % 運算子（SQL Server）

想在 SQL Server 上求得餘數的時候，需要改用「%」這個特殊的運算子（函數），只要使用下列的 SQL Server 專用語法，便能獲得和範例 6-3 相同的結果，雖然有點麻煩，不過未來可能會用到 SQL Server 的讀者請注意此差異。

SQL Server

```
SELECT n, p,
       n % p AS mod _ col
  FROM SampleMath;
```

■ ROUND－四捨五入

語法 6-3　ROUND 函數

```
ROUND(對象數值, 做捨入的小數位數)
```

KEYWORD
● ROUND 函數

四捨五入可以透過名為 ROUND 的函數來完成。四捨五入是相當常見的數值簡化做法，英文中使用 Round 這個單字因而得名。如果指定做捨入的位數為 1，那麼會在小數第 1 位後面做捨入，而指定 2 則會在小數第 2 位後面做捨入的動作（範例 6-4）。

範例 6-4　對 m 欄位的數值在 n 欄位的位數作四捨五入

```
SELECT m, n,
       ROUND(m, n) AS round_col
  FROM SampleMath;
```

執行結果

```
    m      | n | round_col
-----------+---+-----------
   500.000 | 0 |       500
  -180.000 | 0 |      -180
           |   |
           | 7 |
           | 5 |
           | 4 |
     8.000 |   |
     2.270 | 1 |       2.3
     5.555 | 2 |      5.56
           | 1 |
     8.760 |   |
```

說明
m：對象數值
n：做捨入的小數位數
round_col：ROUND(m, n)的回傳值（四捨五入的結果）

字串函數

到目前為止所介紹過的函數，主要都是集中在針對數值做處理的數學函數，但是在 SQL 的所有函數之中，數學函數其實只佔了一小部分（其他程式語言通常也是如此），雖然數學函數可以說是使用頻率相當高的函數，不過字串函數的使用機會也毫不遜色。

KEYWORD
● 字串函數

在日常的生活之中，我們使用到字串置換、擷取或縮短等處理動作的機會，並不會少於數值資料，因此，SQL 當中也準備了許多這類字串處理的功能。

為了便於練習字串函數的功能，這裡需要另外建立 1 個名為 SampleStr 的資料表（範例 6-5）。

範例 6-5　建立 SampleStr 資料表

```
-- DDL：建立資料表
CREATE TABLE SampleStr
(str1  VARCHAR(40),
 str2  VARCHAR(40),
 str3  VARCHAR(40));

SQL Server PostgreSQL
-- DML：存入資料
START TRANSACTION; ——①

INSERT INTO SampleStr (str1, str2, str3) VALUES ➡
('一二三','四五' , NULL);
INSERT INTO SampleStr (str1, str2, str3) VALUES ➡
('abc' ,'def' ,NULL);
INSERT INTO SampleStr (str1, str2, str3) VALUES ➡
('山田' ,'太郎', '是也');
INSERT INTO SampleStr (str1, str2, str3) VALUES ➡
('aaa',NULL,NULL);
INSERT INTO SampleStr (str1, str2, str3) VALUES ➡
(NULL ,'甲乙丙',NULL);
INSERT INTO SampleStr (str1, str2, str3) VALUES ➡
('@!#$%', NULL,NULL);
INSERT INTO SampleStr (str1, str2, str3) VALUES ➡
('ABC' ,NULL, NULL);
INSERT INTO SampleStr (str1, str2, str3) VALUES ➡
('aBC' ,NULL, NULL);
INSERT INTO SampleStr (str1, str2, str3) VALUES ➡
('abc太郎', 'abc' ,'ABC');
INSERT INTO SampleStr (str1, str2, str3) VALUES ➡
('abcdefabc', 'abc' ,'ABC');
INSERT INTO SampleStr (str1, str2, str3) VALUES ➡
('言必信行必果','必' ,'不');

COMMIT;
```

專用語法

各家 DBMS 交易功能的語法略有差異，如果在 PostgreSQL 或 SQL Server 執行範例 6-5 的 DML 敘述時，需要將 ① 這行改為「BEGIN TRANSACTION;」，而在 Oracle 或 DB2 上執行的時候，不需要 ① 的部分、直接刪除即可。

詳細的說明請參閱第 4 章「如何設定交易功能」的內容。

先來確認一下此新建資料表的內容狀況吧，當中應該包含著 str1、str2 和 str3 等 3 個名稱的欄位。

```
SELECT * FROM SampleStr;
```

執行結果

```
   str1      | str2  | str3
-------------+-------+------
 一二三       | 四五   |
 abc         | def   |
 山田         | 太郎   | 是也
 aaa         |       |
             | 甲乙丙 |
 @!#$%       |       |
 ABC         |       |
 aBC         |       |
 abc 太郎     | abc   | ABC
 abcdefabc   | abc   | ABC
 言必信行必果  | 必    | 不
```

■ CONCAT－字串連接

語法 6-4　CONCAT 函數

```
CONCAT(字串1, 字串2, …)
```

實務上，經常需要像「一二三 + 四五 = 一二三四五」這樣將字串做連接的處理，而想以 SQL 達成此效果時，在 MySQL、MariaDB 和 SQL Server 2012 之後的版本可以使用名為 CONCAT 的函數。

KEYWORD

● CONCAT 函數

NOTICE

DB2、PostgreSQL 使用「||」，Oracle 可用「||」或「CONCAT()（只能有 2 個參數）」，MySQL、MariaDB、SQL Server 2012 之後的版本可以使用「CONCAT()」，之前的 SQL Server 使用「+」。

範例 6-6　連接 2 個字串（str1+str2）

MySQL　MariaDB　SQL Server 2012 之後

```
SELECT str1, str2,
       CONCAT(str1, str2) AS str_concat
  FROM SampleStr;
```

執行結果

```
   str1      | str2  |  str_concat
-------------+-------+--------------
 一二三       | 四五   | 一二三四五
 abc         | def   | abcdef
 山田         | 太郎   | 山田太郎
 aaa         |       |
             | 甲乙丙 |
```

```
@!#$%        | 甲乙丙 |
ABC          |        |
aBC          |        |
abc 太郎     | abc    | abc 太郎 abc
abcdefabc    | abc    | abcdefabcabc
言必信行必果 | 必     | 言必信行必果必
```

說明
str_concat：CONCAT(str1, str2) 的回傳值（連接結果）

連接字串的時候，如果連接的對象當中有 NULL，那麼結果也必定為 NULL。另外，CONCAT 函數也適用於連接 3 個以上的字串（範例 6-7）。

範例 6-7　連接 3 個字串（str1+str2+str3）

MySQL　MariaDB　SQL Server 2012 之後

```
SELECT str1, str2, str3,
       CONCAT(str1, str2, str3) AS str_concat
  FROM SampleStr
 WHERE str1 = '山田';
```

執行結果

```
 str1 | str2 | str3 | str_concat
------+------+------+------------
 山田 | 太郎 | 是也 | 山田太郎是也
```

說明
str_concat：CONCAT(str1, str2, str3) 的回傳值（連接結果）

這裡有個需要注意的地方，那便是 Oracle 的 CONCAT 函數只能寫入 2 個參數（1 次只能連接 2 個字串），而 **DB2、PostgreSQL 和舊版的 SQL Server 無法使用此函數**。

專用語法

在 Oracle、DB2 和 PostgreSQL 連接字串的時候，請改用「||」這個運算子（輸入方式為按住 Shift 鍵再按 2 次反斜線 \），而 SQL Server 還可以使用「+」運算子（註 6-❸），如果想獲得和範例 6-7 相同的結果，可以試著執行下列的 SQL 敘述。另外，這些運算子的作用和函數完全相同，因此亦可視為特殊形式的函數。

Oracle　DB2　PostgreSQL

```
SELECT str1, str2, str3,
       str1 || str2 || str3 AS str_concat
  FROM SampleStr
 WHERE str1 = '山田';
```

SQL Server

```
SELECT str1, str2, str3,
       str1 + str2 + str3 AS str_concat
  FROM SampleStr
 WHERE str1 = '山田';
```

KEYWORD

- ||運算子（Oracle、DB2、PostgreSQL）
- +運算子（SQL Server）

註 6-❸

由於這和 Java 語言相同，有些讀者也許反而比較習慣此方式。

■ LENGTH —字串長度

語法 6-5　LENGTH 函數

```
LENGTH(字串)
```

KEYWORD
● LENGTH 函數

想要查詢某個字串有幾個文字的時候，可以使用功能如同其名稱的 LENGHT（長度）函數。如果覺得結果中的數字有點奇怪，先不用緊張，請參閱下頁的 CLOUMN「也有 LENGTH 函數會將 1 個中文字的長度視為大於 1」。

範例 6-8　查詢字串的長度

Oracle　DB2　PostgreSQL　MySQL　MariaDB

```
SELECT str1,
       LENGTH(str1) AS len _ str
  FROM SampleStr;
```

執行結果

```
    str1     | len_str
-------------+---------
 一二三       |    3
 abc         |    3
 山田         |    2
 aaa         |    3
             |
 @!#$%       |    5
 ABC         |    3
 aBC         |    3
 abc 太郎     |    5
 abcdefabc   |    9
 言必信行必果 |    6
```

說明
len_str：LENGTH(str1)的回傳值（str1的文字長度）

另外，請注意此 LENGHT 函數無法在 SQL Server 上使用。

專用語法

KEYWORD
● LEN 函數
（SQL Server）

取而代之地，SQL Server 準備了名為 LEN 的函數，若想獲得和範例 6-8 相同的結果，請改用下列的 SQL Server 專用語法。

SQL Server

```
SELECT str1,
       LEN(str1) AS len _ str
  FROM SampleStr;
```

看到這邊，對於「SQL 的專用語法相當多」這句話，您是否能逐漸體會到它的意思了呢？

KEYWORD
- 位元組
- 多位元組文字

COLUMN

也有LENGTH函數會將1個中文字的長度視為大於1

關於 LENGTH 函數還有另外 1 個需要特別注意的事項，雖然這涉及了較為進階的內容，不過簡單來說就是 LENGTH 函數以何種單位當作「長度 1」。

或許有讀者已經知道，相對於 1 個半形英文字母會占用 1 個**位元組**的空間，全形中文字在呈現上需要占用 2 個或 2 個以上的位元組空間（亦被稱為**多位元組文字**），因此，如果像 MySQL 或 MariaDB 這樣、其 LENGTH 函數是以 1 個位元組來當作計算單位，那麼「LENGTH(' 山田 ')」將會回傳 4 的數值，即使是相同名稱的 LENGTH 函數，在不同的 DBMS 或環境狀況之下也可能得到不同的結果（註 6-❹）。

雖然容易造成混亂，不過還是請您先記得可能會遇到這樣的狀況。

註6-❹

註 6-4　MySQL 和 MairaDB 另外備有以文字數量為計算單位的 CHAR_LENGTH 函數。

KEYWORD
- LENGTH函數（MySQL）
- CHAR_LENGTH 函數（MySQL）

■ LOWER —轉為小寫

語法 6-6　LOWER 函數

```
LOWER(字串)
```

KEYWORD
- LOWER函數

LOWER 是針對英文字母所設計的函數，能將參數的字串全部轉換成小寫（範例 6-9），因此，英文字母以外的文字不會發生變化，而原本就是小寫的字母也不會受到影響。

範例 6-9　將大寫字母轉為小寫

```
SELECT str1,
       LOWER(str1) AS low_str
  FROM SampleStr
 WHERE str1 IN ('ABC', 'aBC', 'abc', '山田');
```

執行結果

```
 str1 | low_str
------+---------
 abc  | abc
 山田 | 山田
 ABC  | abc
 aBC  | abc
```

說明
low_str：LOWER(str1)的回傳值

既然能轉為小寫當然也可以轉為大寫，後面還會介紹轉為大寫的UPPER函數。

■ REPLACE－字串置換

語法 6-7　REPLACE 函數

```
REPLACE(置換對象字串, 置換前的部分字串, 置換後的部分字串)
```

KEYWORD
● REPLACE 函數

REPLACE 函數的使用時機，在於想將字串中的部分字串置換成其他字串的時候（範例 6-10）。

範例 6-10　置換字串中的部分文字

```
SELECT str1, str2, str3,
       REPLACE(str1, str2, str3) AS rep_str
  FROM SampleStr;
```

執行結果

```
     str1     | str2  | str3  |  rep_str
--------------+-------+-------+----------
 一二三       | 四五   |       |
 abc          | def   |       |
 山田         | 太郎   | 是也   | 山田
 aaa          |       |       |
              | 甲乙丙 |       |
 @!#$%        |       |       |
 ABC          |       |       |
 aBC          |       |       |
 abc 太郎     | abc   | ABC   | ABC 太郎
 abcdefabc    | abc   | ABC   | ABCdefABC
 言必信行必果 | 必     | 不     | 言必信行不果
```

說明
str1：置換對象字串
str2：置換前的部分字串
str3：置換後的部分字串
rep_str：REPLACE(str1, str2, str3) 的回傳值（置換結果）

KEYWORD
● SUBSTRING 函數

■ SUBSTRING－字串擷取

語法 6-8　SUBSTRING 函數（PostgreSQL/MySQL/MariaDB 專用語法）

```
SUBSTRING(擷取對象字串 FROM 擷取開始位置 FOR 擷取文字數量)
```

SUBSTRING 函數用於從原本的字串擷取出一部分字串，參數中的**擷取開始位置**指的是「從左邊起算的第幾個文字」（註 6-❺）。

註 6-❺
不過請注意，這和 LENGTH 函數同樣有多位元組文字的問題存在，詳細內容請參閱上一頁的 COLUMN「也有 LENGTH 函數會將 1 個中文字的長度視為大於 1」。

範例 6-11　擷取出字串左邊起算的第 3 和第 4 個文字

PostgreSQL　MySQL　MariaDB

```
SELECT str1,
       SUBSTRING(str1 FROM 3 FOR 2) AS sub_str
  FROM SampleStr;
```

執行結果

```
   str1     | sub_str
------------+---------
 一二三     | 三
 abc        | c
 山田       |
 aaa        | a
            |
 @!#$%      | #$
 ABC        | C
 aBC        | C
 abc太郎    | c太
 abcdefabc  | cd
 言必信行必果 | 信行
```

說明
sub_str：SUBSTRING(str1 FROM 3 FOR 2)的回傳值

NOTICE
經實際測試發現，MySQL/MariaDB 的 SUBSTRING 是以文字而不是位元組為單位。

此 SUBSTRING 函數雖然是標準 SQL 所認可的正式語法，不過在目前的時間點上，只有 PostgreSQL、MySQL 和 MariaDB 能使用此函數。

專用語法

SQL Server 採用了比「語法 6-8」稍微簡略一些的語法。

```
SUBSTRING(擷取對象字串, 擷取開始位置, 擷取文字數量)
```

而 Oracle 和 DB2 改採更為簡略的語法。

```
SUBSTR(擷取對象字串, 擷取開始位置, 擷取文字數量)
```

對於專用語法這麼多的狀況，真的會讓人覺得相當困擾。如果想獲得和範例 6-11 相同的結果，其他 DBMS 的寫法範例如下所示。

SQL Server

```
SELECT str1,
       SUBSTRING(str1, 3, 2) AS sub_str
  FROM SampleStr;
```

Oracle　DB2

```
SELECT str1,
       SUBSTR(str1, 3, 2) AS sub_str
  FROM SampleStr;
```

■ UPPER－轉為大寫

語法 6-9　UPPER 函數

```
UPPER(字串)
```

KEYWORD
● UPPER 函數

UPPER 也是只作用於英文字母的函數，能將參數所帶入的字串全部改為大寫（範例 6-12），因此，英文字母以外的文字不會發生任何改變，而且原本即是大寫的字母也不會有變化。

範例 6-12　將小寫字母轉為大寫

```
SELECT str1,
       UPPER(str1) AS up _ str
  FROM SampleStr
 WHERE str1 IN ('ABC', 'aBC', 'abc', '山田');
```

執行結果

```
 str1 | up_str
------+--------
 abc  | ABC
 山田 | 山田
 ABC  | ABC
 aBC  | ABC
```

說明
up_str：UPPER(str1)的回傳值

與此函數功能相反的正是前面介紹過的 LOWER 函數。

日期函數

KEYWORD
● 日期函數

註 6-❻
如果想了解某個日期函數的詳細使用方法，目前還是只有「查閱該 DBMS 使用手冊」的方式最為可靠。

SQL 設定了許多可以用來處理日期資料的**日期函數**，不過大部分的日期函數在各家 DBMS 上的實際用法仍然相當分歧，因為這樣的緣故，下面無法以較為統一的方式來做說明（註 6-❻），所以，這個小節將盡量挑選「標準 SQL 中有訂定、而且幾乎所有的 DBMS 都能使用」的常用函數來介紹。

■ CURRENT_DATE－今天的日期

語法 6-10　CURRENT_DATE 函數

```
CURRENT _ DATE
```

KEYWORD

● CURRENT_DATE 函數

CURRENT_DATE 函數會回傳此 SQL 執行時、也就是此函數執行時的當天日期，因為不必指定參數，所以不需要名稱後方的括號 ()。

CURRENT_DATE 函數會按照執行當時的日期改變回傳值，如果在 2009 年 12 月 13 日執行，將獲得「2009-12-13」的日期，而在 2010 年 1 月 1 日執行則會獲得「2010-01-01」的日期（範例 6-13）。

範例 6-13　取得當天的日期

PostgreSQL　MySQL　MariaDB

```
SELECT CURRENT _ DATE;
```

執行結果

```
    date
------------
 2016-05-25
```

另外，SQL Server 無法使用此函數，而 Oracle 和 DB2 上的語法有點不同。

專用語法

若想在 SQL Server 取得當天的日期，需要像下面一樣利用 CURRENT_TIMESTAMP 函數（後述）的功能。

SQL Server

```
-- 利用 CAST（後述）將 CURRENT _ TIMESTAMP 轉換成日期型別
SELECT CAST(CURRENT _ TIMESTAMP AS DATE) AS CUR _ DATE;
```

執行結果

```
CUR_DATE
----------
2016-05-25
```

還有，Oracle 的語法必須以 FORM 子句指定虛擬資料表（DUAL），相對於此，DB2 的 CURRENT 和 DATE 這 2 個單字是以半型空白隔開、而且需要指定名為「SYSIBM.SYSDUMMY1」的虛擬資料表（相當於 Oracle 的 DUAL），請注意別搞混了。

```
Oracle
SELECT CURRENT_DATE
  FROM dual;

DB2
SELECT CURRENT DATE
  FROM SYSIBM.SYSDUMMY1;
```

■ CURRENT_TIME —目前的時刻

語法 6-11　CURRENT_TIME 函數

```
CURRENT_TIME
```

KEYWORD

● CURRENT_TIME 函數

CURRENT_TIME 函數會回傳此 SQL 執行時、也就是此函數執行時的時刻，一樣不必指定參數所以不需要括號 ()。

範例 6-14　取得目前的時刻

```
PostgreSQL MySQL MariaDB
SELECT CURRENT_TIME;
```

執行結果

```
     timetz
-----------------
  17:26:50.995+09
```

SQL Server 同樣無法使用此函數，而 Oracle 和 DB2 上的語法也是稍有差異。

專用語法

如果想在 SQL Server 上想取得目前的時刻，需要像下面一樣利用 CURRENT_TIMESTAMP 函數（後述）。

```
SQL Server
-- 利用 CAST（後述）將 CURRENT_TIMESTAMP 轉換成時間型別
SELECT CAST(CURRENT_TIMESTAMP AS TIME) AS CUR_TIME;
```

執行結果

```
CUR_TIME
----------------
21:33:59.3400000
```

另外，Oracle 和 DB2 必須使用下列的寫法，需要注意的地方和先前的 CURRENT_DATE 函數相同，不過 Oracle 只能以包含日期的格式輸出結果。

Oracle
```
-- 指定虛擬資料表(DUAL)
SELECT CURRENT_TIMESTAMP
  FROM dual
```

DB2
```
/* CURRENT 和 TIME 之間為半型空白，
   而且需要指定 SYSIBM.SYSDUMMY1 虛擬資料表 */
SELECT CURRENT TIME
  FROM SYSIBM.SYSDUMMY1;
```

■ CURRENT_TIMESTAMP 一現在的日期和時刻

語法 6-12　CURRENT_TIMESTAMP 函數

```
CURRENT_TIMESTAMP
```

KEYWORD
● CURRENT_TIMESTAMP 函數

CURRENT_TIMESTAMP 函數相當於 CURRENT_DATE 加上 CURRENT_TIME 的功能，使用此函數可以一併取得現在的日期和時刻，而針對回傳的結果，也能單純擷取出日期或時刻的部分（範例 6-15）。

範例 6-15　取得現在的日期和時刻

SQL Server　PostgreSQL　MySQL　MariaDB
```
SELECT CURRENT_TIMESTAMP;
```

執行結果

```
            now
----------------------------
 2018-04-25 18:31:03.704+09
```

此函數的優點在於包含 SQL Server 在內的主要 DBMS 都能使用（註 6-❼），不過和前面的 CURRENT_DATE 以及 CURRENT_TIME 函數相同，Oracle 和 DB2 上的語法同樣有些差異。

註 6-❼

如同前面說明過的內容，SQL Server 無法使用 CURRENT_DATE 和 CURRENT_TIME，這或許是因為 CURRENT_TIMESTAMP 已經能涵蓋它們的功能，所以沒有必要納入這 2 個函數，算是相當合理的做法。

專用語法

如果想在 Oracle 或 DB2 上獲得和範例 6-15 相同的結果，請採用下列的寫法，需要注意的地方與 CURRENT_DATE 函數完全相同。

Oracle

```
-- 指定虛擬資料表（DUAL）
SELECT CURRENT_TIMESTAMP
  FROM dual;
```

DB2

```
/* CURRENT 和 TIMESTAMP 之間為半型空白，
   而且需要指定 SYSIBM.SYSDUMMY1 虛擬資料表 */
SELECT CURRENT TIMESTAMP
  FROM SYSIBM.SYSDUMMY1;
```

■ EXTRACT 一擷取日期元素

語法 6-13　EXTRACT 函數

```
EXTRACT(日期元素 FROM 日期資料)
```

KEYWORD

● EXTRACT 函數

EXTRACT 函數能從完整的日期資料擷取出某個部分，例如單獨取得「年」、「月」、「時」或「秒」等數字（範例 6-16），不過請稍微留意一下，它的回傳值並非日期型別、而是數值型別。

範例 6-16　擷取日期元素

PostgreSQL　MySQL　MariaDB

```
SELECT CURRENT_TIMESTAMP,
       EXTRACT(YEAR   FROM CURRENT_TIMESTAMP) AS year,
       EXTRACT(MONTH  FROM CURRENT_TIMESTAMP) AS month,
       EXTRACT(DAY    FROM CURRENT_TIMESTAMP) AS day,
       EXTRACT(HOUR   FROM CURRENT_TIMESTAMP) AS hour,
       EXTRACT(MINUTE FROM CURRENT_TIMESTAMP) AS minute,
       EXTRACT(SECOND FROM CURRENT_TIMESTAMP) AS second;
```

執行結果

```
              now              | year | month | day | hour | minute | second
-------------------------------+------+-------+-----+------+--------+--------
 2018-04-25 19:07:33.987+09    | 2018 |     5 |  25 |   19 |      7 | 33.987
```

請注意 SQL Server 無法使用此函數。

KEYWORD
● DATEPART 函數（SQL Server）

專用語法

如果想在 SQL Server 獲得和範例 6-16 相同的結果，需要使用名為 DATEPART 的專有函數。

SQL Server
```
SELECT CURRENT_TIMESTAMP,
       DATEPART(YEAR   , CURRENT_TIMESTAMP) AS year,
       DATEPART(MONTH  , CURRENT_TIMESTAMP) AS month,
       DATEPART(DAY    , CURRENT_TIMESTAMP) AS day,
       DATEPART(HOUR   , CURRENT_TIMESTAMP) AS hour,
       DATEPART(MINUTE , CURRENT_TIMESTAMP) AS minute,
       DATEPART(SECOND , CURRENT_TIMESTAMP) AS second;
```

在 Oracle 或 DB2 上想獲得相同結果的時候，請改用下列的寫法，需要注意的地方和 CURRENT_DATE 函數完全相同。

Oracle
```
-- 在 FROM 子句指定虛擬資料表（DUAL）
SELECT CURRENT_TIMESTAMP,
       EXTRACT(YEAR   FROM CURRENT_TIMESTAMP) AS year,
       EXTRACT(MONTH  FROM CURRENT_TIMESTAMP) AS month,
       EXTRACT(DAY    FROM CURRENT_TIMESTAMP) AS day,
       EXTRACT(HOUR   FROM CURRENT_TIMESTAMP) AS hour,
       EXTRACT(MINUTE FROM CURRENT_TIMESTAMP) AS minute,
       EXTRACT(SECOND FROM CURRENT_TIMESTAMP) AS second
FROM DUAL;
```

DB2
```
/* CURRENT 和 TIMESTAMP 之間為半型空白，
   而且需要指定 SYSIBM.SYSDUMMY1 虛擬資料表 */
SELECT CURRENT TIMESTAMP,
       EXTRACT(YEAR   FROM CURRENT TIMESTAMP) AS year,
       EXTRACT(MONTH  FROM CURRENT TIMESTAMP) AS month,
       EXTRACT(DAY    FROM CURRENT TIMESTAMP) AS day,
       EXTRACT(HOUR   FROM CURRENT TIMESTAMP) AS hour,
       EXTRACT(MINUTE FROM CURRENT TIMESTAMP) AS minute,
       EXTRACT(SECOND FROM CURRENT TIMESTAMP) AS second
  FROM SYSIBM.SYSDUMMY1;
```

轉換函數

KEYWORD
- 轉換函數
- 型別轉換
- CAST

最後要介紹的類型，是功用較為特殊、被稱為**轉換函數**的一些函數，雖然說功用較為特殊，不過語法還是類似之前的函數，其數量也不多，您應該很快就能記起來。

「轉換」這個詞彙的意義相當多，不過在 SQL 中大致上有 2 種意思，1 個是**資料型別的轉換**，一般簡稱為「**型別轉換**」或使用英文的「CAST」單字（註 6-❽），另外 1 個則是**內容值的轉換**。

註 6-❽
型別轉換在一般程式語言也是相當常見的操作，並非 SQL 特有的功能。

■ CAST －型別轉換

語法 6-14　CAST 函數

```
CAST(轉換前的值 AS 轉換後的型別)
```

KEYWORD
- CAST 函數

轉換型別可以透過名為 CAST 的函數來完成。為什麼需要型別轉換的功能呢？因為想把不符合欄位型別的資料存入資料表、或執行某些運算的時候，如果資料型別不一致可能會導致錯誤發生、或是因為 DBMS 自動以隱含方式進行型別轉換而造成處理效能低落，遇到這類狀況時，就必須預先將資料轉換成適當的型別（範例 6-17、6-18）。

範例 6-17　從字串型別轉換成數值型別

SQL Server　PostgreSQL
```
SELECT CAST('0001' AS INTEGER) AS int_col;
```

MySQL　MariaDB
```
SELECT CAST('0001' AS SIGNED INTEGER) AS int_col;
```

Oracle
```
SELECT CAST('0001' AS INTEGER) AS int_col
  FROM DUAL;
```

DB2
```
SELECT CAST('0001' AS INTEGER) AS int_col
  FROM SYSIBM.SYSDUMMY1;
```

執行結果

```
  int_col
---------
        1
```

範例 6-18　從字串型別轉換成日期型別

SQL Server / PostgreSQL / MySQL / MariaDB

```
SELECT CAST('2009-12-14' AS DATE) AS date_col;
```

Oracle

```
SELECT CAST('2009-12-14' AS DATE) AS date_col FROM DUAL;
```

DB2

```
SELECT CAST('2009-12-14' AS DATE) AS date_col FROM ➡
SYSIBM.SYSDUMMY1;
```

執行結果

```
  date_col
------------
 2009-12-14
```

如同您所看到的執行結果，資料從字串型別轉換成整數型別之後，「000」這 3 個前綴的零消失不見了，這樣明顯的變化應該比較容易感受到型別的改變，不過，對於從字串型別轉換成日期型別的第 2 個範例，由於使用者看來資料並沒有發生任何變化，也許會讓人比較難以察覺到型別已經發生改變。由這 2 個範例可以得知，與其說型別轉換是為了使用者的便利性，倒不如說是為了順應 DBMS 內部運作而準備的功能。

語法 6-15　COALESCE 函數

```
COALESCE(資料1, 資料2, 資料3, …)
```

■ COALESCE 一將 NULL 替換成特定值

KEYWORD
● COALESCE 函數

註 6-⑨
這類函數的參數數量不固定，可以自行決定寫入適當數量的參數。

COALESCE 是 SQL 所特有的函數，它屬於參數個數可變的函數（Variadic Function）（註 6-⑨），執行之後會從左邊開始回傳第 1 個不是 NULL 的值，由於其參數個數可變，所以可以視需求填入多個參數。

雖然是看起來有點奇怪的函數，不過實際上使用的機會非常多，而說到可以運用在什麼樣的場合，最常見的便是在 SQL 敘述中需要以其他的值取代 NULL 的狀況（範例 6-19、6-20）。如同前面所學過的內容，當 NULL 出現在運算式或函數之中的時候，只能獲得 NULL 的結果，而能避開此類狀況的重要幫手便是 COALESCE 函數。

範例 6-19　將 NULL 替換成特定值

SQL Server　PostgreSQL　MySQL　MariaDB

```
SELECT COALESCE(NULL, 1)                    AS col_1,
       COALESCE(NULL, 'test', NULL)         AS col_2,
       COALESCE(NULL, NULL, '2009-11-01')   AS col_3;
```

Oracle

```
SELECT COALESCE(NULL, 1)                    AS col_1,
       COALESCE(NULL, 'test', NULL)         AS col_2,
       COALESCE(NULL, NULL, '2009-11-01')   AS col_3
  FROM DUAL;
```

DB2

```
SELECT COALESCE(NULL, 1)                    AS col_1,
       COALESCE(NULL, 'test', NULL)         AS col_2,
       COALESCE(NULL, NULL, '2009-11-01')   AS col_3
  FROM  SYSIBM.SYSDUMMY1;
```

執行結果

```
 col_1 | col_2 |   col_3
-------+-------+------------
     1 |  test | 2009-11-01
```

範例 6-20　篩選出 SampleStr 資料表 str2 欄位的資料

```
SELECT COALESCE(str2, '此為 NULL')
  FROM SampleStr;
```

執行結果

```
 coalesce
----------
 四五
 def
 太郎
 NULL 是也
 甲乙丙
 NULL 是也
 NULL 是也
 NULL 是也
 abc
 abc
 必
```

如同以上的範例，即使是含有 NULL 的欄位，只要先利用 COALESCE 函數以其它的值替換，再輸入至其他的函數或運算式，便能獲得 NULL 以外的結果。

另外，大部分的 DBMS 都各自備有此 COALESCE 函數的簡便版本（例如 Oracle 的 NVL 等），不過，這些專有的函數只能在特定的 DBMS 上執行，所以這裡還是建議您使用通用的 COALESCE 函數。

6-2 述詞

學習重點

- 述詞是回傳值為真偽值的函數。
- 請熟練 LIKE 的 3 種使用方式(起始一致、中間一致、結尾一致)。
- 請注意 BETWEEN 需要指定 3 個參數。
- 想篩選出 NULL 的資料時,必須使用 IS NULL。
- IN、EXISTS 能將子查詢當作參數。

什麼是述詞

KEYWORD
● 述詞

這個小節所要學習的對象是稱為「**述詞**(Predicate)」的輔助工具,它是以 SQL 撰寫篩選條件時不可或缺的重要角色,雖然前面的章節未曾出現過這個名稱,不過本書實際上已經介紹過其中的幾個成員了,例如 =、<、>、<> 等比較運算子,精確來說其實都是名為「**比較述詞**」的述詞。

所謂的述詞,簡而言之也屬於 6-1 節所介紹過的函數,不過它是具有特殊條件的函數,此特殊條件是「**其回傳值為真偽值**」。一般的函數,其回傳值通常是數值、字串或日期等資料,但是述詞的回傳值均為真偽值(TRUE/FALSE/UNKNOWN),這正是述詞和一般函數的最大不同之處。

具體來說,這個小節將會學到下列這些述詞的相關內容。

- LIKE
- BETWEEN
- IS NULL、IS NOT NULL
- IN
- EXISTS

LIKE 述詞－搜尋相同的字串

KEYWORD
- LIKE 述詞
- 部分一致搜尋

之前以字串當作條件進行查詢的例子，都是使用「=」運算子，這個「=」只有在左右字串完全符合的狀況之下，才會回傳真（TRUE）的結果。而另外一方面，**LIKE 述詞**則允許較為模糊的條件，可用於對字串進行**部分一致搜尋**的需求。

部分一致大致上可以分為**起始一致**、**中間一致**、**結尾一致**等 3 種類型，請跟著後面的具體實例學習其使用方式吧。

首先請建立如表 6-1 所示、僅有 1 個欄位的資料表備用。

表 6-1　SampleLike 資料表

strcol（字串）
abcddd
cccabc
abdddc
abcdd
ddabc
abddc

能建立此資料表的 SQL 敘述、以及對資料表存入資料表的 SQL 敘述如範例 6-21 所示。

範例 6-21　建立 SampleLike 資料表

```
-- DDL：建立資料表
CREATE TABLE SampleLike
( strcol VARCHAR(6) NOT NULL,
  PRIMARY KEY (strcol));

MySQL  MariaDB
-- DML：存入資料
START TRANSACTION; ——①

INSERT INTO SampleLike (strcol) VALUES ('abcddd');
INSERT INTO SampleLike (strcol) VALUES ('dddabc');
INSERT INTO SampleLike (strcol) VALUES ('abdddc');
INSERT INTO SampleLike (strcol) VALUES ('abcdd');
INSERT INTO SampleLike (strcol) VALUES ('ddabc');
INSERT INTO SampleLike (strcol) VALUES ('abddc');

COMMIT;
```

> **專用語法**
> 各家 DBMS 交易功能的語法略有差異，如果在 PostgreSQL 或 SQL Server 執行範例 6-1 的 DML 敘述時，需要將 ① 這行改為「BEGIN TRANSACTION;」，而在 Oracle 或 DB2 上執行的時候，不需要 ① 的部分、直接刪除即可。

下面所要做的事情，便是從此資料表篩選出含有字串「ddd」的記錄，此時若分別採用起始一致、中間一致或結尾一致的方式，將會獲得下列不同的結果。

KEYWORD
- 起始一致
- 中間一致
- 結尾一致

- **起始一致：篩選出「dddabc」**

  起始一致的搜尋方式正如同他的名稱，會針對搜尋條件的部分字串（此次為「ddd」），僅篩選出搜尋對象欄位內容的開頭為此字串的記錄。

- **中間一致：篩選出「abcddd」、「dddabc」和「abdddc」**

  中間一致的搜尋方式，同樣針對搜尋條件的部分字串（此次為「ddd」），篩選出搜尋對象欄位內容的「某個位置」有此字串的記錄，無論是位於起始、結尾或中間位置都會被篩選出來。

- **結尾一致：篩選出「abcddd」**

  結尾一致是和起始一致相反的搜尋方式，也就是針對搜尋條件的部分字串（此次為「ddd」），僅篩選出搜尋對象欄位內容的結尾為此字串的記錄。

從以上的敘述可以得知，在這 3 種搜尋方式之中，條件最為寬鬆、也就是能篩選出最多筆記錄的方式應該是中間一致，因為此方式也包含了起始一致和結尾一致的結果。

這樣的搜尋方式並非以「=」來指定條件的字串，而是根據搜尋對象欄位所包含的規則（此次是「含有 ddd」的規則）進行搜尋，所以被稱為「模式一致（Pattern Matching）」的方式，這裡的模式相當於「規則」的意思。

KEYWORD
- 模式一致
- 模式

■ 執行「起始一致」搜尋

接下來，請實際試著針對 SampleLike 資料表執行起始一致的搜尋方式吧（範例 6-22）。

範例 6-22　以 LIKE 執行起始一致搜尋

```
SELECT *
  FROM SampleLike
 WHERE strcol LIKE 'ddd%';
```

執行結果

```
 strcol
--------
 dddabc
```

KEYWORD
● %

「%」是代表「0 個文字以上字串」的特殊符號，以這個範例來說，「'ddd%'」代表了「以 ddd 起始的所有字串」的意思。

如同上面的範例，使用 LIKE 便能寫出模式一致的篩選敘述。

■ 中間一致搜尋

做為中間一致搜尋的實例，請試著篩選出欄位內容包含「ddd」字串的記錄吧（範例 6-23）。

範例 6-23　以 LIKE 執行中間一致搜尋

```
SELECT *
  FROM SampleLike
 WHERE strcol LIKE '%ddd%';
```

執行結果

```
 strcol
--------
 abcddd
 dddabc
 abdddc
```

在條件字串的前面和後面以「%」圍住，代表「搜尋對象字串的某個位置有 ddd 字串」的意思。

■ 結尾一致搜尋

然後是最後的結尾一致搜尋，請試著列出欄位內容字串為「～ ddd」結尾的資料吧（範例 6-24）。

範例 6-24　以 LIKE 執行結尾一致搜尋

```
SELECT *
  FROM SampleLike
 WHERE strcol LIKE '%ddd';
```

執行結果

```
 strcol
--------
 abcddd
```

看到上面的寫法，應該就能理解到這和起始一致的條件正好相反。

另外，除了「%」之外，LIKE 的條件句還能使用「_（底線）」符號，此符號代表「任意 1 個文字」的意思，請實際試著使用看看吧。

如果想篩選出 strcol 欄位內容為「abc+ 任意 2 個文字」的記錄，可以執行範例 6-25 所示的敘述。

範例 6-25　以 LIKE 和 _（底線）執行結尾一致搜尋

```
SELECT *
  FROM SampleLike
 WHERE strcol LIKE 'abc__';
```

執行結果

```
 strcol
--------
 abcdd
```

資料表中以「abc」起始的字串還有「abcddd」，不過由於後面的「ddd」有 3 個文字，不符合「__」所指定的 2 個文字的條件，所以沒有出現在結果之中。因此，若是改寫成範例 6-26 所示的樣子，那麼這次反而只會篩選出「abcddd」的記錄。

範例 6-26　搜尋「abc+ 任意 3 個文字」

```
SELECT *
  FROM SampleLike
 WHERE strcol LIKE 'abc _ _';
```

執行結果

```
 strcol
--------
 abcddd
```

BETWEEN －範圍搜尋

KEYWORD
- BETWEEN 述詞
- 範圍搜尋

利用 BETWEEN 即可進行範圍搜尋，這個述詞和其他述詞或函數有些不同，它需要使用到 3 個參數，也就是目標欄位名稱、起始值和結束值。舉例來說，如果想從 Shohin（商品）資料表篩選出販售單價（sell_price）為 100 元到 1000 元的商品名稱（shohin_name），可以寫成如同範例 6-27 所示的敘述。

範例 6-27　篩選出販售單價為 100 ～ 1000 元的商品

```
SELECT shohin _ name, sell _ price
  FROM Shohin
 WHERE sell _ price BETWEEN 100 AND 1000;
```

執行結果

```
 shohin_name  |  sell_price
--------------+---------------
 T 恤         |          1000
 打孔機       |           500
 叉子         |           500
 刨絲器       |           880
 鋼珠筆       |           100
```

KEYWORD
- <
- >

BETWEEN 有個需要注意的地方，那便是符合 100 和 1000 這 2 側數值的記錄也會出現在結果之中，假若想排除符合 2 側數值的記錄，必須改用 < 和 > 來撰寫條件（範例 6-28）。

範例 6-28 篩選出販售單價為 101 ～ 999 元的商品

```
SELECT shohin_name, sell_price
  FROM Shohin
 WHERE sell_price > 100
   AND sell_price < 1000;
```

執行結果

```
 shohin_name  |  sell_price
--------------+---------------
 打孔機       |         500
 叉子         |         500
 刨絲器       |         880
```

從執行結果可以看到 1000 元和 100 元的記錄都沒有出現了。

IS NULL、IS NOT NULL －判斷是否為 NULL

KEYWORD
● IS NULL 述詞

想篩選出某個欄位為 NULL 的記錄時，無法使用「=」來達成目的，必須改用 IS NULL 這個特殊的述詞（範例 6-29）。

範例 6-29 篩選出購入單價（buying_price）為 NULL 的商品

```
SELECT shohin_name, buying_price
  FROM Shohin
 WHERE buying_price IS NULL;
```

執行結果

```
 shohin_name  | buying_price
--------------+---------------
 叉子         |
 鋼珠筆       |
```

KEYWORD
● IS NOT NULL 述詞

反過來說，如果需要篩選出欄位為 NULL 以外的記錄，則需要改用 IS NOT NULL 述詞（範例 6-30）。

範例 6-30 篩選出購入單價（buying_price）非 NULL 的商品

```
SELECT shohin_name, buying_price
  FROM Shohin
 WHERE buying_price IS NOT NULL;
```

執行結果

```
 shohin_name   | buying_price
---------------+---------------
 T 恤          |           500
 打孔機        |           320
 襯衫          |          2800
 菜刀          |          2800
 壓力鍋        |          5000
 刨絲器        |           790
```

IN 述詞－ OR 的簡便形式

接下來請思考一下，如何篩選出購入單價（buying_price）恰好分別為 320 元、500 元以及 5000 元的商品記錄，如果使用之前介紹過的 OR，可以寫成如範例 6-31 所示的敘述。

範例 6-31　以 OR 搜尋多個特定的購入單價

```
SELECT shohin_name, buying_price
  FROM Shohin
 WHERE buying_price =  320
    OR buying_price =  500
    OR buying_price = 5000;
```

執行結果

```
 shohin_name   | buying_price
---------------+---------------
 T 恤          |           500
 打孔機        |           320
 壓力鍋        |          5000
```

這樣當然也能達成目的，不過此寫法有個缺點，當篩選條件的數量越來越多時，SQL 敘述的長度也會隨之變長，增加未來閱讀理解上的負擔。遇到這類狀況的時候，可以採用範例 6-32 所示的寫法，改以「IN (值 1, 值 2, …)」的形式寫成較為清爽的樣子。

KEYWORD
● IN述詞

範例 6-32　以 IN 指定多個特定的購入單價

```
SELECT shohin_name, buying_price
  FROM Shohin
 WHERE buying_price IN (320, 500, 5000);
```

KEYWORD
● NOT IN述詞

相反地，假如想篩選出「購入單價為 320 元、500 元以及 5000 元以外」的商品記錄，需要使用否定形的 NOT IN（範例 6-33）。

範例 6-33

```
SELECT shohin _ name, buying _ price
  FROM Shohin
 WHERE buying _ price NOT IN (320, 500, 5000);
```

執行結果

```
 shohin_name  | buying_price
--------------+---------------
 襯衫         |          2800
 菜刀         |          2800
 刨絲器       |           790
```

不過請特別注意，無論是使用 IN 或 NOT IN，**都無法篩選出該欄位為 NULL 的記錄**，實際上從上面的 2 個範例也可以看出，購入單價為 NULL 的叉子和鋼珠筆都沒有出現在結果之中，NULL 必須以 IS NULL 和 IS NOT NULL 來判斷還是不變的規則。

指定子查詢做為 IN 述詞的參數

■ IN 與子查詢

IN 述詞（以及 NOT IN 述詞）具有其他述詞所不具備的特殊使用方式，那便是指定**子查詢**做為其參數的使用方式。子查詢如同 5-2 節所說明過的內容，相當於 SQL 執行過程中暫時生成的資料表，所以其實可以說「IN 能指定資料表做為其參數」，另外同樣地，「IN 能指定檢視表做為其參數」的說法也相當符合這樣的使用方式。

為了介紹其具體操作方式，這裡需要另外建立 1 個新的資料表。雖然前面都一直使用儲存著所有商品清單的 Shohin（商品）資料表，不過實務上這些商品必須運送至各個店鋪，方能進行展示販售，因此，為了呈現目前哪間店鋪尚有哪些商品，必須另外建立如表 6-2 所示的 StoreShohin（店鋪商品）資料表。

表 6-1　StoreShohin（店鋪商品）資料表

store_id（店鋪 ID）	store_name（店鋪名稱）	shohin_id（商品 ID）	s_amount（數量）
00A	東京	0001	30
00A	東京	0002	50
00A	東京	0003	15
00B	名古屋	0002	30
00B	名古屋	0003	120
00B	名古屋	0004	20
00B	名古屋	0006	10
00B	名古屋	0007	40
000C	大阪	0003	20
000C	大阪	0004	50
000C	大阪	0006	90
000C	大阪	0007	70
000D	福岡	0001	100

當中以店鋪和商品搭配成為各筆記錄，因此從這個資料表可以看出，東京店中販售著 0001（T 恤）、0003（打孔機）和 0003（襯衫）等 3 項產品。

能建立此資料表結構的 SQL 敘述如範例 6-34 所示。

範例 6-34　建立 StoreShohin（商品店鋪）資料表的 CREATE TABLE 敘述

```
CREATE TABLE StoreShohin
(store_id     CHAR(4)        NOT NULL,
 store_name   VARCHAR(200)   NOT NULL,
 shohin_id    CHAR(4)        NOT NULL,
 s_amount     INTEGER        NOT NULL,
 PRIMARY KEY (store_id, shohin_id));
```

此 CREATE　TABLE 敘述的特點在於指定了 2 個欄位做為主鍵（Primary　Key），因為如果想篩選出資料表中特定的某 1 筆記錄而不會重複，單靠店鋪 ID（store_id）或商品 ID（shohin_id）的其中 1 個欄位都無法辦到，因此必須組合店鋪和商品欄位。

舉例來說，如果只靠店鋪 ID 來辨別資料，那麼指定「000A」條件的時候會篩選出 3 筆記錄，而若是只靠商品 ID 來辨別資料，「0001」的條件也會出現 2 筆記錄的結果，這樣會造成資料處理上的困擾。

接下來，請撰寫並執行對 StoreShohin 資料表新增資料的 INSERT 敘述吧（範例 6-35）。

範例 6-35　對 StoreShohin 資料表新增資料的 INSERT 敘述

MySQL　MariaDB

```
START TRANSACTION;  ①

INSERT INTO StoreShohin (store_id, store_name, shohin_id, s_amount) VALUES ('000A', '東京', '0001', 30);
INSERT INTO StoreShohin (store_id, store_name, shohin_id, s_amount) VALUES ('000A', '東京', '0002', 50);
INSERT INTO StoreShohin (store_id, store_name, shohin_id, s_amount) VALUES ('000A', '東京', '0003', 15);
INSERT INTO StoreShohin (store_id, store_name, shohin_id, s_amount) VALUES ('000B', '名古屋', '0002', 30);
INSERT INTO StoreShohin (store_id, store_name, shohin_id, s_amount) VALUES ('000B', '名古屋', '0003', 120);
INSERT INTO StoreShohin (store_id, store_name, shohin_id, s_amount) VALUES ('000B', '名古屋', '0004', 20);
INSERT INTO StoreShohin (store_id, store_name, shohin_id, s_amount) VALUES ('000B', '名古屋', '0006', 10);
INSERT INTO StoreShohin (store_id, store_name, shohin_id, s_amount) VALUES ('000B', '名古屋', '0007', 40);
INSERT INTO StoreShohin (store_id, store_name, shohin_id, s_amount) VALUES ('000C', '大阪', '0003', 20);
INSERT INTO StoreShohin (store_id, store_name, shohin_id, s_amount) VALUES ('000C', '大阪', '0004', 50);
INSERT INTO StoreShohin (store_id, store_name, shohin_id, s_amount) VALUES ('000C', '大阪', '0006', 90);
INSERT INTO StoreShohin (store_id, store_name, shohin_id, s_amount) VALUES ('000C', '大阪', '0007', 70);
INSERT INTO StoreShohin (store_id, store_name, shohin_id, s_amount) VALUES ('000D', '福岡', '0001', 100);

COMMIT;
```

專用語法

各家 DBMS 交易功能的語法略有差異，如果在 PostgreSQL 或 SQL Server 執行範例 6-1 的 DML 敘述時，需要將 ① 這行改為「BEGIN TRANSACTION;」，而在 Oracle 或 DB2 上執行的時候，不需要 ① 的部分、直接刪除即可。

詳細的說明請參閱第 4 章「如何設定交易功能」的內容。

到此總算完成了事前的準備工作，那麼對 IN 述詞使用子查詢，到底可以寫出什麼樣的 SQL 敘述呢？請跟著以下的例子繼續看下去吧。

首先要達成的目標是列出「大阪店（000C）現有的商品（shohin_id）以及各商品的販售單價（sell_price）」。

若以人工的方式來比對，從 StoreShohin（商品店鋪）資料表可以看出，配送至大阪店的商品總共有下列 4 項。

- **襯衫（商品 ID：0003）**
- **菜刀（商品 ID：0004）**
- **叉子（商品 ID：0006）**
- **刨絲器（商品 ID：0007）**

如此一來，篩選結果應該如下所示。

```
 shohin_name  |  sell_price
--------------+--------------
 襯衫         |          4000
 菜刀         |          3000
 叉子         |           500
 刨絲器       |           880
```

如果想獲得上面的結果，我們應該依序完成下列 2 個步驟。

① 從 StoreShohin 資料表篩選出大阪店（store_id = '000C'）的現貨商品 ID（shohin_id）

② 針對步驟 ① 所取得商品 ID（shohin_id），從 Shohin 資料表篩選出對應的販售單價（sell_price）

因為需要透過 SQL 來完成，所以必須將這 2 個步驟轉化成 SQL 敘述，首先，步驟 ① 可以寫成以下的樣子：

```
SELECT shohin_id
  FROM StoreShohin
 WHERE store_id = '000C'
```

由於大阪店的店鋪 ID（store_id）為「000C」，因此先按照這樣的條件寫成 WHERE 子句（註 6- ⑩）。之後只要再將上面的 SELECT 敘述當作步驟 ② 的條件即可，最後完整的 SELECT 敘述如範例 6-36 所示。

註 6- ⑩

雖然使用「store_name = '大阪'」的條件也能獲得相同的結果，不過對資料庫指定特定的店鋪或商品時，一般不會使用中文名稱，因為未來名稱修改的可能性比 ID 來得高。

範例 6-36 在 IN 的參數位置使用子查詢

```
-- 列出「大阪店現有的商品和販售單價」
SELECT shohin_name, sell_price
  FROM Shohin
 WHERE shohin_id IN (SELECT shohin_id
                       FROM StoreShohin
                      WHERE store_id = '000C');
```

執行結果

```
 shohin_name  |  sell_price
--------------+--------------
 叉子          |         500
 襯衫          |        4000
 菜刀          |        3000
 刨絲器        |         880
```

如同第 5 章「牢記的原則 5-6」所說明的「**子查詢會從內部開始執行**」，因此這段 SELECT 敘述一開始會先執行內部的子查詢、展開成為如下的樣子。

```
-- 子查詢執行完畢時的狀態
SELECT shohin_name, sell_price
  FROM Shohin
 WHERE shohin_id IN ('0003', '0004', '0006', '0007');
```

展開成這樣的形式之後，已經如同先前所學習過的 IN 述詞使用方式。

此時您心中可能會有如下的疑問：

「**如果只是為了要獲得('0003', '0004', '0006', '0007')的結果，那麼有必要使用子查詢的功能嗎？**」

「在 StoreShohin（店鋪商品）資料表絕對不會發生變化的前提之下，的確是不必使用子查詢的功能」，不過實際上各店鋪的商品通常會不斷地變動，因此大阪店在 StoreShohin 資料表內的商品也會隨之改變，如此一來，不是使用子查詢的 SELECT 敘述，在商品項目發生變動的時候，都必須再次修正其內容，變成永遠做不完的工作項目。

另外一方面，如果寫成子查詢形式的 SELECT 敘述，無論 StoreShohin 資料表的資料如何變動，都能繼續使用相同的 SELECT 敘述，減少例行工作的負擔。

像這樣對於資料變動有著較強適應能力的程式碼，會被稱為「可維護性較佳」或「Maintenance Free（不需維護）」（註 6-⓫），由於這是系統開發工作上非常重要的觀念，所以各位讀者從剛開始學習程式語言的時候，就應當不斷提醒自己要寫出更容易維護的程式碼。

註 6-⓫

這裡所說的「Free」和「Tax Free（免稅）」等語句的用法相同，代表「不需」或「免除」的意思。

■ NOT IN 與子查詢

做為 IN 的否定形，NOT IN 同樣可以使用子查詢當作參數，其語法和 IN 使用方式相同，若以實際的例子來說，請看一下範例 6-37 所示的敘述。

範例 6-37　在 NOT IN 的參數位置使用子查詢

```
SELECT shohin_name, sell_price
  FROM Shohin
 WHERE shohin_id NOT IN (SELECT shohin_id
                           FROM StoreShohin
                          WHERE store_id = '000A');
```

這段敘述的意思在於列出「東京店（000A）現有商品（shohin_id）以外的商品販售單價（sell_price）」，當中利用「NOT IN」來指定「以外」的否定條件。

如果和先前同樣探討一下此段 SQL 敘述的執行步驟，由於會先執行子查詢的部分，所以暫時成為如下的樣子。

```
-- 子查詢執行完畢時的狀態
SELECT shohin_name, sell_price
  FROM Shohin
 WHERE shohin_id NOT IN ('0001', '0002', '0003');
```

之後的動作應該很容易理解，也就是列出 0001 ～ 0003 這 3 項商品「以外」的其他商品名稱和售價。

執行結果

```
 shohin_name  |  sell_price
--------------+-------------
 菜刀         |        3000
 壓力鍋       |        6800
 叉子         |         500
 刨絲器       |         880
 鋼珠筆       |         100
```

EXISTS 述詞

KEYWORD
● EXISTS述詞

這個小節最後所要學習的便是 EXISTS 述詞的使用方式，之所以要安排在最後才做介紹，其理由有下列 3 點。

① EXISTS 和前面學過的述詞使用方式有些差異

② 其語法較難以直覺理解

③ 即使不使用 EXISTS，其實也幾乎能以 IN 或 NOT IN 來替代

從某個層面來說，① 和 ② 這 2 點理由具有一些相關性，都說明了 EXISTS 在熟悉之前是相當難以駕馭的述詞，尤其是運用了否定形 NOT EXISTS 的 SQL 敘述，即使身為資深的資料庫工程師，也常常無法立即掌握其意義和功用。另外，如同最後的理由 ③ 所述，雖然有時候還是必須使用到 EXISTS 述詞，不過許多狀況下都可以改用 IN 述詞來取代，所以有不少人認為它是「好不容易學會卻很少使用」的述詞。

但是，如果可以充分運用 EXISTS 的功能，它也能發揮出非常強大的效果（註 6-⓬）。

註6-⓬
等到各位讀者開始進入 SQL 的中階程度時，它將成為您繼續邁向達人的重要工具，所以本書在這裡先簡單介紹其基本的使用方式。

■ EXISTS 述詞的使用方式

以 1 句話來說明 EXISTS 述詞的作用，就是「**查詢＂符合某些條件的記錄是否存在＂**」，當這樣的記錄存在的時候回傳真（TRUE），不存在的時候則回傳偽（FALSE），而 EXISTS（存在）這個述詞針對的主詞即為「記錄」。

做為練習用的實例，對於前面「IN 與子查詢」（6-34 頁）列出「大阪店（000C）現有的商品（shohin_id）以及各商品的販售單價（sell_price）」的例子，請試著改用 EXISTS 來獲得同樣的結果吧！

如此一來可以寫成如範例 6-38 所示的 SELECT 敘述。

範例 6-38　以 EXISTS 列出「大阪店內商品的販售單價」

SQL Server | DB2 | PostgreSQL | MySQL | MariaDB

```
SELECT shohin_name, sell_price
  FROM Shohin AS S ——①
 WHERE EXISTS (SELECT *
                 FROM StoreShohin AS SS ——②
                WHERE TS.store_id = '000C'
                  AND SS.shohin_id = S.shohin_id);
```

> **專用語法**
>
> Oralce 的 FROM 子句不能使用 AS（會發生錯誤），因此如果想在 Oracle 上執行範例 6-38 的敘述時，請將 ① 的部分改為「FROM Shohin S」、② 的部分改為「FROM StoreShohin SS」（刪除 FROM 子句中的 AS）。

執行結果

```
 shohin_name  |  sell_price
--------------+--------------
 叉子          |          500
 襯衫          |         4000
 菜刀          |         3000
 刨絲器        |          880
```

● EXISTS 的參數

到此為止所學習過的述詞，大多採用「欄位 LIKE 字串」或「欄位 BETWEEN 值 1 AND 值 2」的形式來指定 2 個以上的參數，但是 EXISTS 的左側卻不需寫入任何東西，這樣的形式看起來雖然有點特殊，不過其理由在於 EXISTS 是僅需要 1 個參數的述詞。

EXISTS 出現的時候只會在其右側寫上 1 個參數，而且此參數大多為子查詢，在上面的範例中，參數部分的子查詢如下所示。

```
(SELECT *
   FROM StoreShohin AS SS
  WHERE SS.store_id = '000C'
    AND SS.shohin_id = S.shohin_id)
```

更正確地來說，由於當中以「SS.shohin_id = S.shohin_id」這樣的條件來連結 Shohin 資料表和 StoreShohin 資料表，所以可以得知此參數為關聯子查詢，EXISTS 通常會使用關聯子查詢做為其參數（註 6-⑬）。

註 6-⑬
嚴格來說，語法上也可以使用非關聯式的子查詢做為其參數，不過實務上很少這麼做。

EXISTS的參數位置通常會指定關聯子查詢。

● 子查詢內的「SELECT *」

在前面的範例中，對於子查詢內使用「SELECT *」這樣的寫法，您也許會覺得有點奇怪，不過如同先前的說明，由於 EXISTS 的作用僅在於確認記錄是否存在，而子查詢回傳了什麼欄位則完全沒有差別。範例中的 EXISTS 述詞，會針對子查詢內 WHERE 子句所指定的條件，也就是「店鋪 ID（store_id）為 '000C'、而且商品 ID（shohin_id）在店鋪商品（StoreShohin）資料表和商品（Shohin）資料表中有著相同值」的記錄，確認這樣的記錄是否存在，如果存在便回傳真（TRUE）。

因此，即使寫成範例 6-39 所示的樣子，結果也不會有任何變化。

範例 6-39 此寫法的結果和範例 6-38 相同

SQL Server | DB2 | PostgreSQL | MySQL | MariaDB

```
SELECT shohin_name, sell_price
  FROM Shohin AS S  ―――――――――――――――――――――――――――― ①
 WHERE EXISTS (SELECT 1 -- 這裡寫個適當的常數即可
                 FROM StoreShohin AS TS  ――――――――― ②
                WHERE TS.store_id = '000C'
                  AND TS.shohin_id = S.shohin_id);
```

專用語法

在 Oracle 上執行範例 6-39 的敘述時，請將 ① 的部分改為「FROM Shohin S」、② 的部分改為「FROM StoreShohin SS」（刪除 FROM 子句中的 AS）。

對於 EXISTS 的子查詢內使用「SELECT *」的寫法，請把這當成 SQL 的 1 種慣用做法。

EXISTS參數位置的子查詢通常會使用「SELECT *」。

KEYWORD
● NOT EXISTS述詞

● 將 NOT IN 改寫為 NOT EXISTS

如同 IN 可以改寫成 EXISTS，NOT IN 也能改寫成 NOT EXISTS 的形式，接下來請試著運用 NOT EXISTS，撰寫能列出「東京店（000A）現有商品（shohin_id）以外的商品販售單價（sell_price）」的 SELECT 敘述（範例 6-40）。

範例 6-40　以 NOT EXISTS 列出「東京店現有商品以外的販售單價」

```
SELECT shohin_name, sell_price
  FROM Shohin AS S ————————————————————①
 WHERE NOT EXISTS (SELECT *
                     FROM StoreShohin AS TS ————②
                    WHERE TS.store_id = '000A'
                      AND TS.shohin_id = S.shohin_id);
```

> **專用語法**
> 在 Oracle 上執行範例 6-40 的敘述時，請將 ① 的部分改為「FROM Shohin S」、② 的部分改為「FROM StoreShohin TS」（刪除 FROM 子句中的 AS）。

執行結果

```
 shohin_name | sell_price
-------------+-------------
 菜刀        |        3000
 壓力鍋      |        6800
 叉子        |         500
 刨絲器      |         880
 鋼珠筆      |         100
```

NOT EXISTS 的作用正好和 EXISTS 相反，當子查詢內部指定條件的記錄「不存在」的時候回傳真（TRUE）。

最後請再試著比較一下 IN（範例 6-36）和 EXISTS（範例 6-38）的 SELECT 敘述，感覺 IN 的寫法比較容易理解的人應該比較多吧，而筆者當初也認為不必勉強使用 EXISTS 的寫法，但是 EXISTS 具有 IN 所沒有的優點，而且 2 者嚴格來說並非完全相同的功能，最終還是應該同樣熟練這 2 個述語的用法，不過這已經是更為進階的內容了。

6-3 CASE 運算式

學習重點

- CASE 運算式可分為「簡單 CASE 運算式」和「搜尋 CASE 運算式」等 2 種類型，搜尋 CASE 運算式包含了簡單 CASE 運算式的所有功能。
- 雖然 CASE 運算式的 ELSE 子句可以省略，不過為了讓 SQL 敘述比較容易閱讀，建議不要省略。
- CASE 運算式的 END 不能省略。
- 使用 CASE 運算式便能有彈性地重組 SELECT 敘述的結果。
- 例如 Oracle 的 DECODE、MySQL 的 IF 等，有些 DBMS 提供了 CASE 運算式簡化後的專有函數，不過這些語法不具通用性，而且功能上也有些限制，建議避免使用。

什麼是 CASE 運算式

KEYWORD
- CASE 運算式
- 條件句

這個小節所要學習的 **CASE 運算式**，如同其名稱後面附加的「運算式（Expression）」稱呼，它和「1 ＋ 1」或「120 ／ 4」之類的運算式同樣是執行運算的功能，從這層意義來看，CASE 運算式亦屬於 1 種函數，由於它是 SQL 當中屬一屬二的重要功能，請在這個小節中確實地掌握它的用法。

CASE 運算式如同 CASE（狀況、事例）的名稱所示，可用來撰寫「視狀況執行不同動作」的敘述，而這樣執行不同動作的機制，在程式語言中一般稱為「**條件句**」（註 6- ⑭）。

註 6- ⑭
在 C 語言或 Java 等廣泛被採用的程式語言中，可使用 IF 條件式或 CASE 條件式的語法來撰寫條件分支，而 CASE 運算式可說是這些功能的 SQL 版。

CASE 運算式的語法

KEYWORD
- 簡單 CASE 運算式
- 搜尋 CASE 運算式

CASE 運算式的語法可分為「**簡單 CASE 運算式**（Simple CASE Expression）」和「**搜尋 CASE 運算式**（Searched CASE Expression）」，由於搜尋 CASE 運算式含括了簡單 CASE 運算式的所有功能，所以這個小節只針對搜尋 CASE 運算式做說明，而想多了解一下簡單 CASE 運算式的讀者，請參考此小節最後的 COLUMN「簡單 CASE 運算式」。

那麼趕緊來看一下搜尋 CASE 運算式的語法吧。

語法 6-16　搜尋 CASE 運算式

```
CASE WHEN <判斷式 1> THEN <回應結果 1>
     WHEN <判斷式 2> THEN <回應結果 2>
     WHEN <判斷式 3> THEN <回應結果 3>
     ...
     ELSE <回應結果>
END
```

KEYWORD
- WHEN 子句
- 判斷
- THEN 子句
- ELSE

WHEN 子句的 <判斷式> 部分通常採用「欄位 = 值」之類的形式，執行後會回傳真偽值（TRUE/FALSE/UNKNOWN），您只要把它理解成是使用 =、!=、LIKE 或 BETWEEN 等述詞所寫成的式子即可。

CASE 運算式的機制，最初會從判斷 WHEN 子句的 <判斷式> 開始，而所謂的「判斷」便是確認該判斷式真偽值的動作，假如結果為真（TRUE），便會回傳後方 THEN 子句的 <回應結果> 部分所指定的特定值、欄位內容或運算式的執行結果，然後結束整段 CASE 運算式；如果判斷式的結果非真（FALSE/UNKNOWN），則會移至下個 WHEN 子句再行判斷，而當全部 WHEN 子句的判斷結果都不為真，就會回傳「ELSE」部分的回應結果並結束整個過程。

另外，從 CASE 運算式所附加的「運算式」名稱可以得知，整段 CASE 相當於單一的運算式，由於運算式的最終結果只會獲得 1 個值，所以 SQL 敘述執行的時候，整段 CASE 運算式在中途會被轉換成 1 個值。實務上具有很多條件句、跨越數十行的 CASE 運算式相當常見，不過如此龐大的 CASE 運算式，最後都會變成「1」或「'渡邊先生'」之類的單純值。

CASE 運算式的使用方式

接下來請試著實際運用 CASE 運算式的功能吧！請思考一下這樣的例子，目前 Shohin（商品）資料表中儲存著衣物、辦公用品和廚房用品等 3 種類型的商品，是否有方法可以將篩選結果的商品分類改為下列的顯示方式呢？

```
A：衣物
B：辦公用品
C：廚房用品
```

由於資料表中的欄位內容並沒有冠上「A：」或「B：」這樣的字串，所以必須透過 SQL 敘述來加上這些文字，這個時候，您也許能立刻聯想到：應該可以使用在 6-1 小節所學過的字串連接函數「||」吧。

剩下的問題便是如何將「A：」、「B：」和「C：」與對應的記錄欄位內容做連結，這需要靠 CASE 運算式來達成（範例 6-41）。

範例 6-41　以 CASE 運算式替商品分類分別加上 A ～ C 的字串

```
SELECT shohin_name,
       CASE WHEN shohin_catalg = '衣物'
            THEN 'A:' || shohin_catalg
            WHEN shohin_catalg = '辦公用品'
            THEN 'B:' || shohin_catalg
            WHEN shohin_catalg = '廚房用品'
            THEN 'C:' || shohin_catalg
            ELSE NULL
       END AS abc_shohin_catalg
  FROM Shohin;
```

執行結果

```
  shohin_name      |  abc_shohin_catalg
-------------------+---------------
 T恤               | A：衣物
 打孔機            | B：辦公用品
 襯衫              | A：衣物
 菜刀              | C：廚房用品
 壓力鍋            | C：廚房用品
 叉子              | C：廚房用品
 刨絲器            | C：廚房用品
 鋼珠筆            | B：辦公用品
```

您或許會有點訝異，寫了 6 行的 CASE 運算式，卻只相當於 1 個欄位（abc_shohin_catalg）的結果，每項商品都按照原本的商品分類（shohin_catalg）、透過 WHEN 子句的 3 個分支轉換成新的分類字串。而寫在最後的「ELSE NULL」，代表「其餘狀況都回傳 NULL」的意思，對於不符合所有 WHEN 子句條件的記錄，可以在 ELSE 子句指定應該如何處理，而除了 NULL 之外，也能寫入單純的值或運算式

KEYWORD

● ELSE NULL

等，不過由於現在資料表中的商品分類只有 3 種，所以這段敘述完全不會執行到 ELSE 子句的部分。

語法的規則上可以省略撰寫 ELSE 子句的部分，而沒有 ELSE 子句的寫法會被自動當作「ELSE　NULL」來處理，不過為了避免之後查閱的時候發生漏看的狀況，建議以明示的方式寫上 ELSE 子句。

牢記的原則 6-3

CASE 運算式雖然可以省略 ELSE 子句，不過建議不要省略。

另外，由於 CASE 運算式最後必須要有「END」做結束，請注意絕對別忘記漏寫這個部分。忘了寫上 END 而被 DBMS 回應語法錯誤，這是很多人在初學階段經常發生的狀況。

牢記的原則 6-4

CASE 運算式不能省略最後的 END。

■ CASE 運算式可寫入的位置

CASE 運算式的便利之處，正是在於「它屬於運算式」，而這句話的意義，代表所有可以寫入運算式的地方、都可以寫入 CASE 運算式，也就是說，原本寫著「1 ＋ 1」的地方也可以寫入 CASE 運算式。舉例來說，像下面這樣將 SELECT 敘述的結果從縱向轉為橫向的做法，可以說是 CASE 運算式相當常見的 1 種便利用法。

執行結果

```
 sum_price_cloth  |  sum_price_kitchen  | sum_price_office
------------------+---------------------+------------------
             5000 |               11180 |              600
```

上面是按照各商品分類（shohin_catalg）分別計算販售單價（sell_price）總和的結果，不過一般使用 GROUP　BY 子句將商品分類欄位當作彙總鍵的做法，只會得到各分類單價總和為縱向排列的結果（範例 6-42）。

範例 6-42　一般使用 GROUP BY 無法做到縱橫轉換

```
SELECT shohin_catalg,
       SUM(sell_price) AS sum_price
  FROM Shohin
 GROUP BY shohin_catalg;
```

執行結果

```
 shohin_catalg | sum_price
---------------+-----------
 衣物          |      5000
 辦公用品      |       600
 廚房用品      |     11180
```

如果想讓各分類單價總和以「欄位」的形式、也就是橫向排列的方式呈現，必須改用範例 6-43 的寫法，在 SUM 函數中使用 CASE 運算式，以便獲得 3 個欄位的結果。

範例 6-43　使用 CASE 運算式達成縱橫轉換

```
-- 將各商品分類的販售單價總和結果進行縱橫轉換
SELECT SUM(CASE WHEN shohin_catalg = '衣物'
                THEN sell_price ELSE 0 END) AS sum_price_cloth,
       SUM(CASE WHEN shohin_catalg = '廚房用品'
                THEN sell_price ELSE 0 END) AS sum_price_kitchen,
       SUM(CASE WHEN shohin_catalg = '辦公用品'
                THEN sell_price ELSE 0 END) AS sum_price_office
  FROM Shohin;
```

各段 CASE 運算式的作用，在於當商品分類（shohin_catalg）符合「衣物」或「辦公用品」等特定字串時，便輸出（回傳）該商品的販售單價（sell_price），而遇到不符合的商品則輸出（回傳）0 的數值，最後所有輸出結果經過 SUM 函數計算之後，便可獲得特定商品分類的販售單價總和。

CASE 運算式能像這樣讓 SQL 的寫法更有彈性，尤其是重組 SELECT 敘述的篩選結果時，更能發揮其強大的威力。

COLUMN

簡單 CASE 運算式

前面提到 CASE 運算式有 2 種形式，第 1 種是前面所介紹「搜尋 CASE 運算式」，而第 2 種則是前者簡化之後的「簡單 CASE 運算式」。

簡單 CASE 運算式和搜尋 CASE 運算式相較之下，具有寫法較為簡潔的優點，不過相對地也產生條件在撰寫上較不自由的缺點，所以基本上只要學會使用搜尋 CASE 運算式即可，不過這裡還是稍微介紹一下如何撰寫簡單 CASE 運算式。

簡單 CASE 運算式的語法如下所示。

語法 6-A　簡單 CASE 運算式

```
CASE <判斷對象>
    WHEN <對象狀況 1> THEN <回應結果 1>
    WHEN <對象狀況 2> THEN <回應結果 2>
    WHEN <對象狀況 3> THEN <回應結果 3>
    …
    ELSE <回應結果>
END
```

NOTICE
判斷對象和對象狀況都可以寫入單純值、欄位或運算式等。

執行時會從第 1 個 WHEN 子句開始進行判斷，在獲得真（TRUE）之前依序審視各 WHEN 子句的狀況是否符合，這和搜尋 CASE 運算式相同，而且，當所有的 WHEN 子句皆不符合的時候，最後回傳 ELSE 所指定內容的這點也沒有改變，不同之處僅在於第 1 行的「CASE <判斷對象>」已經決定了判斷的對象。

具體來說，請試著將搜尋 CASE 運算式改寫成簡單 CASE 運算式，這裡為您示範如何將範例 6-41 的搜尋 CASE 運算式改寫成簡單 CASE 運算式的形式（範例 6-A）。

範例 6-A　以 CASE 運算式替商品分類分別加上 A ～ C 的字串

```
-- 搜尋 CASE 運算式的寫法（同範例 6-41）
SELECT shohin_name,
       CASE WHEN shohin_catalg = '衣物'    THEN 'A:' || shohin_catalg
            WHEN shohin_catalg = '辦公用品' THEN 'B:' || shohin_catalg
            WHEN shohin_catalg = '廚房用品' THEN 'C:' || shohin_catalg
            ELSE NULL
       END AS abc_shohin_catalg
  FROM Shohin;
```

```
-- 簡單 CASE 運算式的寫法
SELECT shohin_name,
       CASE shohin_catalg
            WHEN '衣物'     THEN 'A:'  || shohin_catalg
            WHEN '辦公用品' THEN 'B:'  || shohin_catalg
            WHEN '廚房用品' THEN 'C:'  || shohin_catalg
            ELSE NULL
        END AS abc_shohin_catalg
  FROM Shohin;
```

此簡單 CASE 運算式使用「CASE shohin_catalg」，在一開始先決定判斷對象（這裡指定了欄位的名稱）之後，各 WHEN 子句就不必再寫入「shohin_catalg」。這樣的簡化方式在某些狀況之下算是優點，不過反過來說，遇到需要在各 WHEN 子句對不同欄位指定條件之類的狀況，就無法使用簡單 CASE 運算式的寫法。

COLUMN

CASE 運算式的專用語法

由於 CASE 運算式是標準 SQL 所認可的功能，所以不論在哪個 DBMS 都能正常執行，不過有些 DBMS 另外準備了 CASE 運算式經過簡化的專有函數，例如 Oracle 的 **DECODE**、或是 MySQL 和 MariaDB 的 **IF** 等。

KEYWORD
- DECODE 函數（Oracle）
- IF 函數（MySQL、MariaDB）

如果使用 Oracle 的 DECODE 或 MySQL 和 MariaDB 的 IF，改寫先前替商品分類加上 A ～ C 字串的 SQL 敘述，將如同範例 6-B 所示。

範例 6-B　使用 CASE 運算式的專用語法替商品分類加上 A ～ C 字串

Oracle

```
-- 以 Oracle 的 DECODE 取代 CASE 運算式
SELECT  shohin_name,
        DECODE(shohin_catalg, '衣物',      'A '  || shohin_catalg,
                              '辦公用品',  'B '  || shohin_catalg,
                              '廚房用品',  'C '  || shohin_catalg,
               NULL) AS abc_shohin_catalg
  FROM Shohin;
```

MySQL　MariaDB

```
-- 以 MySQL 的 IF 取代 CASE 運算式
SELECT  shohin_name,
        IF( IF(  IF(shohin_catalg = '衣物',
                    CONCAT('A:', shohin_catalg), NULL)
```

```
                IS NULL AND shohin_catalg = '辦公用品',
                  CONCAT('B:', shohin_catalg),
              IF(shohin_catalg = '衣物',
                CONCAT('A:', shohin_catalg), NULL))
                   IS NULL AND shohin_catalg = '廚房用品',
                     CONCAT('C:', shohin_catalg),
                   IF( IF(shohin_catalg = '衣物',
                     CONCAT('A:', shohin_catalg), NULL)
                IS NULL AND shohin_catalg = '辦公用品',
                   CONCAT('B:', shohin_catalg),
              IF(shohin_catalg = '衣物',
                CONCAT('A:', shohin_catalg),
           NULL))) AS abc_shohin_catalg
  FROM Shohin;
```

不過這些函數只能在特定的 DBMS 上使用，而且能表達的條件也比 CASE 運算式來得少，沒有什麼實用上的價值，建議避免使用這樣的專用語法。

自我練習

6.1 如果對章節內容所使用過的Shohin（商品）資料表，執行下列2段SELECT敘述，會分別獲得什麼樣的結果呢？

①

```
SELECT shohin_name, buying_price
  FROM Shohin
 WHERE buying_price NOT IN (500, 2800, 5000);
```

②

```
SELECT shohin_name, buying_price
  FROM Shohin
 WHERE buying_price NOT IN (500, 2800, 5000, NULL);
```

6.2 對於問題6.1所提及的Shohin（商品）資料表，請根據各項商品販售單價（sell_price）的金額，按照下列條件將商品做分類。

- **低價商品**：販售單價低於1000元（T恤、打孔機、叉子、刨絲器、鋼珠筆）
- **中價商品**：販售單價高於1001元、低於3000元（菜刀）
- **高價商品**：販售單價高於3001元（襯衫、壓力鍋）

然後撰寫SELECT敘述列出各價格範圍分別有幾項商品，其結果的樣貌如下所示。

執行結果

```
 low_price | mid_price | high_price
-----------+-----------+-----------
         5 |         1 |          2
```

第7章

集合運算（合併查詢）

資料表的加法與減法運算

結合（連結多個資料表欄位）

SQL

本章的主題

前面章節所撰寫過的 SQL 敘述，大部分都只有使用到 1 個資料表的資料，而在這個章節之中，對於需要引用 2 個以上資料表的狀況，將可學到如何寫出這樣的 SQL 敘述。集合運算子的作用對象為多個資料表的記錄（縱向），而結合功能可以組合運用不同資料表的欄位（橫向），運用這些語法，便能收集散布在多個資料表的相關資料、篩選出所需的結果。

7-1 資料表的加法與減法運算

- 什麼是集合運算
- 資料表的加法運算－ UNION
- 集合運算的需注意事項
- 列出重複記錄的集合運算－ ALL 選項
- 篩選出資料表的共通部分－ INTERSECT
- 記錄的減法運算－ EXCEPT

7-2 結合（聯結多個資料表欄位）

- 什麼是結合
- 內部結合－ INNER JOIN
- 外部結合－ OUTER JOIN
- 使用 3 個以上資料表的結合
- 交叉結合－ CROSS JOIN
- 結合的專用語法和舊式語法

7-1 資料表的加法與減法運算

學習重點

- 所謂的集合運算是對多筆記錄執行相加或相減的動作，可以說是記錄的四則運算。
- 進行集合運算的時候，需要使用 UNION（聯集）、INTERSECT（交集）和 EXCEPT（差集）等集合運算子。
- 集合運算子預設會排除重複的記錄。
- 使用集合運算子的時候，如果想列出重複的記錄，需要加上 ALL 選項。

什麼是集合運算

KEYWORD
- 集合運算
- 集合
- 記錄的集合
- 集合運算子

此章節所要學習的是稱為「**集合運算**（Set Operations）」的操作。「**集合**（Set）」這個名稱在數學的領域中代表著「（各種）事物的集合體」，而在資料庫的世界指的是「**記錄的集合**」。如果要具體說明什麼是「記錄的集合」，最直接的便是儲存著多筆記錄的資料表，而檢視表與查詢敘述的執行結果亦屬於集合。

NOTICE
關聯式資料庫的集合運算也被特別稱為關聯式代數（Relational Algebra）。

本書到這裡為止，介紹過了如何從資料表篩選出資料、還有新增資料等操作方法，而集合運算能對多筆記錄執行相加或相減的動作，可以說是記錄的四則運算。執行集合運算之後，便能 1 次獲得 2 個資料表中的所有記錄、2 個資料表都具有的相同記錄、或其中 1 個資料表獨有的記錄等結果，而用來執行集合運算的運算子就稱為「**集合運算子**」。

這個小節先針對如何執行「資料表的加法與減法運算」、下個小節則是「資料表的結合」主題，學習 SQL 的集合運算子以及其相關使用方式。

資料表的加法運算－ UNION

KEYWORD
- UNION（聯集）

首先所要介紹的集合運算子，便是用來執行記錄加法運算的 **UNION（聯集）**。

實際開始說明其使用方式之前，請先另外新增 1 個練習用的資料表，此新增資料表的結構和之前一直使用的 Shohin（商品）資料表完全相同，只有將資料表的名稱改為「Shohin2（商品 2）」（範例 7-1）。

範例 7-1　建立 Shohin2（商品 2）資料表

```
CREATE TABLE Shohin2
(shohin_id         CHAR(4)        NOT NULL,
 shohin_name       VARCHAR(100)   NOT NULL,
 shohin_catalg     VARCHAR(32)    NOT NULL,
 sell_price        INTEGER                ,
 buying_price      INTEGER                ,
 reg_date          DATE                   ,
 PRIMARY KEY (shohin_id));
```

然後將範例 7-2 所示的 5 筆記錄新增至 Shohin2 資料表。其中商品 ID（shohin_id）為「0001」～「0003」的商品，在先前的 Shohin 資料表中也有相同的商品資料，而 ID「0009」的手套和「0010」的水壺則是 Shohin 資料表所沒有的商品。

範例 7-2　將資料存入 Shohin2（商品 2）資料表

MySQL　MariaDB

```
START TRANSACTION; ——①
INSERT INTO Shohin2 VALUES ('0001', 'T 恤' ,'衣物', ➡
1000, 500, '2009-09-20');
INSERT INTO Shohin2 VALUES ('0002', '打孔機', '辦公用品', ➡
500, 320, '2009-09-11');
INSERT INTO Shohin2 VALUES ('0003', '襯衫', '衣物', ➡
4000, 2800, NULL);
INSERT INTO Shohin2 VALUES ('0009', '手套', '衣物', ➡
800, 500, NULL);
INSERT INTO Shohin2 VALUES ('0010', '水壺', '廚房用品', ➡
2000, 1700, '2009-09-20');

COMMIT;
```

專用語法

各家 DBMS 交易功能的語法略有差異，如果在 PostgreSQL 或 SQL Server 執行範例 7-2 的敘述時，需要將 ① 這行改為「BEGIN TRANSACTION;」，而在 Oracle 或 DB2 上執行的時候，不需要 ① 的部分、直接刪除即可。

詳細的說明請參閱第 4 章「如何設定交易功能」的內容。

接下來在準備工作完成之後，趕緊來試著針對這 2 個資料表執行「Shohin 資料表 ＋ Shohin2 資料表」的加法運算吧！其敘述寫法如範例 7-3 所示。

範例 7-3　以 UNION 執行資料表的加法運算

```
SELECT shohin_id, shohin_name
  FROM Shohin
UNION
SELECT shohin_id, shohin_name
  FROM Shohin2;
```

執行結果

```
 shohin_id | shohin_name
-----------+------------
0001       | T恤
0002       | 打孔機
0003       | 襯衫
0004       | 菜刀
0005       | 壓力鍋
0006       | 叉子
0007       | 刨絲器
0008       | 鋼珠筆
0009       | 手套
0010       | 水壺
```

從執行結果可以看到，當中列出了 2 個資料表所包含的所有記錄。此種運算的方式，或許會讓某些讀者想到曾經在學校學過類似的東西，那便是集合論中的「**聯集集合**」，若嘗試畫成范恩圖應該會更加清楚（圖 7-1）。

圖 7-1　以 UNION 執行資料表的加法運算

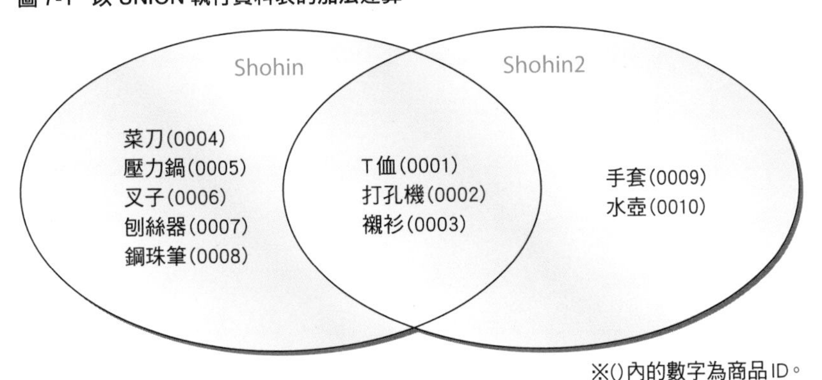

※()內的數字為商品ID。

由於 2 個資料表都具有商品 ID「0001」～「0003」這 3 筆相同的記錄，直覺的想法可能會認為結果當中應該會出現重複的商品資料，不過包含 UNION 在內的集合運算子，一般都會排除重複的記錄。

牢記的原則 7-1

集合運算子會排除重複的記錄。

集合運算的注意事項

雖然也能指定在結果中列出重複的記錄，不過在此之前，請先看一下集合運算子在使用上需要注意的基本事項，這些內容不只針對 UNION，也是之後將學到的所有運算子應該注意的事項。

■ 注意事項 ① 運算對象的欄位數量必須相同

例如像是下面的例子，由於一方的欄位數量只有 2 欄，無法與 3 欄的資料集合進行加法運算，只會得到錯誤訊息。

```
-- 因欄位數量不同而發生錯誤
SELECT shohin_id, shohin_name
  FROM Shohin
UNION
SELECT shohin_id, shohin_name, sell_price
  FROM Shohin2;
```

■ 注意事項 ② 對應欄位的資料型別必須一致

從左側起算、處於相同位置的欄位，必須具有相同的資料型別，舉例來說，下列的 SQL 敘述雖然 2 者欄位數量相同，不過第 2 個欄位分別為數值型別和日期型別，執行後會因為資料型別不一致而發生錯誤（註 7-❶）。

註 7-❶
實際上，遇到資料型別不同的狀況時，有些 DBMS 會自動以隱含的方式幫忙轉換型別，不過並非所有的 DBMS 都會有這樣的動作，執行這類運算時應該確實注意資料的型別。

```
-- 因資料型別不一致而發生錯誤
SELECT shohin_id, sell_price
  FROM Shohin
UNION
SELECT shohin_id, reg_date
  FROM Shohin2;
```

NOTICE
實際測試 MariaDB 會自動進行型別轉換。

假若無論如何都需要使用不同型別的欄位資料，可以加上 6-1 節所介紹過的型別轉換函數 CAST，化解型別不同的問題。

■ 注意事項 ③ SELECT 敘述可寫入各種子句，但 ORDER BY 子句只能寫在最後 1 處

以 UNION 進行相加的 2 段 SELECT 敘述可以寫入各種子句，例如前面學過的 WHERE、GROUP BY 以及 HAVING 等子句，不過，整段敘述只能有 1 個 ORDER BY 子句，而且必須寫在最後的位置（範例 7-4）。

範例 7-4　ORDER BY 子句只能寫在最後 1 處

```
SELECT shohin_id, shohin_name
  FROM Shohin
 WHERE shohin_catalg = '廚房用品'
UNION
SELECT shohin_id, shohin_name
  FROM Shohin2
 WHERE shohin_catalg = '廚房用品'
ORDER BY shohin_id;
```

執行結果

```
 shohin_id  | shohin_name
------------+------------
 0004       | 菜刀
 0005       | 壓力鍋
 0006       | 叉子
 0007       | 刨絲器
 0010       | 水壺
```

列出重複記錄的集合運算－ALL 選項

KEYWORD
● ALL 選項

接下來為您介紹在 UNION 的結果中列出重複記錄的語法，其實相當簡單，只要在 UNION 的後方加上「ALL」這個關鍵字即可，ALL 選項除了 UNION 之外，也適用於其他的集合運算子（範例 7-5）。

範例 7-5　不排除重複的記錄

```
SELECT shohin_id, shohin_name
  FROM Shohin
UNION ALL
SELECT shohin_id, shohin_name
  FROM Shohin2;
```

執行結果

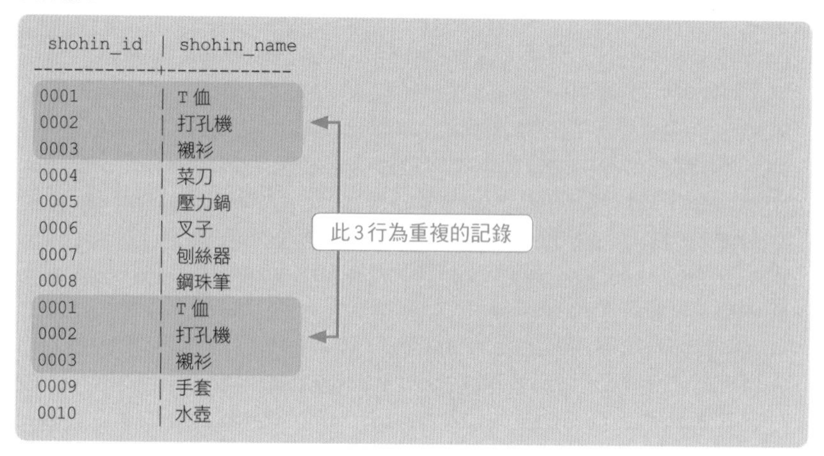

```
 shohin_id  | shohin_name
------------+------------
0001        | T 恤
0002        | 打孔機
0003        | 襯衫
0004        | 菜刀
0005        | 壓力鍋
0006        | 叉子
0007        | 刨絲器
0008        | 鋼珠筆
0001        | T 恤
0002        | 打孔機
0003        | 襯衫
0009        | 手套
0010        | 水壺
```

牢記的原則 7-2

使用集合運算子想列出重複的記錄時，請加上 ALL 選項。

篩選出資料表的共通部分－ INTERSECT

KEYWORD

● INTERSECT（交集）

註 7-❷

MySQL 和 MariaDB 尚未實作 INTERSECT 的功能，所以無法使用。

下面所要介紹的集合運算子，雖然其功用在數值的四則運算中沒有相對應的概念，不過相當容易理解，由於它能篩選出 2 組記錄集合（SELECT 敘述的執行結果）的共通部分，所以採用了 INTERSECT（交集）這個關鍵字（註 7-❷）。

趕緊來使用看看吧！其語法和 UNION 完全相同（範例 7-6）。

範例 7-6　以 INTERSECT 篩選資料表的共通部分

Oracle | SQL Server | DB2 | PostgreSQL

```
SELECT shohin_id, shohin_name
  FROM Shohin
INTERSECT
SELECT shohin_id, shohin_name
  FROM Shohin2
ORDER BY shohin_id;
```

執行結果

```
 shohin_id | shohin_name
-----------+------------
0001       | T 恤
0002       | 打孔機
0003       | 襯衫
```

NOTICE

MySQL / MariaDB 可以用 IN、EXISTS 或 JOIN 等來替代，附上 1 個 IN 的寫法
SELECT shohin_id, shohin_name
  FROM Shohin
  WHERE shohin_id IN (SELECT shohin_id FROM Shohin2)
ORDER BY shohin_id;）

執行結果為篩選出 2 個資料表所儲存記錄的共通部分，如果同樣將此運算方式畫成范恩圖，應該會比較清楚（圖 7-2）。

圖 7-2　以 INTERSECT 篩選資料表共通部分的示意圖

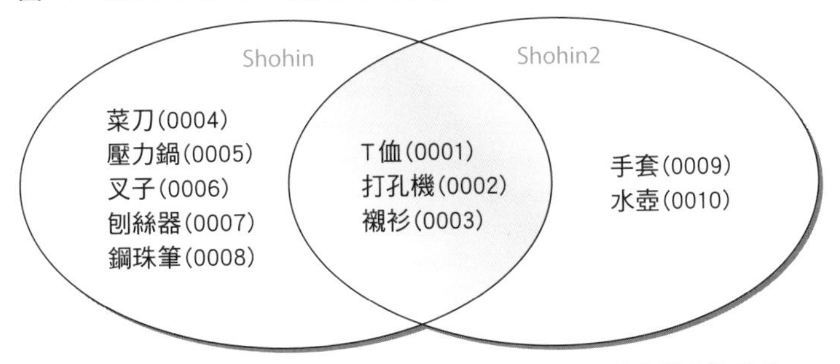

※()內的數字為商品 ID。

相對於 AND 只能針對 1 個資料表篩選出多個條件的交集結果，INSERTSECT 需要引用 2 個資料表篩選出共通的記錄。

如同「集合運算的需注意事項」和「列出重複記錄的集合運算」單元的說明，INTERSECT 需要注意的事項和 UNION 相同，而想列出重複記錄的時候，同樣可以使用「INTERSECT ALL」的寫法。

KEYWORD

● EXCEPT（差集）

記錄的減法運算－ EXCEPT

此小節最後所要介紹的集合運算子是進行減法運算的 EXCEPT（差集）（註 7-❸），其語法也和 UNION 相同（範例 7-7）。

註 7-❸

只有 Oracle 以 MINUS 取代 EXCEPT，使用 Oracle 的讀者請直接把 EXCEPT 改為 MINUS。而 MySQL 和 MariaDB 尚未實作 EXCEPT 的功能，所以無法使用。

範例 7-7　以 UNION 執行記錄的加法運算

SQL Server　DB2　PostgreSQL

```
SELECT shohin_id, shohin_name
  FROM Shohin
EXCEPT
SELECT shohin_id, shohin_name
  FROM Shohin2
ORDER BY shohin_id;
```

NOTICE

MySQL 可 用 NOT IN 或 NOT EXISTS 等 來替 代，先 附 上 1 個 NOT IN 的寫法
SELECT shohin_id, shohin_name
FROM Shohin
WHERE shohin_id NOT IN (SELECT shohin_id FROM Shohin2)
ORDER BY shohin_id;)

專用語法

想在 Oracle 上執行範例 7-7 和範例 7-8 的 SQL 敘述時，請將 EXCEPT 改為 MINUS。

```
-- Oracle 需要改用 MINUS 來取代 EXCEPT
SELECT …
  FROM …
MINUS
SELECT …
  FROM …;
```

執行結果

```
 shohin_id | shohin_name
-----------+------------
0004       | 菜刀
0005       | 壓力鍋
0006       | 叉子
0007       | 刨絲器
0008       | 鋼珠筆
```

由執行結果可以看到，此段敘述將 Shohin 資料表的記錄減掉 Shohin2 資料表的記錄，然後呈現於畫面上，而示意運算方式的范恩圖如圖 7-3 所示。

EXCEPT 有個 UNION 以及 INTERSECT 所沒有的特點，需要特別留意，這項特點若從減法運算的觀點來看相當順理成章，那便是以何者減去何者將會獲得完全不同的結果，此點和數值的減法運算相當類似，例如「4 ＋ 2」和「2 ＋ 4」的結果相同，不過「4 - 2」和「2 -4」會獲得不同的結果，因此，請試著將先前 SQL 敘述的 Shohin 和 Shohin2 資料表對調，成為範例 7-8 所示的樣子。

圖 7-3 以 EXCEPT 進行記錄減法運算（以 Shohin 減去 Shohin2 的記錄）

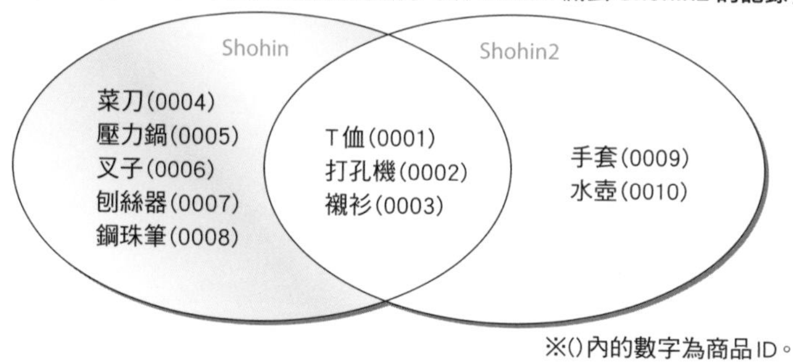

※()內的數字為商品 ID。

範例 7-8　以何者減去何者將會影響結果

SQL Server | DB2 | PostgreSQL

```
-- 從 Shohin2 的記錄減去 Shohin 的記錄
SELECT shohin_id, shohin_name
  FROM Shohin2
EXCEPT
SELECT shohin_id, shohin_name
  FROM Shohin
ORDER BY shohin_id;
```

執行結果

```
 shohin_id | shohin_name
-----------+------------
 0009      | 手套
 0010      | 水壺
```

2 者前後對調之後的范恩圖如圖 7-4 所示。

圖 7-4　以 EXCEPT 進行記錄減法運算的示意圖（以 Shohin2 減去 Shohin 的記錄）

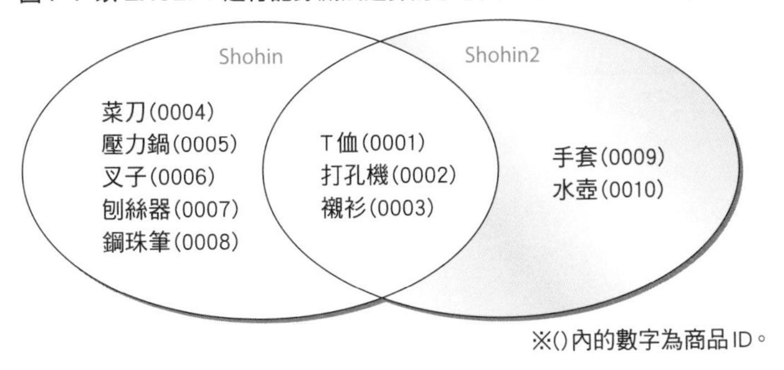

※()內的數字為商品 ID。

至此 SQL 集合運算子的相關內容已經介紹完畢，看到這句話，也許有些比較敏銳的讀者會有這樣的疑問「啊？那沒有乘法運算和除法運算嗎？」關於資料集合的乘法運算，將在下個小節的後半段再做詳細說明。另外，SQL 雖然也有除法運算，不過由於其難度較高、已經屬於較為進階的內容，所以會在這個章節最後所附的 COLUMN 中稍微接觸一下其運用方式，有興趣的讀者請參閱 COLUMN「關聯式除法運算」(7-30 頁)。

7-2 結合（聯結多個資料表欄位）

學習重點

- 結合（JOIN）能帶入其他資料表的欄位資料，可以說是「增加資料表欄位」的集合運算功能。相對於 UNION 是按照記錄的方向（縱向）聯結不同資料表的資料，結合則是順著欄位的方向（橫向）進行聯結。
- 結合基本上可分為內部結合與外部結合等 2 種類型，請確實地掌握這 2 種方式。
- 使用結合功能的時候，請勿使用舊式語法或專用語法，務必採用標準的 SQL 語法來撰寫，不過，您還是應該具備閱讀舊式語法和專用語法的能力。

什麼是結合

在前個小節中，我們學過了 UNION 和 INTERSECT 的集合運算功能，而這些集合運算的特徵在於沿著**記錄的方向**增加資料。一般來說，若使用這些集合運算的功能，將增加或減少篩選結果的記錄筆數，例如 UNION 會增加記錄筆數，而 INTERSECT 則會減少筆數（註 7-❹）。

註 7-❹
視資料表儲存的資料內容，記錄筆數也可能不會改變。

從另外一方面來說，這些運算功能沒有改變欄位數量的能力。對於參與集合運算的 SELECT 敘述，只有規定欄位的數量必須一致，不過對於其運算的結果，無法增加也無法減少原有的欄位。

KEYWORD
● 結合（JOIN）

這個小節所要學習的**結合（JOIN）**運算，如果簡單描述它的功能，可以說是能從其他的資料表帶入欄位、「增加資料表欄位」的操作（圖 7-5），而這項操作適用的場合，在於想取得的資料（欄位）存在於多個資料表的狀況。在本章之前，基本上都是從單一資料表取出資料，不過在實務上，所需的資料散布在多個資料表的狀況相當常見，在這種情形之下，利用結合功能就能從多個資料表（3 個以上也沒問題）篩選出所需的資料集合形式。

圖 7-5　結合功能

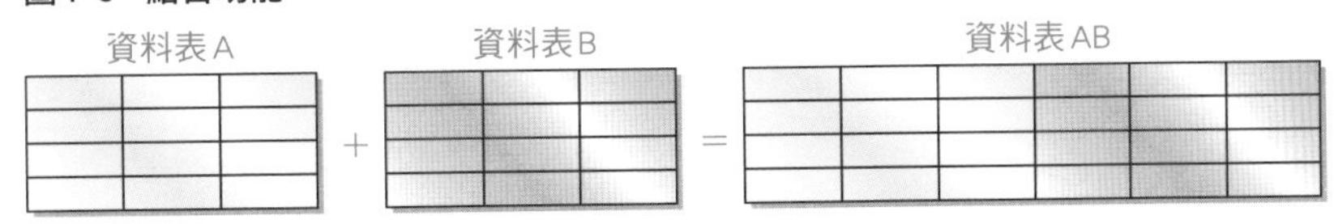

SQL 的結合功能按照其用途有非常多樣化的類型，不過一開始需要熟悉的結合功能僅有 2 項，那便是**內部結合**、以及內部結合稍微變化之後的**外部結合**，後面的學習內容將圍繞著這 2 項結合功能。

內部結合－ INNER JOIN

KEYWORD
● 內部結合（INNER JOIN）

首先所要學習的是稱為**內部結合**（INNER JOIN）的功能，這也是最常被使用的結合方式，而關於「內部」這個稱呼，現在您先不必太過於在意，稍後還會再說明其意義。

另外，做為練習對象的資料表除了一直使用的 Shohin 資料表之外，還有在第 6 章所建立過的 StoreShohin 資料表，這裡再次列出這 2 個資料表的內容（表 7-1、7-2）。

表 7-1　Shohin（商品）資料表

shohin_id（商品 ID）	shohin_name（商品名稱）	shohin_catalg（商品分類）	sell_price（販售單價）	buying_price（購入單價）	reg_date（登錄日期）
0001	T 恤	衣物	1000	500	2009-09-20
0002	打孔機	辦公用品	500	320	2009-09-11
0003	襯衫	衣物	4000	2800	
0004	菜刀	廚房用品	3000	2800	2009-09-20
0005	壓力鍋	廚房用品	6800	5000	2009-01-15
0006	叉子	廚房用品	500		2009-09-20
0007	刨絲器	廚房用品	880	790	2008-04-28
0008	鋼珠筆	辦公用品	100		2009-11-11

表 7-2　StoreShohin（店鋪商品）資料表

store_id（店鋪 ID）	store_name（店鋪名稱）	shohin_id（商品 ID）	s_amount（數量）
00A	東京	0001	30
00A	東京	0002	50
00A	東京	0003	15
00B	名古屋	0002	30
00B	名古屋	0003	120
00B	名古屋	0004	20
00B	名古屋	0006	10
00B	名古屋	0007	40
000C	大阪	0003	20
000C	大阪	0004	50
000C	大阪	0006	90
000C	大阪	0007	70
000D	福岡	0001	100

如果重新整理一下這 2 個資料表分別具有哪些欄位，應該可以獲得表 7-3 所示的狀況。

如同此表格所顯示的狀況，2 個資料表的欄位可以分成 2 個群組。

表 7-3　2 個資料表的欄位

	Shohin	StoreShohin
商品 ID	○	○
商品名稱	○	
商品分類	○	
販售單價	○	
購入單價	○	
登錄日期	○	
店鋪 ID		○
店鋪名稱		○
數量		○

Ⓐ 2 個資料表均具有的欄位 → 商品 ID

Ⓑ 其中 1 個資料表才具有的欄位 → 商品 ID 之外的欄位

以 1 句話來簡單說明結合的功用，便是「**將屬於 Ⓐ 群組的欄位當作溝通用的 " 橋 "，讓屬於 Ⓑ 群組的欄位能同時呈現於 1 組結果之中**」，下面就來具體看一下其運用方式吧。

從 StoreShohin 資料表可以看出，東京店（000A）中有商品 ID「0001」、「0002」和「0003」等 3 項商品，不過這些商品的商品名稱（shohin_name）以及販售單價（sell_price）等資訊，無法單從 StoreShohin 資料表得知，因為這些資訊僅儲存於 Shohin 資料表的欄位內，而其他大阪店或名古屋店內商品也是同樣的狀況。

因此，如果想一併獲得上述的資訊，就必須從 Shohin 資料表帶入商品名稱（shohin_name）以及販售單價（sell_price）欄位、與 StoreShohin 資料表「聯結在一起」，所需的結果如下所示。

執行結果

```
 store_id | store_name | shohin_id | shohin_name | sell_price
----------+------------+-----------+-------------+------------
000A      | 東京       | 0002      | 打孔機      |        500
000A      | 東京       | 0003      | 襯衫        |       4000
000A      | 東京       | 0001      | T 恤        |       1000
000B      | 名古屋     | 0007      | 刨絲器      |        880
000B      | 名古屋     | 0002      | 打孔機      |        500
000B      | 名古屋     | 0003      | 襯衫        |       4000
000B      | 名古屋     | 0004      | 菜刀        |       3000
000B      | 名古屋     | 0006      | 叉子        |        500
000C      | 大阪       | 0007      | 刨絲器      |        880
000C      | 大阪       | 0006      | 叉子        |        500
000C      | 大阪       | 0003      | 襯衫        |       4000
000C      | 大阪       | 0004      | 菜刀        |       3000
000D      | 福岡       | 0001      | T 恤        |       1000
```

而能獲得此結果的 SELECT 敘述如範例 7-9 所示。

範例 7-9　將 2 個資料表做內部結合

SQL Server　DB2　PostgreSQL　MySQL　MariaDB

```
SELECT SS.store_id, SS.store_name, ➡
SS.shohin_id, S.shohin_name, S.sell_price
  FROM StoreShohin AS SS INNER JOIN Shohin AS S ──①
    ON SS.shohin_id = S.shohin_id
ORDER BY store_id;
```

> **專用語法**
>
> Oralce 的 FROM 子句不能使用 AS（會發生錯誤），因此如果想在 Oracle 上執行範例 7-9 的敘述時，請將 ① 的部分改為「FROM StoreShohin SS INNER JOIN Shohin S」（刪除 FROM 子句中的 AS）。

關於內部結合有 3 個重點需要特別留意。

● 內部結合的重點 ① － FROM 子句

首先第 1 個重點，先前都只有寫著 1 個資料表名稱的 FROM 子句，在這裡需要寫入 StoreShohin 以及 Shohin 等 2 個資料表的名稱。

```
FROM StoreShohin AS SS INNER JOIN Shohin AS S
```

此種寫法能成立的關鍵字正是「INNER　JOIN」，而 SS 和 S 的部分為資料表的別名，賦予別名並非必要的寫法，在 SELECT 子句中亦可採用 StoreShohin.shohin_id 的方式，直接寫上資料表原本的名稱，不過由於資料表名稱過長會增加 SQL 敘述閱讀的困難度，所以一般習慣賦予較為簡潔的別名（註 7- ❺）。

註7-❺
在 FROM 子句中賦予資料表別名的時候，使用「Shohin AS S」的格式是標準 SQL 正式認可的語法，不過 Oracle 所能接受的寫法較為獨特，加上 AS 反而會發生錯誤，因此，在 Oracle 上執行時必須去掉 AS。

牢記的原則 7-3

進行結合的時候，FROM子句中需要寫入多個資料表名稱。

● 內部結合的重點 ② － ON 子句

第 2 個重點為寫在「ON」之後的結合條件。

```
ON SS.shohin_id = S.shohin_id
```

KEYWORD
● ON子句

KEYWORD
● 結合鍵

此處指定了用來聯結 2 個資料表的欄位，也就是所謂的**結合鍵**（Join Key）。這個例子當中的結合鍵便是商品 ID（shohin_id），而 ON 有如結合條件專用的 WHERE 關鍵字，由於和 WHERE 子句同樣能指定多個結合鍵，所以也可以使用 AND 和 OR 等運算子。此 ON 子句是執行部結合時不可或缺的語句（沒有 ON 子句將發生錯誤），而且撰寫位置必須位於 FROM 和 WHERE 子句之間。

牢記的原則 7-4

內部結合必須有 ON 子句，其撰寫位置在 FROM 和 WHERE 子句之間。

若以視覺的圖形來形容，2 個資料表有如被河川分隔的城鎮，而 ON 的角色就像是聯結 2 個城鎮的「橋」。

圖 7-6　以 ON 進行資料表間欄位相加（聯集）

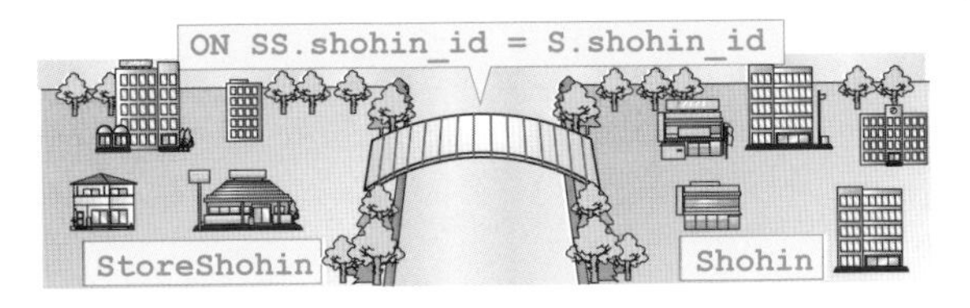

另外，在這裡您只要先知道結合條件大多是以「=」來撰寫即可，雖然語法上也可以使用 <= 或 BETWEEN 等述詞來撰寫條件，不過實務上「=」的結合足以應付大約 9 成的狀況，一開始請先熟練「=」的寫法吧！進行結合的時候，只需以「=」連接結合鍵的欄位名稱，就能讓 2 個資料表中具有相同欄位的 2 筆記錄、如同此功能的名稱「結合」在一起。

● 內部結合的重點 ③ － SELECT 子句

第 3 個重點為 SELECT 子句中所指定的欄位。

```
SELECT SS.store_id, SS.store_name, ➡
SS.shohin_id, S.shohin_name, S.sell_price
```

SELECT 子句中採用了 SS.store_id 或 S.sell_price 這樣的寫法、也就是 **< 資料表別名 >.< 欄位名稱 >** 的格式來指定欄位，這和只有引用 1 個資料表的寫法不同，因為進行結合的時候，從哪個資料表引用哪個欄位很容易混淆，如此方能明確指定出需要的欄位。

在語法的規定上，只有 2 個資料表都具有的欄位，例如此範例中的「shohin_id」才必須冠上資料表的名稱，而其他僅存在於其中一方資料表的欄位，例如「store_id」只寫入欄位名稱也不會發生錯誤，不過為了容易閱讀理解，使用結合功能的時候，建議將 SELECT 子句中的所有欄位都寫成 **< 資料表別名 >.< 欄位名稱 >** 的格式。

> **牢記的原則 7-5**
>
> 使用結合的時候，SELECT 子句的欄位應當寫成 < 資料表別名 >.< 欄位名稱 > 的格式。

■ 內部結合與 WHERE 子句組合使用

假如不想 1 次取得全部的店鋪、而只取得東京店（000A）的資訊，可以和之前一樣增加 WHERE 子句的條件，如此一來，原本範例 7-9 取得全部店鋪的結果，便會限縮至僅列出東京店的記錄（範例 7-10）。

範例 7-10　組合使用內部結合與 WHERE 子句

SQL Server　DB2　PostgreSQL　MySQL　MariaDB

```
SELECT SS.store_id, SS.store_name, ➡
SS.shohin_id, S.shohin_name, S.sell_price
  FROM StoreShohin AS SS INNER JOIN Shohin AS S ——①
    ON SS.shohin_id = S.shohin_id
 WHERE SS.store_id = '000A';
```

專用語法

想在 Oracle 上執行範例 7-10 的敘述時，請將①的部分改為「FROM StoreShohin SS INNER JOIN Shohin S」（刪除 FROM 子句中的 AS）。

執行結果

```
 store_id | store_name | shohin_id | shohin_name |  sell_price
----------+------------+-----------+-------------+---------------
 000A     | 東京       | 0001      | T 恤        |         1000
 000A     | 東京       | 0002      | 打孔機      |          500
 000A     | 東京       | 0003      | 襯衫        |         4000
```

如同上面的例子，結合運算將 2 個資料表做結合之後，同樣可以附加使用先前介紹過的 WHERE、GROUP BY、HAVING 以及 ORDER BY 等輔助功能的子句。您可以想像結合功能先建立了 1 個暫時的資料表（如表 7-4 所示的「ShohinJoinStoreShohin」資料表），然後再對此資料表套用 WHERE 等子句的效果，這樣應該會比較容易理解吧。

此「資料表」當然只有存在於 SELECT 敘述執行的期間，當 SELECT 敘述執行完畢後便會立即消失，如果想讓此資料表持續存在，將 SELECT 敘述建立成檢視表即可。

表 7-4　結合功能有如暫時建立 ShohinJoinStoreShohin 資料表

store_id（店鋪 ID）	store_name（店鋪名稱）	shohin_id（商品 ID）	shohin_name（商品名稱）	sell_price（販售單價）
00A	東京	0001	T 恤	1000
00A	東京	0002	打孔機	500
00A	東京	0003	襯衫	4000
00B	名古屋	0002	打孔機	500
00B	名古屋	0003	襯衫	4000
00B	名古屋	0004	菜刀	3000
00B	名古屋	0006	叉子	500
00B	名古屋	0007	刨絲器	880
000C	大阪	0003	襯衫	4000
000C	大阪	0004	菜刀	3000
000C	大阪	0006	叉子	500
000C	大阪	0007	刨絲器	880
000D	福岡	0001	T 恤	1000

外部結合－ OUTER JOIN

KEYWORD
● 外部結合（OUTER JOIN）

介紹過內部結合之後，接下來的外部結合（OUTER JOIN）也是相當重要的功能。請試著思考一下先前內部結合的範例，先前的範例使用 Shohin 資料表和 StoreShohin 資料表進行內部結合，從雙方的資料表篩選出各店鋪現有商品的資訊，而能達成「雙方」這個重點的便是結合的功用。

外部結合也是以 ON 子句所指定的結合鍵來聯結 2 個資料表，而能同時篩選出不同資料表欄位的這個基本使用方式也沒有差異，不同的地方僅在於執行結果的形式。實作勝於論述，請試著將先前所撰寫內部結合的 SELECT 敘述（範例 7-9）改寫成外部結合的方式吧，改寫後的敘述如同範例 7-11 所示。

範例 7-11　將 2 個資料表進行外部結合

SQL Server | DB2 | PostgreSQL | MySQL | MariaDB

```
SELECT SS.store_id, SS.store_name, ➡
S.shohin_id, S.shohin_name, S.sell_price
  FROM StoreShohin AS SS RIGHT OUTER JOIN Shohin AS S ——①
    ON SS.shohin_id = S.shohin_id
ORDER BY store_id;
```

專用語法

想在 Oracle 上執行範例 7-11 的敘述時，請將①的部分改為「FROM StoreShohin SS RIGHT OUTER JOIN Shohin S」（刪除 FROM 子句中的 AS）。

執行結果

store_id	store_name	shohin_id	shohin_name	sell_price
000A	東京	0002	打孔機	500
000A	東京	0003	襯衫	4000
000A	東京	0001	T 恤	1000
000B	名古屋	0006	叉子	500
000B	名古屋	0002	打孔機	500
000B	名古屋	0003	襯衫	4000
000B	名古屋	0004	菜刀	3000
000B	名古屋	0007	刨絲器	880
000C	大阪	0006	叉子	500
000C	大阪	0007	刨絲器	880
000C	大阪	0003	襯衫	4000
000C	大阪	0004	菜刀	3000
000D	福岡	0001	T 恤	1000
		0005	壓力鍋	6800
		0008	鋼珠筆	100

內部結合時沒有這 2 筆記錄！

● 外部結合的重點①－會輸出其中 1 個資料表的全部資訊

與內部結合的結果相較之下，其差異相當明顯，可以看到 2 者的記錄筆數不同，先前內部結合的結果為 13 筆記錄，而相對於此的外部結合則有 15 筆記錄，增加了 2 筆記錄，這 2 筆記錄到底來自於哪裡呢？

此不同之處正是外部結合的關鍵重點。外部結合多出來的 2 筆記錄是壓力鍋與鋼珠筆等 2 項商品，而 StoreShohin（店鋪商品）資料表並沒有這 2 項商品的記錄，也就是說，目前所有分店都沒有販售這 2 項商品。由於先前的內部結合只會篩選出 2 個資料表都具有的資訊，所以僅存在於 Shohin（商品）資料表的這 2 項商品不會出現在結果中。

另外一方面，如果資訊只存在於其中 1 個資料表，外部結合便能指定輸出該資料表的全部資訊，不會漏掉任何 1 筆記錄。以實務上使用此種結合方式的例子來說，像是需要製作行數固定的定型化報表或票據時，如果使用內部結合的方式，在 SELECT 敘述執行的時間點上，店面的庫存狀況會影響到結果的記錄筆數，可能導致報表或票據上的版面配置跑掉，若改用外部結合的方式，即能獲得資料筆數固定的結果。

話雖如此，不過由於需要輸出資料表內所沒有的資料，所以壓力鍋以及鋼珠筆的店鋪 ID 和店鋪名稱呈現 NULL 的結果（沒有具體的數值資料只能留空），而外部結合這個名稱正是來自於此 NULL，也就是說，外部代表了「**原資料表中沒有、需要以資料表外部的資訊加入結果之中**」的意思，因此稱之為「外部」結合，相反地，只列出資料表內部既有資料的結合方式，即稱為「內部」結合。

● 外部結合的重點 ② － 以哪個資料表為主？

外部結合還有另外 1 個重點，便是**以哪個資料表做為主要的資料表**。外部結合的篩選結果，會將被指定為主要資料表的所有資訊全部列出，而用來指定的關鍵字為「LEFT」和「RIGHT」，如同這 2 個關鍵字的名稱，如果使用 LEFT 會指定 FROM 子句中寫在左側的資料表為主要資料表，若使用 RIGHT 則會以右側資料表為主。由於前面的範例 7-11 使用了 RIGHT，所以右側的資料表、也就是 Shohin 資料表成為主要的資料表。

KEYWORD
- LEFT 關鍵字
- RIGHT 關鍵字

因此，如果改寫成範例 7-12 所示的寫法，其結果將完全相同（請注意資料表也有做對調）。

範例 7-12

SQL Server | DB2 | PostgreSQL | MySQL | MariaDB

```
SELECT SS.store_id, SS.store_name, ➡
S.shohin_id, S.shohin_name, S.sell_price
  FROM Shohin AS S LEFT OUTER JOIN StoreShohin AS SS——①
    ON SS.shohin_id = S.shohin_id
ORDER BY store_id;
```

專用語法

想在 Oracle 上執行範例 7-12 的敘述時，請將 ① 的部分改為「FROM Shohin S LEFT OUTER JOIN StoreShohin SS」（刪除 FROM 子句中的 AS）。

如此一來，對於應該採用 LEFT 或 RIGHT 的寫法，您的心中可能會產生疑惑，不過由於在功能上 2 者其實沒有差異，可以自行決定採用何種寫法。一般採用 LEFT 的寫法較為常見，但是這並沒有什麼特定的理由，改用 RIGHT 也不會有任何壞處。

牢記的原則 7-6

外部結合使用 LEFT 或 RIGHT 來指定主要的資料表，無論使用何者其結果均相同。

使用 3 個以上資料表的結合

結合的基本形式為使用 2 個資料表，不過其實也能同時結合 3 個以上的資料表，而參與結合的資料表數量原則上沒有限制，下面請看一下使用 3 個資料表的結合方式吧。

請另外建立如表 7-5 所示、用來管理商品庫存的資料表，實體商品會存放於編號 ID 為「S001」和「S002」的 2 個倉庫。

表 7-5　StockShohin（庫存商品）資料表

whouse_id（倉庫 ID）	shohin_id（商品 ID）	stock_amount（庫存數量）
S001	0001	0
S001	0002	120
S001	0003	200
S001	0004	3
S001	0005	0
S001	0006	99
S001	0007	999
S001	0008	200
S002	0001	10
S002	0002	25
S002	0003	34
S002	0004	19
S002	0005	99
S002	0006	0
S002	0007	0
S002	0008	18

可建立此資料表、以及能對資料表存入資料的 SQL 敘述如範例 7-13 所示。

範例 7-13　建立 StockShohin 資料表與存入資料

```
-- DDL：建立資料表
CREATE TABLE StockShohin
( whouse_id      CHAR(4)     NOT NULL,
  shohin_id      CHAR(4)     NOT NULL,
  stock_amount   INTEGER     NOT NULL,
  PRIMARY KEY (whouse_id, shohin_id));
```

MySQL MariaDB

```
-- DML：存入資料
START TRANSACTION; ——①

INSERT INTO StockShohin (whouse_id, shohin_id, ➡
stock_amount) VALUES ('S001', '0001', 0);
INSERT INTO StockShohin (whouse_id, shohin_id, ➡
stock_amount) VALUES ('S001', '0002', 120);
INSERT INTO StockShohin (whouse_id, shohin_id, ➡
stock_amount) VALUES ('S001', '0003', 200);
INSERT INTO StockShohin (whouse_id, shohin_id, ➡
stock_amount) VALUES ('S001', '0004', 3);
INSERT INTO StockShohin (whouse_id, shohin_id, ➡
stock_amount) VALUES ('S001', '0005', 0);
INSERT INTO StockShohin (whouse_id, shohin_id, ➡
stock_amount) VALUES ('S001', '0006', 99);
INSERT INTO StockShohin (whouse_id, shohin_id, ➡
stock_amount) VALUES ('S001', '0007', 999);
INSERT INTO StockShohin (whouse_id, shohin_id, ➡
stock_amount) VALUES ('S001', '0008', 200);
INSERT INTO StockShohin (whouse_id, shohin_id, ➡
stock_amount) VALUES ('S002', '0001', 10);
INSERT INTO StockShohin (whouse_id, shohin_id, ➡
stock_amount) VALUES ('S002', '0002', 25);
INSERT INTO StockShohin (whouse_id, shohin_id, ➡
stock_amount) VALUES ('S002', '0003', 34);
INSERT INTO StockShohin (whouse_id, shohin_id, ➡
stock_amount) VALUES ('S002', '0004', 19);
INSERT INTO StockShohin (whouse_id, shohin_id, ➡
stock_amount) VALUES ('S002', '0005', 99);
INSERT INTO StockShohin (whouse_id, shohin_id, ➡
stock_amount) VALUES ('S002', '0006', 0);
INSERT INTO StockShohin (whouse_id, shohin_id, ➡
stock_amount) VALUES ('S002', '0007', 0);
INSERT INTO StockShohin (whouse_id, shohin_id, ➡
stock_amount) VALUES ('S002', '0008', 18);

COMMIT;
```

專用語法

各家 DBMS 交易功能的語法略有差異，如果在 PostgreSQL 或 SQL Server 執行範例 7-13 的 DML 敘述時，需要將 ① 這行改為「BEGIN TRANSACTION;」，而在 Oracle 或 DB2 上執行的時候，不需要 ① 的部分、直接刪除即可。

詳細的說明請參閱第 4 章「如何設定交易功能」的內容。

接下來會帶入此資料表中的資料，將存放在倉庫「S001」的庫存數量欄位、添加至先前範例 7-11 的執行結果之中，採用的結合方法為內部結合（外部結合也是相同的做法），而結合鍵還是選定商品 ID（shohin_id）這個欄位。

範例 7-14　以 3 個資料表做內部結合

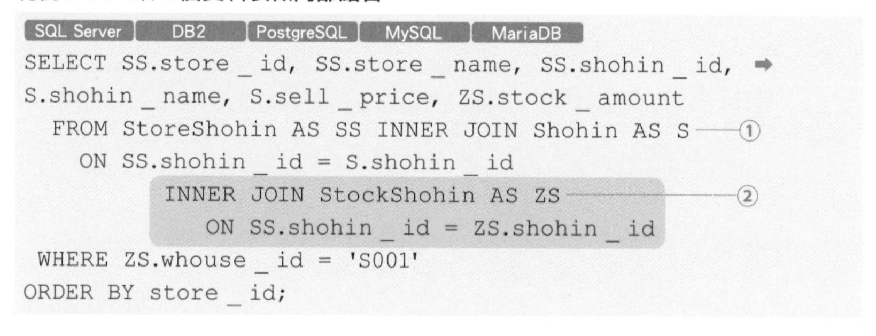

SQL Server | DB2 | PostgreSQL | MySQL | MariaDB

```
SELECT SS.store_id, SS.store_name, SS.shohin_id, ➡
S.shohin_name, S.sell_price, ZS.stock_amount
  FROM StoreShohin AS SS INNER JOIN Shohin AS S ——①
    ON SS.shohin_id = S.shohin_id
          INNER JOIN StockShohin AS ZS ——————②
             ON SS.shohin_id = ZS.shohin_id
 WHERE ZS.whouse_id = 'S001'
ORDER BY store_id;
```

專用語法

想在 Oracle 上執行範例 7-14 的敘述時，請將 ① 的部分改為「FROM StoreShohin SS INNER JOIN Shohin S」，而 ② 的部分請改為「INNER JOIN StockShohin ZS」（刪除 FROM 子句中的 AS）。

執行結果

store_id	store_name	shohin_id	shohin_name	sell_price	stock_amount
000A	東京	0002	打孔機	500	120
000A	東京	0003	襯衫	4000	200
000A	東京	0001	T 恤	1000	0
000B	名古屋	0007	刨絲器	880	999
000B	名古屋	0002	打孔機	500	120
000B	名古屋	0003	襯衫	4000	200
000B	名古屋	0004	菜刀	3000	3
000B	名古屋	0006	叉子	500	99
000C	大阪	0007	刨絲器	880	999
000C	大阪	0006	叉子	500	99
000C	大阪	0003	襯衫	4000	200
000C	大阪	0004	菜刀	3000	3
000D	福岡	0001	T 恤	1000	0

在範例 7-11 原本進行內部結合的 FROM 子句後方，再度以 INNER JOIN 加上 StockShohin 資料表的資料。

```
FROM StoreShohin AS SS INNER JOIN Shohin AS S
  ON SS.shohin_id = S.shohin_id
        INNER JOIN StockShohin AS ZS
           ON SS.shohin_id = ZS.shohin_id
```

第 2 段結合同樣以 ON 子句來指定結合條件的這點沒有改變，而結合條件是以等號連接 StoreShohin 資料表和 StockShohin 資料表的商品 ID（shohin_id）欄位，由於 Shohin 資料表在第 1 段已經和 StoreShohin 資料表結合在一起，所以不必再撰寫 Shohin 資料表和 StockShohin 資料表結合的部分（亦可添加撰寫，不過結果相同）。

即使參與結合的資料表增加至 4 個、5 個…甚至更多，以 INNER JOIN 添加資料表的寫法也完全相同。

交叉結合－CROSS JOIN

KEYWORD
- 交叉結合（CROSS JOIN）

接下來所要學習的是第 3 種結合的方式，也就是名為交叉結合（CROSS JOIN）的相關知識。實際上，此種結合方式在實務上幾乎不會使用（筆者自己使用過的次數也非常少），那麼為什麼還要在這裡做介紹呢？因為交叉結合是所有結合運算的基礎。

交叉結合本身的使用方式和運作方式非常單純，不過獲得的結果有點嚇人。做為練習用的例子，請試著以 Shohin 資料表和 StoreShohin 資料表進行交叉結合吧（範例 7-15）。

範例 7-15　2 個資料表進行交叉結合

SQL Server　DB2　PostgreSQL　MySQL　MariaDB

```
SELECT SS.store_id, SS.store_name, SS.shohin_id, ➡
S.shohin_name
  FROM StoreShohin AS SS CROSS JOIN Shohin AS S; ——①
```

專用語法

想在 Oracle 上執行範例 7-15 的敘述時，請將 ① 的部分改為「FROM StoreShohin SS CROSS JOIN Shohin S」（刪除 FROM 子句中的 AS）。

執行結果

```
 store_id  | store_name | shohin_id  | shohin_name
-----------+------------+------------+------------
 000A      | 東京       | 0001       | T恤
 000A      | 東京       | 0002       | T恤
 000A      | 東京       | 0003       | T恤
 000B      | 名古屋     | 0002       | T恤
 000B      | 名古屋     | 0003       | T恤
 000B      | 名古屋     | 0004       | T恤
 000B      | 名古屋     | 0006       | T恤
 000B      | 名古屋     | 0007       | T恤
 000C      | 大阪       | 0003       | T恤
 000C      | 大阪       | 0004       | T恤
 000C      | 大阪       | 0006       | T恤
 000C      | 大阪       | 0007       | T恤
 000D      | 福岡       | 0001       | T恤
 000A      | 東京       | 0001       | 打孔機
 000A      | 東京       | 0002       | 打孔機
 000A      | 東京       | 0003       | 打孔機
 000B      | 名古屋     | 0002       | 打孔機
 000B      | 名古屋     | 0003       | 打孔機
 000B      | 名古屋     | 0004       | 打孔機
 000B      | 名古屋     | 0006       | 打孔機
 000B      | 名古屋     | 0007       | 打孔機
 000C      | 大阪       | 0003       | 打孔機
 000C      | 大阪       | 0004       | 打孔機
 000C      | 大阪       | 0006       | 打孔機
 000C      | 大阪       | 0007       | 打孔機
 000D      | 福岡       | 0001       | 打孔機
 000A      | 東京       | 0001       | 襯衫
 000A      | 東京       | 0002       | 襯衫
 000A      | 東京       | 0003       | 襯衫
 000B      | 名古屋     | 0002       | 襯衫
 000B      | 名古屋     | 0003       | 襯衫
 000B      | 名古屋     | 0004       | 襯衫
 000B      | 名古屋     | 0006       | 襯衫
 000B      | 名古屋     | 0007       | 襯衫
 000C      | 大阪       | 0003       | 襯衫
 000C      | 大阪       | 0004       | 襯衫
 000C      | 大阪       | 0006       | 襯衫
 000C      | 大阪       | 0007       | 襯衫
 000D      | 福岡       | 0001       | 襯衫
 000A      | 東京       | 0001       | 菜刀
 000A      | 東京       | 0002       | 菜刀
 000A      | 東京       | 0003       | 菜刀
 000B      | 名古屋     | 0002       | 菜刀
 000B      | 名古屋     | 0003       | 菜刀
 000B      | 名古屋     | 0004       | 菜刀
 000B      | 名古屋     | 0006       | 菜刀
 000B      | 名古屋     | 0007       | 菜刀
 000C      | 大阪       | 0003       | 菜刀
 000C      | 大阪       | 0004       | 菜刀
 000C      | 大阪       | 0006       | 菜刀
```

```
000C           | 大阪     | 0007          | 菜刀
000D           | 福岡     | 0001          | 菜刀
000A           | 東京     | 0001          | 壓力鍋
000A           | 東京     | 0002          | 壓力鍋
000A           | 東京     | 0003          | 壓力鍋
000B           | 名古屋   | 0002          | 壓力鍋
000B           | 名古屋   | 0003          | 壓力鍋
000B           | 名古屋   | 0004          | 壓力鍋
000B           | 名古屋   | 0006          | 壓力鍋
000B           | 名古屋   | 0007          | 壓力鍋
000C           | 大阪     | 0003          | 壓力鍋
000C           | 大阪     | 0004          | 壓力鍋
000C           | 大阪     | 0006          | 壓力鍋
000C           | 大阪     | 0007          | 壓力鍋
000D           | 福岡     | 0001          | 壓力鍋
000A           | 東京     | 0001          | 叉子
000A           | 東京     | 0002          | 叉子
000A           | 東京     | 0003          | 叉子
000B           | 名古屋   | 0002          | 叉子
000B           | 名古屋   | 0003          | 叉子
000B           | 名古屋   | 0004          | 叉子
000B           | 名古屋   | 0006          | 叉子
000B           | 名古屋   | 0007          | 叉子
000C           | 大阪     | 0003          | 叉子
000C           | 大阪     | 0004          | 叉子
000C           | 大阪     | 0006          | 叉子
000C           | 大阪     | 0007          | 叉子
000D           | 福岡     | 0001          | 叉子
000A           | 東京     | 0001          | 刨絲器
000A           | 東京     | 0002          | 刨絲器
000A           | 東京     | 0003          | 刨絲器
000B           | 名古屋   | 0002          | 刨絲器
000B           | 名古屋   | 0003          | 刨絲器
000B           | 名古屋   | 0004          | 刨絲器
000B           | 名古屋   | 0006          | 刨絲器
000B           | 名古屋   | 0007          | 刨絲器
000C           | 大阪     | 0003          | 刨絲器
000C           | 大阪     | 0004          | 刨絲器
000C           | 大阪     | 0006          | 刨絲器
000C           | 大阪     | 0007          | 刨絲器
000D           | 福岡     | 0001          | 刨絲器
000A           | 東京     | 0001          | 鋼珠筆
000A           | 東京     | 0002          | 鋼珠筆
000A           | 東京     | 0003          | 鋼珠筆
000B           | 名古屋   | 0002          | 鋼珠筆
000B           | 名古屋   | 0003          | 鋼珠筆
000B           | 名古屋   | 0004          | 鋼珠筆
000B           | 名古屋   | 0006          | 鋼珠筆
000B           | 名古屋   | 0007          | 鋼珠筆
000C           | 大阪     | 0003          | 鋼珠筆
000C           | 大阪     | 0004          | 鋼珠筆
000C           | 大阪     | 0006          | 鋼珠筆
000C           | 大阪     | 0007          | 鋼珠筆
000D           | 福岡     | 0001          | 鋼珠筆
```

KEYWORD
● CROSS JOIN
（笛卡兒乘積）

看到這麼多筆記錄的結果，可能會讓您有些不知所措，不過不用太過緊張，先從語法的解說開始看起吧。交叉結合用來連結 2 個資料表的集合運算子為「CROSS JOIN（笛卡兒乘積）」，進行交叉結合的時候，不能以先前內部或外部結合使用過的 ON 子句來指定條件。

然後，交叉結合運作時會針對 2 個資料表的全部記錄、逐一列出所有的組合方式，因此其執行結果的記錄筆數一定是 2 個資料表記錄筆數的乘積（A 資料表筆數 × B 資料表筆數）。以此次的範例來說，由於 StoreShohin 資料表有 13 筆記錄、而 Shohin 資料表有 8 筆記錄，所以結果有 13 × 8 = 104 筆記錄。

看到這裡，也許有些讀者已經想起來，在前個小節的最後，曾經提到這個小節將會詳細說明集合運算的乘法運算，指的正是此交叉結合。

內部結合的結果必定為交叉結合結果的一部分，因此您也可以把「內部」理解成「包含在交叉結合的結果之內」的意思，而相對於此的外部結合，因為「含有交叉結合結果以外的部分」，所以稱為「外部」結合。

此交叉結合在實務上極少使用的理由有 2 點，第 1 是其執行結果幾乎沒有用處，而另外 1 個理由為結果的記錄筆數過於龐大，運算上會耗費相當多的時間以及硬體效能。

結合的專用語法和舊式語法

這個小節所學到的內部結合以及外部結合的語法，皆為標準 SQL 所訂定的正式寫法，可以在所有的 DBMS 上執行，因此，各位讀者如果採用這些語法，應該不會遇到執行上的問題。不過未來您從事系統開發的工作時，一定會遇到需要解讀或維護他人所撰寫的程式碼（包含 SQL 敘述），此時比較容易遇到的問題，便是以專用語法或舊式語法所撰寫的程式碼。

本書也曾經多次提及，SQL 是具有許多專用語法或舊式語法的 1 種語言，而結合的專用語法更是其中最為混亂的部分，在較為資深的程式人員或系統工程師之中，習慣使用專用語法的人並不在少數。

舉例來說，這個小節開頭所示範內部結合的 SELECT 敘述（範例 7-9、7-10），若以舊式語法可以改寫成下列的樣子（範例 7-16）。

範例 7-16　使用舊式語法的內部結合（結果與範例 7-9 相同）

```
SELECT SS.store_id, SS.store_name, SS.shohin_id, ➡
S.shohin_name, S.sell_price
  FROM StoreShohin SS, Shohin S
 WHERE SS.shohin_id = S.shohin_id
   AND SS.store_id = '000A';
```

此種寫法所獲得的結果和標準語法完全相同，而且此段敘述基本上在所有的 DBMS 均能順利執行，因此無法稱之為專用語法，只能說是「舊式」的語法。

雖然也可以正常執行，不過此種寫法除了較為過時之外，還具有其他許多問題，建議您不要再使用這些語法，其主要原因有下列 3 項理由。

第 1 個，此種寫法比較難以讓人一目了然，其結合的類型到底是內部結合或外部結合（亦或是其它的結合方式）。

第 2 個，由於結合的條件是寫在 WHERE 子句之中，所以比較難以看出哪裡是結合的條件、哪裡又是篩選記錄的限制條件。

然後第 3 個，沒有人能確定此語法可以使用到什麼時候。各家 DBMS 的開發廠商正在考慮捨棄此舊式語法、只支援新的語法，雖然不是現在就立即失效，不過無法採用此種語法的日子終將來臨。

話雖如此，不過目前還有許多採用舊式語法所撰寫完成的程式正在運作之中，由於各位讀者都有接觸到這些程式碼的機會，所以還是必須具有一些初步的運用能力。

牢記的原則 7-7

請勿再使用結合的舊式語法或專用語法，不過還是需要具備解讀的能力。

COLUMN

關聯式除法運算

這個章節學習過了下列 4 個集合運算子的相關使用方式。

- UNION（聯集）
- EXCEPT（差集）
- INTERSECT（交集）
- CROSS JOIN（笛卡兒乘積）

雖然交集有專用的運算子，看起來像是 1 種獨立的集合運算，不過交集實際上可以說是「只獲取共通部分的特殊 UNION」，然後其餘的 3 個運算子相當於四則運算的加法、減法和乘法等 3 種運算方式，所以還有 1 個除法運算尚未登場。

那麼集合運算之中是否有除法運算呢？答案當然是有的，在集合運算中的除法運算一般稱為「關聯式除法運算（Relational Division）」，其中關聯式的稱呼來自於目前主流資料庫的關聯式模型。不過關聯式除法運算不像 UNION 或 EXCEPT 設有專用的運算子，如果要特別設置 1 個專用的運算子，或許可以使用「DIVIDE（除）」的名稱，但是目前世界上還沒有能使用此運算子的 DBMS。

KEYWORD
● 關聯式除法運算

為什麼只有除法運算沒有設置專用的運算子呢？其理由其實已經算是較為進階的內容，不過這裡將簡單具體介紹一下「資料表的除法運算」是什麼樣的運算方式。

做為練習用的例子，後面將會使用到列表 7-A 和表 7-B 所示的 2 個資料表。

表 7-A　Skills（技能）資料表：關聯式除法運算的除數

skill
Oracle
UNIX
Java

表 7-B　EmpSkills（員工技能）/ 資料表：關聯式除法運算的被除數

emp	skill
相田	Oracle
相田	UNIX
相田	Java
相田	C#
神崎	Oracle
神崎	UNIX
神崎	Java
平井	UNIX
平井	Oracle
平井	PHP
平井	Perl
平井	C++
若田部	Perl
渡來	Oracle

能建立此 2 個資料表以及存入資料的 SQL 敘述如範例 7-A 所示。

範例 7-A　建立 Skills/EmpSkills 資料表與存入資料

```
-- DDL：建立資料表
CREATE TABLE Skills
(skill VARCHAR(32),
 PRIMARY KEY(skill));

CREATE TABLE EmpSkills
(emp   VARCHAR(32),
 skill VARCHAR(32),
 PRIMARY KEY(emp, skill));

MySQL MariaDB
-- DML：存入資料
START TRANSACTION; ——①

INSERT INTO Skills VALUES('Oracle');
INSERT INTO Skills VALUES('UNIX');
INSERT INTO Skills VALUES('Java');

INSERT INTO EmpSkills VALUES('相田', 'Oracle');
INSERT INTO EmpSkills VALUES('相田', 'UNIX');
INSERT INTO EmpSkills VALUES('相田', 'Java');
INSERT INTO EmpSkills VALUES('相田', 'C#');
INSERT INTO EmpSkills VALUES('神崎', 'Oracle');
INSERT INTO EmpSkills VALUES('神崎', 'UNIX');
INSERT INTO EmpSkills VALUES('神崎', 'Java');
INSERT INTO EmpSkills VALUES('平井', 'UNIX');
INSERT INTO EmpSkills VALUES('平井', 'Oracle');
INSERT INTO EmpSkills VALUES('平井', 'PHP');
INSERT INTO EmpSkills VALUES('平井', 'Perl');
INSERT INTO EmpSkills VALUES('平井', 'C++');
INSERT INTO EmpSkills VALUES('若田部', 'Perl');
INSERT INTO EmpSkills VALUES('渡來', 'Oracle');

COMMIT;
```

專用語法

各家 DBMS 交易功能的語法略有差異，如果在 PostgreSQL 或 SQL Server 執行範例 7-A 的 DML 敘述時，需要將①這行改為「BEGIN TRANSACTION;」，而在 Oracle 或 DB2 上執行的時候，不需要 ① 的部分、直接刪除即可。

詳細的說明請參閱第 4 章「如何設定交易功能」的內容。

EmpSkills 資料表儲存著某間軟體公司員工們所具備的技能，舉例來說，從此資料表可以看出相田這位員工具有 Oracle、UNIX、Java 和 C# 等 4 種技能。

這裡所要達成的目標，是根據 EmpSkills 資料表的內容，篩選出「同時兼具」Skills 資料表所列 3 種技能的員工名字。

範例 7-B　篩選出兼具 3 種技能的員工

MySQL　MariaDB

```
SELECT DISTINCT emp
  FROM EmpSkills AS ES1
 WHERE NOT EXISTS   (SELECT skill
                       FROM Skills
                      WHERE skill NOT IN (SELECT skill
                       FROM EmpSkills AS ES2
                      WHERE ES1.emp = ES2.emp));
```

執行後獲得的結果如下所示，列出了相田和神崎這 2 位員工，雖然平井也會使用 Oracle 和 UNIX，不會很可惜地，由於不會使用 Java 而沒有在篩選結果之中。

執行結果（關聯式除法運算的商）

```
  emp
------
  神崎
  相田
```

如此便完成了關聯式除法運算的基本操作，此時您大概會有這樣的疑問「此運算方式算是除法運算嗎？」，實際上這和數值的除法有些類似、卻又有些不同，想要回答上述的疑問，從相對於除法運算的「乘法運算（笛卡兒乘積）」來思考或許比較容易理解。

由於除法運算和乘法運算具有互補的關係，若以除法運算的結果（商）乘以除數，即可獲得執行除法運算前的被除數。舉例來說，「20 ÷ 4 = 5」的算式可以推算出「5(商) × 4(除數) = 20(被除數)」(圖 7-A)。

圖 7-A　除法和乘法運算具有互補關係

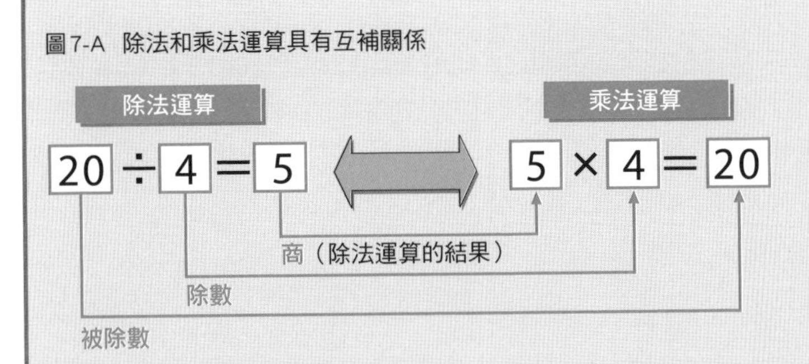

關聯式除法運算也有這樣的規則存在，以商（除法運算的結果）乘以除數，也就是以這 2 者進行交叉結合，即能回復成被除數（進行除法運算前的資料表）的部分集合（註 7-❻）。

關聯式除法運算是集合運算中難度最高的運算方式，不過實務上此種運算方式卻經常被使用，各位讀者若想提升自己的能力，還是必須確實掌握此操作方式。

註 7-❻

其實無法完整回復成原本的被除數，不過這畢竟不是真正的除法運算。

自我練習

7.1 下列 SELECT 敘述執行之後會獲得什麼樣的結果呢？

```
-- 使用主文中的 Shohin 資料表
SELECT *
  FROM Shohin
UNION
SELECT *
  FROM Shohin
 WHERE shohin_id IN (SELECT shohin_id
                       FROM Shohin)
ORDER BY shohin_id;
```

7.2 7-2 節範例 7-11 進行外部結合的結果中，壓力鍋和鋼珠筆這 2 筆記錄的店鋪 ID（store_id）和店鋪名稱（store_name）為 NULL，請試著將這些 NULL 都轉換成「未知」的字串，最後的結果如下所示。

執行結果

```
 store_id | store_name | shohin_id | shohin_name | sell_price
----------+------------+-----------+-------------+------------
000A      | 東京       | 0002      | 打孔機      |        500
000A      | 東京       | 0003      | 襯衫        |       4000
000A      | 東京       | 0001      | T 恤        |       1000
000B      | 名古屋     | 0006      | 叉子        |        500
000B      | 名古屋     | 0002      | 打孔機      |        500
000B      | 名古屋     | 0003      | 襯衫        |       4000
000B      | 名古屋     | 0004      | 菜刀        |       3000
000B      | 名古屋     | 0007      | 刨絲器      |        880
000C      | 大阪       | 0006      | 叉子        |        500
000C      | 大阪       | 0007      | 刨絲器      |        880
000C      | 大阪       | 0003      | 襯衫        |       4000
000C      | 大阪       | 0004      | 菜刀        |       3000
000D      | 福岡       | 0001      | T 恤        |       1000
未知      | 未知       | 0005      | 壓力鍋      |       6800
未知      | 未知       | 0008      | 鋼珠筆      |        100
```

店鋪 ID 和店鋪名稱輸出「未知」

第8章 SQL 進階處理功能

視窗函數

GROUPING 運算子

SQL

本章的主題

這個章節所要學習的內容，是利用 SQL 執行進階的彙總統計功能，雖然稱之為「進階」的功能，不過如果從使用者的角度來看，例如替數值加上排名順位、或營業額的小計等需求，其實都是相當常見的處理動作。如果可以掌握這些技巧，SQL 能應用的範圍也會更加廣泛。

8-1 視窗函數

- 什麼是視窗函數
- 視窗函數的語法
- 語法的基本使用方式－ RANK 函數
- 也可以不指定 PARTITION BY
- 常用的視窗專用函數
- 視窗函數應當寫在何處
- 將彙總函數當作視窗函數使用
- 計算移動平均
- 2 個 ORDER BY

8-2 GROUPING運算子

- 一併列出總計行
- ROLLUP － 1 次取得總計與小計
- GROUPING 函數－分辨 NULL 的真偽
- CUBE －將資料堆疊成積木
- GROUPING SETS －只取出部分積木

• 註：本節介紹的彙總技巧可說是近來十分熱門的大數據資料分析的基本功，然而經編者測試，部份功能在本書解説之一的 MySQL / MariaDB 資料庫上還沒有很普遍的支援，建議您可優先使用免費的 PostgreSQL 來操作。

		MySQL 5.7	XAMPP 內含的 MariaDB 10.1.x	MariaDB 10.2.4 RC（候選發佈版本）
8-1	RANK、DENSE_RANK 等視窗專用函數	╳不支援	╳不支援	○支援
	SUM、AVG 等彙總函數當作視窗函數使用	╳不支援	╳不支援	○支援
8-2	ROLLUP 函數變形（WITH ROLLUP）	○支援	○支援	○支援
	其他的 GROUPING 函數	╳不支援	╳不支援	╳不支援

8-1 各式各樣的函數

學習重點

- 視窗函數能達成加上排名順位或流水編號等，一般彙總函數所做不到的進階操作。
- 理解 PARTITION BY 和 ORDER BY 這 2 個關鍵字的意義，是這個小節的重點目標。

什麼是視窗函數

KEYWORD
- 視窗函數
- OLAP 函數

註 8- ❶
Oracle 和 SQL Server 採用「分析函數（Analytic Function）」這個稱呼。

KEYWORD
- OLAP

註 8- ❷
目前 MySQL 尚未支援視窗函數的功能，詳細內容請參閱 COLUMN「視窗函數的支援現況」。

視窗函數（Window Function）也稱為 OLAP 函數（註 8- ❶）。一開始為了讓您有些基本的概念，先說明什麼是 OLAP 應該會比較容易理解，而「視窗」這個稱呼的意義將在稍後再做說明。

所謂的 OLAP 是 OnLine Analytical Processing 的簡稱，即為「線上分析處理」，意指在使用資料庫的時候，即時完成資料分析的處理工作，例如包含市場分析、製作各種財務報表、提出企劃案等 ... 在商業場合不可或缺的工作項目。

而視窗函數正是為了實現 OLAP 的操作方式，添加至標準 SQL 中的功能（註 8- ❷）。

COLUMN

視窗函數的支援現況

資料庫的相關人員之間一直有著這樣的共同想法，「好不容易把業務資料存入了資料庫之中，如果可以利用 SQL 即時分析資料的話，應該會更加方便吧」，但是關聯式資料庫開始具有這些 OLAP 用途的功能，也不過是最近 10 年左右的事情。

有好幾項理由導致進展如此緩慢，這裡就不特別做說明，而重點在於因為是新增加的功能，所以還有一些 DBMS 尚未支援。

此小節所要介紹的視窗函數亦屬於這類新功能，在 2016 年 5 月的時間點上，最新版的 Oracle、SQL Server、DB2 以及 PostgreSQL 已經能完全支援，不過 MySQL 最新的 5.7 版還是無法使用（MariaDB 從 2016 年 4 月開始在 10.2 版加入這些視窗函數）

之前也曾經一直提及，各家 DBMS 會有專用的語法導致 SQL 敘述無法完全通用，而使用新功能的時候，即使採用標準 SQL 所訂定的語法，也可能在執行上遇到一些問題，此點請多加留意（註 8-❸）。

註 8-❸

不過若是學習標準 SQL 語法，未來比較有機會被各家 DBMS 所採納。

視窗函數的語法

接下來請跟著書上的範例來學習視窗函數的使用方式吧！視窗函數的語法稍微有點複雜。

語法 8-1　視窗函數

```
<視窗函數> OVER ([PARTITION BY <欄位串列>]
                    ORDER BY <排序用欄位串列>)
```

這裡的重點在於 PARTITION BY 以及 OREDR BY，**先理解這 2 個關鍵字所扮演的角色，便是理解視窗函數的第 1 步**。

■ 可做為視窗函數使用的函數

開始學習 PARTITION BY 和 OREDR BY 的相關內容之前，這裡先列出一些可做為視窗函數使用的代表性函數，視窗函數大致上可分為下列 2 種類型。

① 當做視窗函數使用的彙總函數
（SUM、AVG、COUNT、MAX、MIN）

② RANK、DENSE_RANK、ROW_NUMBER 等視窗專用函數

② 是標準 SQL 為 OLAP 用途所設定的專用函數，在本書中統一稱之為「**視窗專用函數**」，看到 ② 所列的這些函數名稱，應該立即就能理解到分別屬於 OLAP 操作的哪些功能。

KEYWORD
● 視窗專用函數

另外一方面，① 的函數則是在第 3 章所學習過的彙總函數，將這些彙總函數寫在「語法 8-1」的 < 視窗函數 > 位置，便能當作視窗函數來使用。重點在於根據所使用的語法，其中的彙總函數會被分別視為彙總函數或是視窗函數。

基本使用方式－以 RANK 函數為例

KEYWORD
● RANK 函數

首先，請先試著使用名為 RANK 的視窗專用函數，逐步開始理解視窗函數的語法格式吧！RANK 這個函數正如同它的名稱，是能對各筆記錄加上排名順位（Ranking）的函數。

做為實際練習的範例，這裡同樣使用之前一直使用的 Shohin 資料表，針對當中包含的 8 項商品，根據不同的商品分類（shohin_catalg）、試著製作出各商品分類的販售單價（sell_price）由小到大的排行榜，最後的執行結果應當如下所示。

執行結果

```
shohin_name | shohin_catalg | sell_price | ranking
------------+---------------+------------+---------
叉子        | 廚房用品      |        500 |       1
刨絲器      | 廚房用品      |        880 |       2
菜刀        | 廚房用品      |       3000 |       3
壓力鍋      | 廚房用品      |       6800 |       4
T 恤        | 衣物          |       1000 |       1
襯衫        | 衣物          |       4000 |       2
鋼珠筆      | 辦公用品      |        100 |       1
打孔機      | 辦公用品      |        500 |       2
```

請看到商品分類為「廚房用品」的部分，從第 1 個販售單價最便宜的「叉子」、到第 4 個單價最高的「壓力鍋」，應該可以看出其排列規則。

能獲得上述結果的 SELECT 敘述，其寫法如範例 8-1 所示。

範例 8-1　根據商品分類製作販售單價由小到大的排行榜

Oracle　SQL Server　DB2　PostgreSQL　MariaDB 10.2 之後

```
SELECT shohin_name, shohin_catalg, sell_price,
       RANK() OVER (PARTITION BY shohin_catalg
                        ORDER BY sell_price) AS ranking
  FROM Shohin;
```

KEYWORD

- PARTITION BY子句
- ORDER BY子句

PARTITION BY 用來指定加上順位的對象範圍，在上述的範例中，由於需要在不同商品分類的範圍中、替該商品分類的商品加上名次，所以指定了 shohin_catalg 欄位。

而 ORDER BY 則是用來設定按照哪個欄位、以什麼樣的順序加上名次。因為需要按照販售單價的升冪順序加上名次，所以指定了 sell_price 欄位。另外，視窗函數的 ORDER BY 和 SELECT 敘述末尾所使用的 ORDER BY 相同，都可以加上 ASC 或 DESC 關鍵字來指定升冪或降冪順序，不過省略的時候將採用預設的 ASC、也就是升冪順序，所以範例中省略未寫（註 8-❹）

註 8-❹
這和置於 SELECT 敘述末尾的 ORDER BY 子句規則相同。

如果要用比較容易理解的方式來呈現 PARTITION BY 和 ORDER BY 的作用，可以畫成如圖 8-1 所示的形式。PARTITION BY 會在橫向將資料表做切割分區，而 ORDER BY 則是在縱向加上順序，2 者分別以這樣的方式發揮其功用。

總而言之，視窗函數同時兼具先前學過的 GROUP BY 子句的切割分群、以及 ORDER BY 子句的賦予順序等 2 種功能，不過 PARTITION BY 子句沒有 GROUP BY 子句所具有的彙總統計功能，所以使用 RANK 函數功能的執行結果，不會減少原本資料表的記錄筆數，依然是輸出 8 行資料。

牢記的原則 8-1

視窗函數同時兼具切割分群和賦予順序等 2 種功能。

圖 8-1 PARTITION BY 與 ORDER BY 的作用

以 PARTITION BY 劃分的記錄集合稱為視窗

ORDER BY 的順序（販售單價由小到大）

shohin_id（商品 ID）	shohin_name（商品名稱）	shohin_catalg（商品分類）	sell_price（販售單價）	buying_price（購入單價）	reg_date（登錄日期）
0006	叉子	廚房用品	500		2009-09-20
0007	刨絲器	廚房用品	880	790	2008-04-28
0004	菜刀	廚房用品	3000	2800	2009-09-20
0005	壓力鍋	廚房用品	6800	5000	2009-01-15
0001	T 恤	衣物	1000	500	2009-09-20
0003	襯衫	衣物	4000	2800	
0008	鋼珠筆	辦公用品	100		2009-11-11
0002	打孔機	辦公用品	500	320	2009-09-11

PARTITION 的切割分區（根據商品分類）

另外，經過 PARTITION BY 劃分之後所得的記錄集合稱為「視窗（Window）」，這裡的視窗指的並非「窗戶」，而是代表「範圍」的意思，所謂「視窗函數」的名稱正是源自於此（註 8-❺）。

KEYWORD
● 視窗（Window）

註 8-❺
如果從詞彙的意思來看，與其使用「視窗」、或許改用「群組（Group）」會比較容易理解，不過 SQL 提到「群組」的時候，大多指的是 GROUP BY 分群所得的記錄集合，為了避免混淆，所以還是習慣特別把 PARTITION BY 稱為視窗。

牢記的原則 8-2

PARTITION BY 劃分之後所得的部分集合稱為「視窗」。

還有，每個視窗範圍在定義上絕對不會具有共通的部分，如同切蛋糕一樣，每個區塊分得清清楚楚地，此點與 GROUP BY 子句所劃分出來的部分集合具有相同的特徵。

也可以不指定 PARTITION BY

如上所述，使用視窗函數的時候，PARTITION BY 和 ORDER BY 都扮演了相當重要的角色，不過其中的 PARTITION BY 並非絕對必要的部分，即使不指定 PARTITION BY，視窗函數也能發揮作用。

那麼不指定 PARTITION BY 的話，其運作方式會有什麼改變呢？其實這就像是使用彙總函數的時候不加上 GROUP BY 子句的效果，換句話說，便是把整個資料表視為 1 個大型的視窗來處理。

說了這麼多，不如實際操作一下，請試著刪除範例 8-1 的 SELECT 敘述中的 PARTITION BY 部分（範例 8-2）並且執行看看吧。

範例 8-2　不指定 PARTITION BY 的寫法

Oracle | SQL Server | DB2 | PostgreSQL | MariaDB 10.2 之後

```
SELECT shohin_name, shohin_catalg, sell_price,
       RANK() OVER (ORDER BY sell_price) AS ranking
  FROM Shohin;
```

此段 SELECT 敘述的結果如下所示。

執行結果

```
 shohin_name | shohin_catalg |  sell_price  | ranking
-------------+---------------+--------------+---------
 鋼珠筆      | 辦公用品      |          100 |       1
 叉子        | 廚房用品      |          500 |       2
 打孔機      | 辦公用品      |          500 |       2
 刨絲器      | 廚房用品      |          880 |       4
 T 恤        | 衣物          |         1000 |       5
 菜刀        | 廚房用品      |         3000 |       6
 襯衫        | 衣物          |         4000 |       7
 壓力鍋      | 廚房用品      |         6800 |       8
```

先前範例是在各商品分類的範圍內進行排行，而此次則改為對資料表中的所有商品一起做排行。由這個例子可以看出，PARTITION BY 的作用僅在於將資料表劃分成多個較小的部分（視窗），可以說是視窗函數使用時的附加選項。

常用的視窗專用函數

請再看到上面的執行結果，「叉子」和「打孔機」的名次同為第 2 名，而之後「刨絲器」的名次直接跳到第 4 名，雖然這樣的做法比較符合一般常見的排行方式，不過有時候需要配合實際的狀況，列出不跳過名次的排行。

遇到這樣的狀況時，只要使用其他視窗函數便能獲得想要的結果。為了因應不同的需求，這裡整理列出幾個較具代表性的視窗專用函數。

KEYWORD
- RANK 函數
- DENSE_RANK 函數
- ROW_NUMBER 函數

● RANK 函數

計算對項欄位的排行名次，當有多筆記錄具有相同名次時，後續的名次會按照相同名次的數量順延跳過。

例）第 1 名有 3 筆記錄的狀況：

第 1 名、第 1 名、第 1 名、第 4 名…

● DENSE_RANK 函數

同樣是計算排行名次的函數，不過即使有多筆記錄具有相同的名次，後續的名次也不會跳過處理。

例）第 1 名有 3 筆記錄的狀況：

第 1 名、第 1 名、第 1 名、第 2 名…

● ROW_NUMBER 函數

替各筆記錄加上流水編號。

例）第 1 名有 3 筆記錄的狀況：

第 1 名、第 2 名、第 3 名、第 4 名…

除此之外，各家 DBMS 也都備有獨特的視窗函數，不過上列的 3 個函數是共通的函數，只要是已經支援視窗函數的 DBMS 都能使用。請試著使用這 3 個函數，比較一下它們的結果有什麼不同之處吧！

範例 8-3　比較 RANK、DENSE_RANK、ROW_NUMBER 的結果

Oracle | SQL Server | DB2 | PostgreSQL | MariaDB 10.2 之後

```
SELECT shohin_name, shohin_catalg, sell_price,
       RANK() OVER (ORDER BY sell_price) AS ranking,
       DENSE_RANK() OVER (ORDER BY sell_price) AS dense_ranking,
       ROW_NUMBER() OVER (ORDER BY sell_price) AS row_num
  FROM Shohin;
```

執行結果

RANK　DENSE_RANK　ROW_NUMBER

```
shohin_name  |shohin_catalg| sell_price  |ranking |dense_ranking | row_num
-------------+-------------+-------------+--------+--------------+---------
 鋼珠筆      | 辦公用品    |   100       |      1 |            1 |   1
 叉子        | 廚房用品    |   500       |      2 |            2 |   2
 打孔機      | 辦公用品    |   500       |      2 |            2 |   3
 刨絲器      | 廚房用品    |   880       |      4 |            3 |   4
 T 恤        | 衣物        |   1000      |      5 |            4 |   5
 菜刀        | 廚房用品    |   3000      |      6 |            5 |   6
 襯衫        | 衣物        |   4000      |      7 |            6 |   7
 壓力鍋      | 廚房用品    |   6800      |      8 |            7 |   8
```

若拿 ranking 和 dense_ranking 欄位的結果做比較，雖然 dense_ranking 欄位有連續 2 行第 2 名的這點和 ranking 欄位相同，不過接下來「刨絲器」的名次為 3 而不是 4，這便是改用 DENSE_RANK 函數的效果。

再來請看到 row_num 欄位，其數字完全不理會販售單價（sell_price）是否相同，單純只是按照販售單價由小到大的順序加上流水編號，當有多筆記錄的販售單價相同時，DBMS 會自動以適當的方式排列。遇到只需簡單替記錄加上流水編號的狀況，使用 ROW_NUMBER 即可滿足需求。

另外，使用 RANK 或 ROW_NUMBER 的時候，不需要寫入任何參數，只要寫成「RANK()」或「ROW_NUMBER()」的樣子，在 () 括號之中不必填入任何東西，由於這是使用視窗專用函數的固定做法，請您先把這樣的方式記起來。此點與後面所要介紹、將彙總函數當作視窗函數使用的方式，有著相當明顯的差異。

牢記的原則 8-3

由於視窗專用函數不會引用參數，所以括號中 () 不需填入任何東西。

視窗函數應當寫在何處

之前學習過的函數在寫入 SQL 敘述的時候，其撰寫位置大多沒有什麼限制，頂多只需注意彙總函數不能寫在 WHERE 子句之中，不過若換成視窗函數的狀況，其撰寫位置卻有著相當嚴格的限制，簡而言之，目前先記得大致上只能寫在 1 個位置即可。

該位置便是 SELECT 子句之中，反過來說，此類函數不能寫入 WHERE 子句或 GROUP BY 子句等地方（註 8-❻）。

註 8-❻

在語法上，除了 SELECT 子句之外，也能寫在 ORDER BY 子句或 UPDATE 敘述的 SET 子句中，不過實際上使用的機會非常少，初學時請先當作「只能用於 SELECT 子句」即可。

牢記的原則 8-4

視窗函數原則上僅能寫在 SELECT 子句之中。

您可以把這樣的限制當作 1 項規則記起來，不過為什麼視窗函數只能寫在 SELECT 子句之中（也就是不能用於 WHERE 子句或 GROUP BY 子句），這裡簡單說明一下其理由。

其理由在於 DBMS 內部的執行方式，因為視窗函數在運作上，便是針對 WHERE 子句或 GROUP BY 子句處理後所獲得的「中間結果」產生作用。仔細思考一下就可以知道這其實是理所當然的事情，如果排列名次的動作、不是緊接在回傳最後結果給使用者之前，那麼這最後的結果必然會有錯誤，例如在名次排列完成之後，如果又因為 WHERE 子句的條件而減少記錄筆數、或是 GROUP BY 子句的作用而再進行彙總統計，那麼先前的排行結果當然會發生問題（註 8-❼）。

註 8-❼

另外，ORDER BY 子句之所以可以使用視窗函數，是因為 ORDER BY 子句的執行順序在 SELECT 子句之後，已經能確定記錄的筆數不會再減少。

因為上述的理由，視窗函數基本上除了 SELECT 子句的位置之外「沒有使用的意義」，所以語法上也做了這樣的限制。

將彙總函數當作視窗函數使用

前面已經實際練習過了視窗專用函數的範例，而接下來對於先前章節所使用過的 SUM 或 AVG 等彙總函數，將可學習到如何把這些函數當作視窗函數使用。

所有的彙總函數都可以當作視窗函數使用，在這種使用方式之下，其語法和使用視窗函數的時候完全相同，不過到底能獲得什麼樣的具體結果，一開始您可能還沒什麼概念，所以請跟著實際的例子繼續往下學習。而做為練習用的範例，請試著將 SUM 函數當作視窗函數使用吧（範例 8-4）。

範例 8-4　將 SUM 函數當作視窗函數使用

Oracle | SQL Server | DB2 | PostgreSQL | MariaDB 10.2 之後

```
SELECT shohin_id, shohin_name, sell_price,
       SUM(sell_price) OVER (ORDER BY shohin_id) AS current_sum
  FROM Shohin;
```

執行結果

```
 shohin_id | shohin_name |  sell_price  | current_sum
-----------+-------------+--------------+------------
0001       | T 恤        |         1000 |        1000   ← 1000
0002       | 打孔機      |          500 |        1500   ← 1000+500
0003       | 襯衫        |         4000 |        5500   ← 1000+500+4000
0004       | 菜刀        |         3000 |        8500   ← 1000+500+4000+3000
0005       | 壓力鍋      |         6800 |       15300
0006       | 叉子        |          500 |       15800
0007       | 刨絲器      |          880 |       16680
0008       | 鋼珠筆      |          100 |       16780
```

使用 SUM 函數的時候不同於 RANK 或 ROW_NUMBER，需要在 () 括號中填入參數，和之前學過的使用方式一樣，應當指定統計對象的欄位名稱，上面範例的寫法，代表要計算販賣單價（sell_price）的總計值（current_sum）。

不過這並非單純的總計值，而是先利用 ORDER BY 子句，指定記錄按照 shohin_id 由小到大排列之後，再計算商品 ID「比自己還小」的商品販售單價總計，因此，獲得的總計值有如金字塔一般層層累加，每往下 1 行記錄、計算總計的對象記錄也會增加 1 筆，而這樣的統計方式通常稱為「累計」。實務上也經常按照時間的順序，計算各段時間營業金額的累計數字。

KEYWORD
● 累計

使用其他的彙總函數時，運作機制也和 SUM 函數相同，舉例來說，請試著將前面 SELECT 敘述中的 SUM 改成 AVG（範例 8-5）。

範例 8-5　將 AVG 函數當作視窗函數使用

Oracle | SQL Server | DB2 | PostgreSQL | MariaDB 10.2 之後

```
SELECT shohin_id, shohin_name, sell_price,
       AVG(sell_price) OVER (ORDER BY shohin_id) AS current_avg
  FROM Shohin;
```

執行結果

```
shohin_id  | shohin_name | sell_price  |      current_avg
-----------+-------------+-------------+----------------------
0001       | T 恤        |        1000 | 1000.0000000000000000  ← (1000)/1
0002       | 打孔機      |         500 |  750.0000000000000000  ← (1000+500)/2
0003       | 襯衫        |        4000 | 1833.3333333333333333  ← (1000+500+4000)/3
0004       | 菜刀        |        3000 | 2125.0000000000000000  ← (1000+500+4000+3000)/4
0005       | 壓力鍋      |        6800 | 3060.0000000000000000  ← (1000+500+4000+3000+6800)/5
0006       | 叉子        |         500 | 2633.3333333333333333        ·
0007       | 刨絲器      |         880 | 2382.8571428571428571        ·
0008       | 鋼珠筆      |         100 | 2097.5000000000000000        ·
```

觀察執行的結果，應該可以看出 current_avg 的計算方式，的確是計算販售單價的平均值，不過統計的對象只有包含「自身上方」的記錄。像這樣以「自身記錄（**當前記錄**）」為基準來決定統計對象的特點，便是將彙總函數當作視窗函數使用時的一大特色。

KEYWORD
● 當前記錄（Current Record）

計算移動平均

視窗函數在執行的時候，會先從資料表切割出名為視窗的部分資料集合，然後進行附加順序的動作，不過對於視窗之中的資料，其實還有額外的選項功能，可以進一步指定更加精細的統計範圍，而這樣更精細的統計範圍被稱做「**窗格（Frame）**」。

KEYWORD
● 窗格（Frame）

其使用的語法如同範例 8-6 所示，需要在 ORDER　BY 子句之後以關鍵字指定範圍。

範例 8-6　設定統計對象為「最近 3 筆記錄」

Oracle | SQL Server | DB2 | PostgreSQL | MariaDB 10.2 之後

```
SELECT shohin_id, shohin_name, sell_price,
       AVG(sell_price) OVER (ORDER BY shohin_id
                                   ROWS 2 PRECEDING) AS moving_avg
  FROM Shohin;
```

執行結果

```
shohin_id   shohin_name   sell_price   moving_avg
----------- ------------ -------------- ------------
0001        T 恤                1000         1000  ← (1000)/1
0002        打孔機               500          750  ← (1000+500)/2
0003        襯衫                4000         1833  ← (1000+500+4000)/3
0004        菜刀                3000         2500  ← (500+4000+3000)/3
0005        壓力鍋              6800         4600  ← (4000+3000+6800)/3
0006        叉子                 500         3433        .
0007        刨絲器               880         2726        .
0008        鋼珠筆               100          493        .
```

● 指定窗格（統計範圍）

如果拿這次的結果和之前的結果做比較，從商品 ID「0004」的「菜刀」以下的記錄，可以看到這次視窗函數的計算結果發生了變化，因為特別設定了窗格，所以統計對象的記錄僅限於「最近 3 筆記錄」。

KEYWORD
- ROWS 關鍵字
- PRECEDING 關鍵字

這裡使用了 ROWS（橫行、記錄）以及 PRECEDING（之前的）這 2 個關鍵字，設定出「包含前～筆記錄」的窗格，以「ROWS 2 PRECEDING」的寫法，指定「包含前 2 筆記錄」的窗格，將統計對象限制在下列的「最近 3 筆記錄」。

- **自身（當前記錄）**
- **自身前 1 行的記錄**
- **自身前 2 行的記錄**

換句話說，由於是藉由當前記錄的位置，以相對的方式決定窗格的範圍，所以和視窗的固定範圍不同，目前的當前記錄不同時，納入統計的範圍也會發生改變（圖 8-2）。

圖 8-2　設定當前記錄以及前 2 行（最近 3 筆記錄）為窗格範圍

ROWS 2 PRECEDING

shohin_id（商品 ID）	shohin_name（商品名稱）	sell_price（販售單價）
0001	T 恤	1000
0002	打孔機	500
0003	襯衫	4000
0004	菜刀	3000
0005	壓力鍋	6800
0006	叉子	500
0007	刨絲器	880
0008	鋼珠筆	100

窗格（0002～0004）

當前記錄（自身 = 目前行）（0004）

如果改變原本條件中的數值成為「ROWS 5 PRECEDING」的話，代表改為「包含前 5 筆記錄」（最近 6 筆記錄）的意思。

KEYWORD
- 移動平均
- FOLLOWING 關鍵字

這樣的統計方式稱為**移動平均**（Moving Average），由於對於想要時常掌握「最近的狀況」來說相當方便，所以經常應用於追蹤股價趨勢之類的場合。

另外，若改以 FOLLOWING（之後的）這個關鍵字取代 PRECEDING，那麼便能指定「包含後～筆記錄」的窗格範圍（圖 8-3）。

圖 8-3　設定當前記錄以及後 2 行（最近 3 筆記錄）為窗格範圍

ROWS 2 FOLLOWING

shohin_id（商品 ID）	shohin_name（商品名稱）	sell_price（販售單價）
0001	T 恤	1000
0002	打孔機	500
0003	襯衫	4000
0004	菜刀	3000
0005	壓力鍋	6800
0006	叉子	500
0007	刨絲器	880
0008	鋼珠筆	100

當前記錄（自身 = 目前行）（0004）

窗格（0004～0006）

● 將當前記錄前後的記錄都納入統計對象

如果想更進一步，讓當前記錄前後的記錄同時成為統計的對象，可以採用範例 8-7 的寫法，合併使用 PRECEDING（之前的）以及 FOLLOWING（之後的）這 2 個關鍵字。

範例 8-7　將當前記錄前後的記錄都納入統計對象

Oracle | SQL Server | DB2 | PostgreSQL | MariaDB 10.2 之後

```
SELECT shohin_id, shohin_name, sell_price,
       AVG(sell_price) OVER (ORDER BY shohin_id
                                ROWS BETWEEN 1 PRECEDING AND ➡
                                1 FOLLOWING) AS moving_avg
  FROM Shohin;
```

執行結果

shohin_id	shohin_name	sell_price	moving_avg	
0001	T 恤	1000	750	← (1000+500)/2
0002	打孔機	500	1833	← (1000+500+4000)/3
0003	襯衫	4000	2500	← (500+4000+3000)/3
0004	菜刀	3000	4600	← (4000+3000+6800)/3
0005	壓力鍋	6800	3433	
0006	叉子	500	2726	·
0007	刨絲器	880	493	·
0008	鋼珠筆	100	490	·

這樣的窗格指定方式，代表以「1 PRECEDING」（前 1 筆記錄）至「1 FOLLOWING」（後 1 筆記錄）為統計對象，具體來說便是下列的 3 筆記錄。

- **自身前 1 行的記錄**
- **自身（當前記錄）**
- **自身後 1 行的記錄**

其範圍示意請參考圖 8-4。如果您能善用窗格功能到達這樣的程度，那麼已經可以說是視窗函數的達人了。

圖 8-4 設定當前記錄以及前後 1 行記錄為窗格範圍

ROWS BETWEEN 1 PRECEDING AND 1 FOLLOWING

shohin_id (商品 ID)	shohin_name (商品名稱)	sell_price (販售單價)
0001	T 恤	1000
0002	打孔機	500
0003	襯衫	4000
0004	菜刀	3000
0005	壓力鍋	6800
0006	叉子	500
0007	刨絲器	880
0008	鋼珠筆	100

窗格

當前記錄
(自身 = 目前行)

牢記的原則 8-5

把彙總函數當視窗函數使用的時候，可以用當前記錄為基準來決定統計對象記錄。

2 個 ORDER BY

最後所要介紹的是在使用視窗函數的時候，與結果形式相關的需注意之處，也就是各筆記錄的排列順序。由於使用視窗函數的時候，OVER 子句之中必須使用 ORDER BY，乍看之下，可能會覺得結果的各筆記錄應該要按照 ORDER BY 指定的欄位來排列順序。

不過這其實是很容易誤解的地方。由於 OVER 子句中 ORDER BY 的功能，充其量只能決定視窗函數應該以哪個欄位的順序執行運算，所以並不會影響到最終結果的排列順序，例如可能如同範例 8-8 的結果，獲得雜亂的記錄排列順序，雖然有些 DBMS 所顯示的結果，會按照視窗函數後面的 ORDER BY 子句所指定的欄位來排序，不過這屬於開發商自行增加的功能。

範例 8-8　無法保證此段 SELECT 敘述執行結果的排列順序

Oracle | SQL Server | DB2 | PostgreSQL | MariaDB 10.2 之後

```
SELECT shohin _ name, shohin _ catalg, sell _ price,
       RANK() OVER (ORDER BY sell _ price) AS ranking
  FROM Shohin;
```

也許會顯示這樣的結果

```
 shohin_name | shohin_catalg |  sell_price  | ranking
-------------+---------------+--------------+---------
 菜刀         | 廚房用品       |         3000 |       6
 打孔機       | 辦公用品       |          500 |       2
 襯衫         | 衣物           |         4000 |       7
 T 恤         | 衣物           |         1000 |       5
 壓力鍋       | 廚房用品       |         6800 |       8
 叉子         | 廚房用品       |          500 |       2
 刨絲器       | 廚房用品       |          880 |       4
 鋼珠筆       | 辦公用品       |          100 |       1
```

那麼，如果想讓各筆記錄確實按照 ranking 欄位由小到大排列的話，應該怎麼做才好呢？

答案其實很簡單，只需在 SELECT 敘述的最後，再加上 1 個 ORDER BY 子句指定排序的欄位即可。說到底，若想確保 SELECT 敘述執行結果的記錄排列順序，除此之外別無他法。

範例 8-9

Oracle | SQL Server | DB2 | PostgreSQL | MariaDB 10.2 之後

```
SELECT shohin _ name, shohin _ catalg, sell _ price,
       RANK() OVER (ORDER BY sell _ price) AS ranking
  FROM Shohin
 ORDER BY ranking;
```

這樣在 1 段 SELECT 敘述中寫入 2 次 ORDER BY 的方式，會讓人感覺有些奇怪，不過這 2 者看起來雖然是相同的東西，各自發揮的功能卻完全不同。

8-2 GROUPING 運算子

學習重點

- 光靠 GROUP BY 子句以及彙總函數，無法同時求得小計和總計的數字，而能達成此目的的功能便是 GROUPING 運算子。
- 理解 GROUPING 運算子 CUBE 功能的關鍵，在於想像它是「以積木疊成的立方體」。
- 雖然 GROUPING 運算子屬於標準 SQL 的功能，不過還有部分的 DBMS 無法使用。

一併列出總計行

在 3-2 節學習 GROUP BY 子句以及彙總函數的使用方式時，也許有讀者想到能否利用 GROUP BY 子句取得如表 8-1 所示的結果。

表 8-1　增加總計行

總計	16780	← 列出總計行
廚房用品	11180	
衣物	5000	
辦公用品	600	

這是想要按照商品分類分別求得販售單價總計時的目標結果，不過問題在於最上方的這行「總計」，如果執行範例 8-10 所示、使用了 GROUP BY 子句的敘述，結果當中並不會出現所有分類的總計金額。

範例 8-10　以 GROUP BY 子句無法列出總計的記錄

```
SELECT shohin_catalg, SUM(sell_price)
  FROM Shohin
 GROUP BY shohin_catalg;
```

執行結果

```
 shohin_catalg  |  sum
----------------+-------
衣物            |  5000
辦公用品        |   600
廚房用品        | 11180
```

由於 GROUP BY 子句是用來指定做為彙總鍵的欄位，敘述執行時只會按照其中指定的彙總鍵來分割資料表，所以不會出現該欄位所沒有的總計記錄，這說起來也是理所當然的事情。而想要列出「總計」這行記錄的時候，必須在沒有指定彙總鍵的狀況下，統計出所有商品的總計金額，這和下方 3 行按照彙總鍵算出各分類小計金額的處理方式完全不同。想要同時列出小計和總計的數字，普通的做法是辦不到的。

如果想達成這樣的需求，可以先分別求得總計行、以及按照商品分類進行統計的結果，然後再使用 UNION ALL（註 8-❽）將 2 者串聯在一起（範例 8-11），這樣的做法也是從最早開始就被採用的解決方法。

KEYWORD
● UNION ALL

註 8-❽
亦可只用 UNION 來取代 UNION ALL，不過由於 2 段 SELECT 敘述的彙總鍵不同，絕對不會有重複的記錄，所以可以使用 UNION ALL。而且因為 UNION ALL 不像 UNION 會進行排序，所以還具有效能較佳的優點。

範例 8-11　分別求得總計行和彙總結果，再以 UNION ALL 串聯

```
SELECT '總計' AS shohin_catalg, SUM(sell_price)
  FROM Shohin
UNION ALL
SELECT shohin_catalg, SUM(sell_price)
  FROM Shohin
 GROUP BY shohin_catalg;
```

執行結果

```
 shohin_catalg  |  sum
----------------+-------
 合計           | 16780
 衣物           |  5000
 辦公用品       |   600
 廚房用品       | 11180
```

雖然這樣也能獲得想要的結果，不過要先執行 2 段幾乎相同的 SELECT 敘述，然後再將結果串聯輸出，不僅敘述看起來相當冗長，也會耗費更多 DBMS 內部處理的效能，難道沒有更加簡潔方便的做法嗎？

ROLLUP — 1 次取得總計與小計

為了因應這樣來自實際使用者們的需求，標準 SQL 當中已經導入了此小節所要介紹的主角、也就是 GROUPING 運算子。只要運用這些運算子，像是先前需要同時按照不同條件計算彙總結果的 SQL 敘述，也能以較為簡單的方式寫出來。

KEYWORD
● GROUPING 運算子

註8-❾
目前 MySQL 尚未完全支援 GROUPING 運算子，只能使用 ROLLUP，詳細狀況請參閱 6-25 COLUMN「GROUPING 運算子的支援現況」。
MariaDB 的 GROUPING 運算子支援現況和 MySQL 相同。

KEYWORD
● ROLLUP 運算子

GROUPING 運算子有以下 3 類（註 8-❾）。

- ROLLUP
- CUBE
- GROUPING SETS

■ ROLLUP 的使用方式

首先從 ROLLUP 的部分開始練習吧！只要使用此運算子的功能，即可簡單寫出如同先前能一併列出總計行的 SELECT 敘述（範例 8-12）。

範例 8-12　以 ROLLUP 同時列出總計與小計

Oracle　DB2　SQL Server　PostgreSQL

```
SELECT shohin_catalg, SUM(sell_price) AS sum_price
  FROM Shohin
 GROUP BY ROLLUP(shohin_catalg); ——①
```

專用語法

在 MySQL 和 MariaDB 上執行範例 8-12 的敘述時，需要將 ① 的 GROUP BY 子句部分改為「GROUP BY shohin_catalg WITH ROLLUP;」。

MariaDB 10.2.4 的 ROLLUP 寫法和 MySQL 相同。

執行結果（DB2 的狀況）

```
 shohin_catalg     sum_price
---------------   ----------
                       16780
 廚房用品               11180
 辦公用品                 600
 衣物                    5000
```

在語法上，對於 GROUP BY 子句的彙總鍵串列部分，可以寫成「ROLLUP (<欄位 1>, <欄位 2>, ...)」的形式。而假若要以 1 句話簡單說明此 ROLLUP 演算子的功用，可以說「同時計算出彙總鍵在不同組合下的結果」，例如以上面的範例來說，便是一併算出下列 2 種組合方式的統計結果。

① GROUP BY ()

② GROUP BY (shohin_catalg)

KEYWORD
● 超級集合列

① 的 GROUP BY () 相當於未指定彙總鍵，也就是等於沒有 GROUP BY 子句的狀況，在這樣的狀況下會產生所有單價總和的總計行，而此總計列的記錄稱為**超級集合列**（Supergroup Row），雖然是有些艱澀的名稱，不過只要理解到這是原本 GROUP BY 子句所無法產生的總計列即可。超級集合列這筆記錄的 shohin_catalg 欄位內容，由於對於 DBMS 來說是未知的鍵值，所以使用預設的 NULL，後面還會再解說如何改成填入適當的字串。

牢記的原則 8-6

超級集合列。

■ 在彙總鍵中增加「登錄日期」的例子

單靠前個範例的練習，您可能還無法完全掌握其概念，所以這裡再來看一下額外增加 1 個彙總鍵「登錄日期（reg_date）」的例子。首先是沒有 ROLLUP 時的狀況（範例 8-13）。

範例 8-13　在 GROUP BY 增加「登錄日期」（無 ROLLUP）

```
SELECT shohin_catalg, reg_date, SUM(sell_price) AS sum_price
  FROM Shohin
GROUP BY shohin_catalg, reg_date;
```

執行結果（DB2 的狀況）

```
 shohin_catalg      reg_date      sum_price
---------------    ----------    ----------
 廚房用品            2008-04-28           880
 廚房用品            2009-01-15          6800
 廚房用品            2009-09-20          3500
 辦公用品            2009-09-11           500
 辦公用品            2009-11-11           100
 衣物                2009-09-20          1000
 衣物                                    4000
```

相對於此，如果在 ORDER BY 子句中增加 ROLLUP，其結果會變成什麼樣子呢？

範例 8-14　在 GROUP BY 增加「登錄日期」(有 ROLLUP)

Oracle　DB2　SQL Server　PostgreSQL

```
SELECT shohin_catalg, reg_date, SUM(sell_price) AS sum_price
 FROM Shohin
GROUP BY ROLLUP(shohin_catalg, reg_date); ——①
```

> **專用語法**
>
> 在 MySQL 和 MariaDB 上執行範例 8-14 的敘述時，需要將 ① 的 GROUP BY 子句部分改為「GROUP BY shohin_catalg, reg_date WITH ROLLUP;」。

執行結果 (DB2 的狀況)

```
 shohin_catalg       reg_date      sum_price
---------------     ----------     ----------
                                        16780  ←— 總計
廚房用品                                  11180  ←— 小計 (廚房用品)
廚房用品              2008-04-28           880
廚房用品              2009-01-15          6800
廚房用品              2009-09-20          3500
辦公用品                                    600  ←— 小計 (辦公用品)
辦公用品              2009-09-11           500
辦公用品              2009-11-11           100
衣物                                       5000  ←— 小計 (衣物)
衣物                  2009-09-20          1000
衣物                                       4000
```

試著比較 2 者的結果，加上 ROLLUP 之後的寫法，其結果多了最上方所有商品的總計列、以及 3 種商品分類個別的小計列 (也就是當作彙總鍵中沒有登錄日期的結果記錄)，這 4 列記錄均屬於超級集合列。總而言之，此 SELECT 敘述的結果，相當於先執行下列 3 種模式的彙總層級、再以 UNION 串聯輸出結果 (圖 8-5)。

① GROUP BY ()

② GROUP BY (shohin_catalg)

③ GROUP BY (shohin_catalg, reg_date)

圖 8-5 3 種模式的彙總層級

shohin_catalg	reg_date	sum_price	
		16780	區塊①
廚房用品		11180	
辦公用品		600	區塊②
衣物		5000	
辦公用品	2009-09-11	500	
辦公用品	2009-11-11	100	
廚房用品	2008-04-28	880	
廚房用品	2009-01-15	6800	區塊③
廚房用品	2009-09-20	3500	
衣物	2009-09-20	1000	
衣物		4000	

如果腦中還是難以對這樣的結果產生概念，可以參考一下表 8-2 所示、針對彙總層級加上縮排的形式，或許會比較容易理解吧。

表 8-2 針對彙總層級加上縮排的彙總方式示意

總計		**16780**
廚房用品	小計	11180
廚房用品	2008-04-28	880
廚房用品	2009-01-15	6800
廚房用品	2009-09-20	3500
辦公用品	小計	600
辦公用品	2009-09-11	500
辦公用品	2009-11-11	100
衣物	小計	5000
衣物	2009-09-20	1000
衣物		4000

ROLLUP 具有「捲繞而上」的意思，像是將捲簾或垂簾往上捲繞收起。從最小範圍的彙總統計層級開始，按照小計到總計的順序，逐漸擴展彙總統計的單位，其名稱便是根據這樣的意象而命名。

牢記的原則 8-7

ROLLUP 是能同時獲得總計與小計的方便工具。

COLUMN

GROUPING 運算子的支援現況

此小節的 GROUPING 運算子和 8-1 節介紹過的視窗函數，同樣是為了 OLAP 用途所增加的功能，算是比較新的項目（增加這些功能的標準 SQL 版本為 SQL:1999），因此，還有一些 DBMS 尚未支援相關的語法。在 2016 年 5 月的時間點上，最新版的 Oracle、SQL Server、DB2 以及 PostgreSQL 已經能完全支援，不過 MySQL 5.7 和 MariaDB 10.2 還無法使用。

在尚未支援 GROUPING 運算子的 DBMS 上，想要以 SQL 敘述同時獲得包含總計和小計的結果時，只能採用此小節一開始所介紹的舊有方法，將多段 SELECT 敘述以 UNION 串聯輸出最後的結果。

另外，MySQL 和 MariaDB 的狀況又稍微有些複雜，只能使用變形過後的 ROLLUP 語法，而這裡所說的「變形」，指的是必須使用如下的專用語法。

```
--MySQL、MariaDB
 SELECT shohin_catalg, reg_date, SUM(sell_price) AS sum_price
  FROM Shohin
 GROUP BY shohin_catalg, reg_date WITH ROLLUP;
```

相當可惜地，MySQL 和 MariaDB 目前暫無法使用接下來所要介紹 CUBE 和 GROUPING SETS，只能期待日後的版本增加支援了。

GROUPING 函數－分辨 NULL 的真偽

也許有讀者一直很在意，在前個單元 ROLLUP 的執行結果（6-23 頁）中，有個地方讓人有些困擾。問題在於衣物類別的這組資料，當中出現了 2 筆 reg_date 欄位為 NULL 的記錄，而這 2 筆記錄顯示 NULL 的原因並不相同。

請先看到 sum_price 為 4000 元的這筆資料，在來源的資料表中，由於襯衫的登錄日期為 NULL，又因為登陸日期欄位被指定為彙總鍵，所以這裡照實列出了原本的 NULL，可說相當正常的狀況。

另外一方面，sum_price 為 5000 元的這筆資料，則應該是超級集合列的 NULL（因為 1000 元 ＋ 4000 元 ＝ 5000 元），不過這 2 者在外觀上都是以「NULL」的形式來呈現，如此一來相當容易造成混淆。

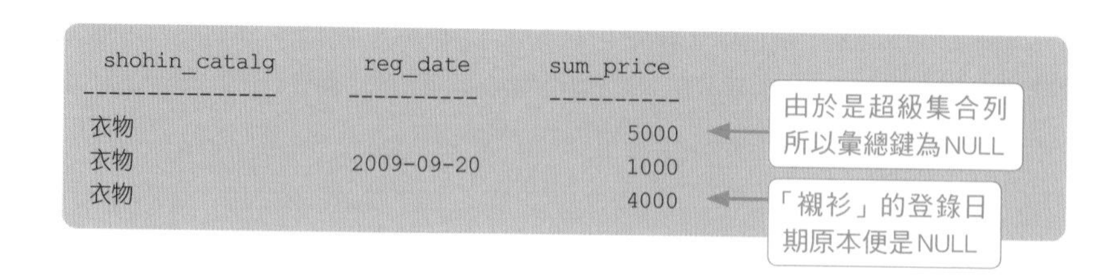
```
shohin_catalg    reg_date     sum_price
---------------  ----------   ----------
衣物                                5000
衣物             2009-09-20         1000
衣物                                4000
```


KEYWORD
● GROUPING 函數

為了防止這樣的混亂狀況，SQL 特別準備了 GROPUING 函數，用來判別是否為超級集合列的 NULL。如果寫入其參數位置的欄位內容值為超級集合列的 NULL 時，此函數會回傳 1，而其它的內容值則會回傳 0（範例 8-15）。

範例 8-15　利用 GROUPING 函數判別 NULL

Oracle | DB2 | SQL Server | PostgreSQL

```
SELECT GROUPING(shohin_catalg) AS shohin_catalg,
           GROUPING(reg_date) AS reg_date, ➡
           SUM(sell_price) AS sum_price
  FROM Shohin
 GROUP BY ROLLUP(shohin_catalg, reg_date);
```

執行結果（DB2 的狀況）

```
shohin_catalg    reg_date     sum_price
---------------  ----------   ----------
1                1                16780
0                1                11180
0                0                  880
0                0                 6800
0                0                 3500
0                1                  600
0                0                  500
0                0                  100
0                1                 5000   ← 超級集合列的NULL為1
0                0                 1000
0                0                 4000   ← 原始資料的NULL為0
```

這樣就能分辨出超級集合列的 NULL 以及原始資料的 NULL，而且若能善加利用 GROUPING 函數的功能，還能進一步在超級集合列的彙總鍵欄位內填入適當的文字。其基本原理為當 GROUPING 函數的回傳值為 1 的時候，指定顯示「總計」或「小計」之類的自訂字串，而其它回傳值則保持原始資料的內容值（範例 8-16）。

範例 8-16　將超級集合列的鍵值改為適當的字串

Oracle　DB2　SQL Server　PostgreSQL

```
SELECT CASE WHEN GROUPING(shohin_catalg) = 1
            THEN '商品分類 總計'
            ELSE shohin_catalg END AS shohin_catalg,
       CASE WHEN GROUPING(reg_date) = 1
            THEN '登錄日期 總計'
            ELSE CAST(reg_date AS VARCHAR(16)) END AS reg_date,
       SUM(sell_price) AS sum_price
  FROM Shohin
 GROUP BY ROLLUP(shohin_catalg, reg_date);
```

執行結果（DB2 的狀況）

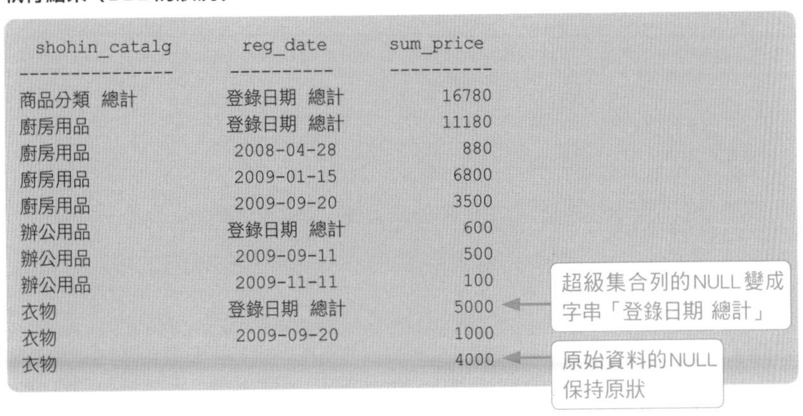

shohin_catalg	reg_date	sum_price
商品分類 總計	登錄日期 總計	16780
廚房用品	登錄日期 總計	11180
廚房用品	2008-04-28	880
廚房用品	2009-01-15	6800
廚房用品	2009-09-20	3500
辦公用品	登錄日期 總計	600
辦公用品	2009-09-11	500
辦公用品	2009-11-11	100
衣物	登錄日期 總計	5000
衣物	2009-09-20	1000
衣物		4000

在實務上，想要取得包含總計和小計數字的統計結果時，上面的資料形式應該足以滿足大部分的需求，而這種時候只要使用 ROLLUP 和 GROUPING 函數即可達成目的。

另外，SELECT 子句特別使用了如下所示的語法，將 reg_date 欄位轉換成字串型別，這是什麼緣故呢？

```
CAST(reg_date AS VARCHAR(16))
```

因為 CASE 運算式所有分支處理的回傳值，其型別必須完全一致，上面的型別轉換措施便是為了符合這樣的規則。如果沒有加上這個動作，不同的分支可能會回傳日期型別或字串型別等型別各異的值，執行時將會造成語法錯誤。

牢記的原則 8-8

使用GROUPING函數，即可簡單區分出原始資料的NULL和超級集合列的NULL。

CUBE －將資料堆疊成積木

KEYWORD
● CUBE運算子

使用頻率僅次於 ROLLUP 的 GROUPING 運算子便是 CUBE 運算子，此英文單字代表了「立方體」的意思，而這個奇怪的名稱也和 ROLLUP 相同，都是根據其功用而命名的，至於到底是什麼樣的功用，請跟著範例繼續看下去吧。

由於其語法和 ROLLUP 完全相同，所以只要將 ROLLUP 的部分替換成 CUBE 即可，請試著將範例 8-16 的 SELECT 敘述改成 CUBE 的寫法吧。

範例 8-17　以 CUBE 取得所有可能的組合

Oracle　DB2　SQL Server　PostgreSQL

```
SELECT CASE WHEN GROUPING(shohin_catalg) = 1
            THEN '商品分類 總計'
            ELSE shohin_catalg END AS shohin_catalg,
       CASE WHEN GROUPING(reg_date) = 1
            THEN '登錄日期 總計'
            ELSE CAST(reg_date AS VARCHAR(16)) END AS reg_date,
       SUM(sell_price) AS sum_price
  FROM Shohin
 GROUP BY CUBE(shohin_catalg, reg_date);
```

執行結果（DB2 的狀況）

```
 shohin_catalg        reg_date      sum_price
 ---------------    ----------     ----------
商品分類 總計        登錄日期 總計         16780
商品分類 總計        2008-04-28             880  ← 增加
商品分類 總計        2009-01-15            6800  ← 增加
商品分類 總計        2009-09-11             500  ← 增加
商品分類 總計        2009-09-20            4500  ← 增加
商品分類 總計        2009-11-11             100  ← 增加
商品分類 總計                              4000  ← 增加
 廚房用品            登錄日期 總計         11180
 廚房用品            2008-04-28             880
 廚房用品            2009-01-15            6800
 廚房用品            2009-09-20            3500
 辦公用品            登錄日期 總計           600
 辦公用品            2009-09-11             500
 辦公用品            2009-11-11             100
 衣物                登錄日期 總計          5000
 衣物                2009-09-20            1000
 衣物                                      4000
```

對比 ROLLUP 的結果，CUBE 執行之後會再多出幾行記錄，觀察新增加的記錄即可得知，這是在僅使用 reg_date 當作彙總鍵的狀況下所增列的記錄。

① GROUP BY ()

② GROUP BY (shohin_catalg)

③ GROUP BY (reg_date)　←—— 增加的組合

④ GROUP BY (shohin_catalg, reg_date)

總而言之，CUBE 的功能是針對 GROUP　BY 子句中所寫入的彙總鍵，將「所有可能的組合方式」的結果如同大雜燴一般同時輸出。因此，可能的組合數量為 2^n（n 為彙總鍵的數量），由於此次有 2 個彙總鍵，所以總共有「2^2 ＝ 4」種組合方式，如果再增加 1 個彙總鍵，那麼將增加至「2^3 ＝ 8」種組合（註 8- ⑩）。

註 8-⑩

以 ROLLUP 的狀況來說，其組合的數量為 n ＋ 1。隨著組合的數量增加，結果的記錄行數也會隨之增加，CUBE 雖然屬於彙總的功能，使用時如果沒有注意到這點，可能會被大量的結果所嚇到。附帶一提，ROLLUP 的結果必定為 CUBE 結果的部分集合。

看到這裡，這個名為 CUBE 的運算子到底哪裡像立方體？也許有不少的讀者有著這樣的疑問。

如同大家所知道的，所謂的立方體是長、寬、高等 3 個方向所構成的 3 次元方形物體，若將 CUBE 運算子所處理的 1 個彙總鍵視為 1 個軸向，便可以想像其功能有如將資料當作積木一般堆積而上（圖 8-6）。

圖 8-6　CUBE 執行方式的示意圖

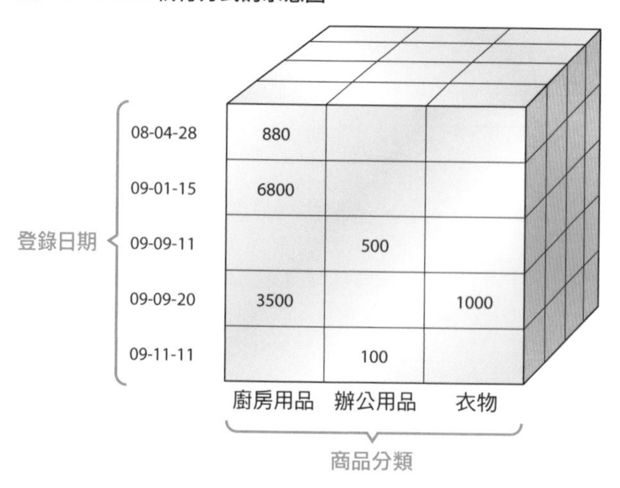

在此次的範例當中，由於僅有商品分類（shohin_catalg）和登錄日期（reg_date）等 2 個軸向，稱之為 Square（方形）也許會比較容易聯想，不過亦可當成少了 1 個軸向的立方體。另外，CUBE 也能指定 4 個以上的軸向，但是這樣已經進入 4 次元的世界，很難再以圖像來表達其概念。

牢記的原則 8-9

可以將CUBE理解成先利用彙總鍵切割資料區塊，然後再堆疊成立方體的樣貌。

GROUPING SETS －只取出部分積木

KEYWORD
- GROUPING SETS 運算子

最後所要介紹的 GROUPING 運算子是 GROUPING SETS。對於 ROLLUP 或 CUBE 所獲得的結果，如果只需要其中的部分記錄時，便可使用此運算子。

舉例來說，先前的 CUBE 執行之後，獲得了彙總鍵所有可能組合的結果，假若只需要其中單獨以「商品分類」或「登錄日期」當作彙總鍵的結果，或者反過來說，「不需要所有商品總計記錄、以及同時使用這 2 個彙總鍵的結果記錄」時，利用 GROUPING SETS 即可達成。

範例 8-18　以 GROUPING SET 取得部分組合結果

Oracle　DB2　SQL Server　PostgreSQL

```
SELECT CASE WHEN GROUPING(shohin_catalg) = 1
            THEN '商品分類 總計'
            ELSE shohin_catalg END AS shohin_catalg,
       CASE WHEN GROUPING(reg_date) = 1
            THEN '登錄日期 總計'
            ELSE CAST(reg_date AS VARCHAR(16)) END AS reg_date,
       SUM(sell_price) AS sum_price
  FROM Shohin
 GROUP BY GROUPING SETS (shohin_catalg, reg_date);
```

執行結果（DB2 的狀況）

```
shohin_catalg     reg_date      sum_price
---------------   ----------    ----------
商品分類 總計      2008-04-28          880
商品分類 總計      2009-01-15         6800
商品分類 總計      2009-09-11          500
商品分類 總計      2009-09-20         4500
商品分類 總計      2009-11-11          100
商品分類 總計                         4000
廚房用品          登錄日期 總計       11180
辦公用品          登錄日期 總計         600
衣物              登錄日期 總計        5000
```

在此結果當中，已經沒有全部商品的總計行（16780 元）。像這樣相對於 ROLLUP 或 CUBE 在執行後會獲得有規律的、比較符合日常業務所需的資料，GROUPING SETS 則會指定個別的單獨條件，從中抽出較為特殊的部分結果。由於需要這樣特殊結果的狀況相當少，所以和 ROLLUP 或 CUBE 相比之下，會使用到 GROUPING SETS 的機會應該不太多。

自我練習

8.1 如果對章節內文所使用過的 Shohin（商品）資料表，執行如下所示的 SELECT 敘述，請預測一下將會得什麼樣的結果。

```
SELECT shohin_id, shohin_name, sell_price,
       MAX(sell_price) OVER (ORDER BY shohin_id) ➡
AS current_max_price
  FROM Shohin;
```

8.2 接下來同樣使用 Shohin 資料表，在按照登錄日期將記錄由小到大排列的狀況下，請同時求得各日期時間點上販售單價（sell_price）的總計金額。不過登錄日期為 NULL 的「襯衫」這筆記錄必須排在第 1 行的位置（也就是早於其他商品的登錄日期）。

第 9 章　從應用程式連接資料庫

串聯資料庫和應用程式
程式的基礎知識
利用程式連到 MariaDB

SQL

本章的主題

到前個章節為止，關於如何運用 SQL 敘述來操作資料庫，已經完成了一連串的基礎學習過程。而在這個章節之中，將稍微改變一下視角，針對從程式送出 SQL 敘述進行資料操作的方法，繼續學習這方面的入門基礎知識。

這個章節將採用Java程式語言，撰寫出能連接至資料庫的應用程式。在目前用來撰寫應用程式的眾多語言之中，Java可說是相當普及的1款程式語言，而做為撰寫以及執行 Java 應用程式的環境，各位讀者必須先在您的電腦上安裝好名為 JDK（Java Development Kit）的開發工具，此 JDK 的安裝檔案可在 Oracle 公司的官方網站下載取得，下載以及安裝的詳細步驟不難，在此礙於篇幅而略過，不熟悉的讀者可以參考旗標出版的「最新 Java 程式語言 第五版」一書。

另外，進行這個章節的練習之前，請確認也已按照第 0 章的說明完成 MariaDB 資料庫的安裝工作。以下是本章操作環境的相關資訊：

Java SE JDK 下載網址：
http://www.oracle.com/technetwork/java/javase/downloads/

Java JDK 安裝路徑：
C:\xampp\java\jdk

MariaDB 路徑：
C:\xampp\mysql

MariaDB JDBC 驅動程式放置路徑：
C:\xampp\mysql\jdbc

9-1 串聯資料庫和應用程式

學習重點

- 實務上的資訊系統，會採用從程式發出 SQL 敘述來操作資料庫的運作形式。
- 在程式世界和資料庫世界之間，扮演中介角色的便是「驅動程式」的小零件，如果沒有它的存在將無法透過程式連上資料庫。
- 按照各家資料庫和程式語言的搭配方式，所需的驅動程式也各有不同，若忽略此點可能無法順利連線。

資料庫與應用程式的關係

當各位讀者在架設個人專屬的 Web 網站、或在工作上構建資訊系統的時候，無法只靠資料庫來形成完整的系統。資料庫具有儲存資料的重要功能，所以無論建構什麼樣的資訊系統都必須使用到資料庫，不過單靠資料庫本身無法涵蓋系統所需的所有功能，例如在畫面上顯示令人驚艷的動畫效果、或按照搜尋結果的資料內容改變呈現方式等複雜的處理工作，單靠資料庫和 SQL 無法做到這些事情。

例如，建構資訊系統的時候，必須以某些程式和資料庫搭配使用，這些程式可以採用各式各樣的程式語言來撰寫，目前比較具代表性的程式語言有 Java、C#、Python 和 Perl 等，另外出現時間較早的 C 語言仍然是相當常見的語言。使用程式語言所撰寫完成的程式稱為「Application Program（應用程式）」或簡稱為「Application」，猜想各位讀者的電腦和智慧型手機中也安裝了許多應用程式吧（註 9-❶）。

大致上來說，資訊系統通常如同圖 9-1 所示，是由應用程式和資料庫這 2 個部分形成完整的架構。

KEYWORD

- 應用程式（Application Program、Application）

註 9-❶

下載 iPhone/iPad 應用程式的服務稱為「App Store」，App 即為應用程式 Application 所命名而來。

圖 9-1　系統是應用程式和資料庫的組合

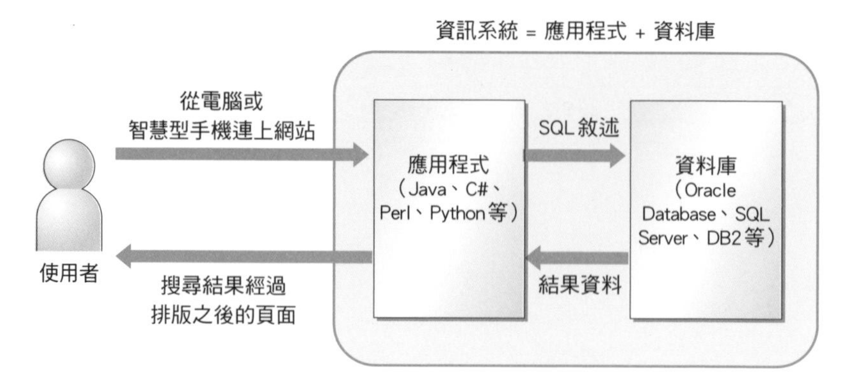

這當然只是最簡單的示意模型，實際上還需要許多其他的組件，方能構成完整的資訊系統，例如能阻斷來自外部網路攻擊的防火牆，或是能回應使用者端瀏覽器網頁請求的 Web 伺服器等。不過無論如何，目前您只要先理解整個系統當中最主要的構成要素，還是在於**應用程式**以及**資料庫**這 2 個即可。

驅動程式－ 2 個世界的橋梁

接下來，想要讓應用程式和資料庫搭配使用，還有 1 個大問題需要解決。由於撰寫應用程式可以採用各式各樣的程式語言，其語法和功能都不盡相同，另外在資料庫這端，各家 DBMS 在功能和 SQL 語法上也會有些差異（如同第 1 章介紹的內容，比較具有代表性的 DBMS 就有 5 個），因此，應用程式和資料庫之間傳遞 SQL 敘述和結果資料的方法，也相當紛亂而具有許多不確定的因素，在這樣的背景之下，光是更換別種程式語言或 DBMS，就可能需要重新撰寫所有的程式碼或 SQL 敘述，這是必須極力避免的狀況。

因應上述問題而引進的解決方法，便是在 2 個世界之間安插名為「**驅動程式**（Driver）」的中介程式（註 9- ❷）。此驅動程式是專門設計用來連接應用程式和資料庫的小型程式，以檔案容量來說僅有數百 KB 的程度，由於驅動程式介於 2 者之間，讓應用程式和資料庫都能保持原本的狀況和發展方向，無論哪方提升版本或變更規格，只要稍微修改一下驅動程式的連接部分即能完成修正的工作。

KEYWORD
● 驅動程式

註 9- ❷
Driver 在英文中還具有螺絲起子（Screwdriver）的意思，而螺絲起子的功能是用來結合 2 個零件，廣義來說也屬於中介者的角色。而在電腦的世界中，用來連接印表機、鍵盤和滑鼠等周邊設備的程式也稱為驅動程式，此驅動程式同樣具有「連接不同機器設備」的類似功用。

總而言之，驅動程式就有如在應用程式和資料庫這 2 個世界之間架起的橋梁（圖 9-2）。

圖 9-2　驅動程式是應用程式和資料庫之間的橋梁

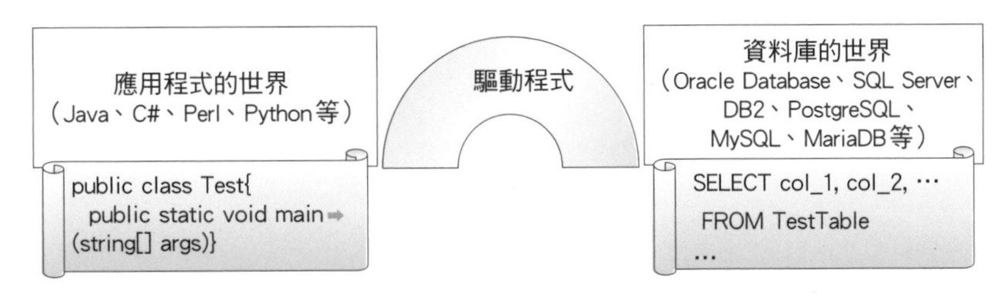

驅動程式的種類

驅動程式的容量雖然小，卻也是名副其實的「程式」，需要使用某種程式語言來撰寫，不過我們不必自行製作驅動程式，在大部分的狀況之下，DBMS 的開發廠商等單位都會提供，而需要注意的地方，只有必須配合 DBMS 和程式語言選擇適用的驅動程式。進一步來說，例如 DBMS 的版本為 32 位元或 64 位元的時候，可能需要使用不同的驅動程式（由於 MariaDB 的 JDBC 驅動程式沒有區分沒有 32 位元或 64 位元，所以使用 MariaDB 當作範例資料庫的時候，不需注意此問題）。如果沒有使用正確的驅動程式，不僅無法傳送 SQL 敘述，甚至可能完全連不上資料庫，此點必須特別留意。

KEYWORD
- ODBC
- JDBC

目前被廣泛採用的驅動程式規格有 ODBC（Open DataBase Connectivity）和 JDBC（Java Database Connectivity）等 2 類。ODBC 是 Microsoft 公司在 1992 年所發表的 DBMS 連接介面規格，之後成為業界的標準，而 JDBC 則是參考前者、另外彙整成 Java 應用程式連接資料庫的規格，本書接下來也會使用 MariaDB 的 JDBC 驅動程式，試著從 Java 應用程式連上 MariaDB 資料庫。

MariaDB 的 JDBC 驅動程式稱為 Connector/J，可由下方的網址頁面下載取得，由於不同版本的 MariaDB 以及 Java 所對應的驅動程式版本也可能不同，請下載適用的版本。

▶ MariaDB Connector/J (JDBC Driver)

https://downloads.mariadb.org/connector-java/

由於本書採用 Java Version 8 的開發執行環境，目前頁面上最新的「1.5.9」版本即可適用，點選「Download 1.5.9 Stable Now!」按鈕之後會進入該版本的下載頁面（註 9- ❸），這裡請選擇直接下載 jar 格式檔案，取得如下所示名稱的檔案。

註 9- ❸
DBC 也會不斷更新版本，一般來說，下載當時最新版的 JDBC 即可。

mariadb-java-client-1.5.9.jar

此即為驅動程式的檔案，另外，此檔案的名稱會因為版本編號而有所不同，其後方附加了較為少見的「.jar」副檔名，代表了它是 Java 的執行程式檔案（也是之後說明的類別檔案的集合體）。

此檔案雖然可以放置在電腦中的任意資料夾路徑，不過為了之後練習比較便於取用，最好放置在**僅由英文單字構成、且名稱長度較短**的資料夾路徑之下，所以建議利用第 0 章安裝 xampp 時 MariaDB 的預設路徑「C:\xampp\mysql」，在其下新建名為「jdbc」的資料夾，然後將先前下載的驅動程式檔案放置於此（圖 9-3）。另外，此資料夾名稱請全部採用「半形英數字」，若使用全形文字可能導致無法正常運作。

```
C:\xampp\mysql\jdbc
```

圖 9-3　存放驅動程式檔案的資料夾路徑

如此便完成從程式連接至資料庫的準備工作，可以準備實際使用 Java 連上 MariaDB 了，不過在此之前，還需要知道 Java 程式的基本撰寫以及執行方式。

9-2 程式的基礎知識

學習重點

- 若想讓 Java 程式能順利運行，在原始碼撰寫完成之後，必須先進行編譯的動作。
- 和 SQL 敘述不同，Java 的原始碼會區分保留字的大小寫。

這個章節所採用的程式語言為 Java，由於本書並非以 Java 專書，所以不會深入介紹其語法或撰寫方式，不過為了製作出能連上資料庫的小型程式，章節中會適時地預先解說最低限度的必要知識，如果您已經具備一定程度的 Java 程式能力，亦可直接跳過此小節的內容。

一如往例的「Hello, World」

KEYWORD

● Coding

編寫程式原始碼的動作。

首先請跟著簡易的範例程式，試著以 Java 語言來撰寫程式碼（Coding）並實際執行看看吧。這裡先不急著連上資料庫，此程式的內容僅具有「在畫面上顯示簡短字串」的單純功能，而輸出的字串設定成「Hello, World」，直接翻譯成中文的意思為「您好，世界」，雖然不是具有什麼特別意思的語句，不過在程式的世界中，從數十年前開始就有「最初製作出來的程式一定要輸出這段字串！」的傳統慣例。

■ 撰寫原始碼、儲存成原始碼檔案

KEYWORD

● Source Code

將會成為應用程式的1段文字，也就是按照語法所寫出的程式碼，亦可簡單稱之為「Source」。

由於程式的功能相當單純，所以原始碼（Source Code）內容也非常簡單。

範例 9-1　在畫面上顯示簡短字串的 Java 程式

```
public class Hello{
      public static void main(String[] args){
            System.out.print("Hello, World");
     }
}
```

首先請開啟記事本之類的文字編輯軟體，輸入上述的範例原始碼之後，儲存成檔名為「Hello.java」的檔案，並且放置在如下所示的資料夾路徑：

```
C:\xampp\java\src
```

「src」是「source」的縮寫，經常用於存放原始碼的資料夾名稱，此資料夾實際上可以放置在任意的路徑位置，不過為了容易理解與方便取用，建議集中在 xampp 的資料夾之下（圖 9-4）。

圖 9-4 存放原始碼檔案的資料夾路徑

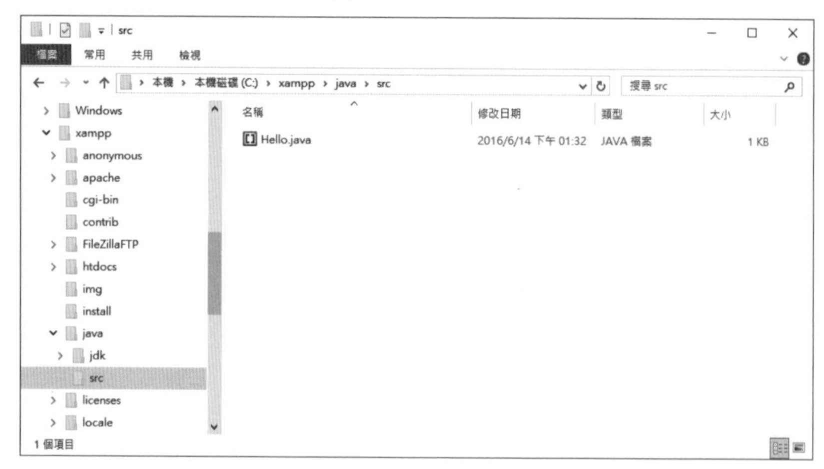

然後，位於原始碼第 3 行的 "Hello, World" 部分，便是想輸出顯示的字串，如果將此字串改成其他文字內容，即能顯示不同的訊息，前面曾經說過 SQL 的字串需要以單引號（'）圍住，不過請注意 Java 必須改用**雙引號（"）**來圍住字串。而同樣位於第 3 行前半部的 System.out.print 部分，則是用來在畫面上顯示字串、類似函數的功能（註 9-❹）。

除此之外的「public class Hello」、或「public static void main (String[] args)」等部分，這些並列的文字看起來有如咒語一般，不過這裡您不用在意它們所代表的意義（註 9-❺）。整段原始碼的重點部分僅在於第 3 行的內容，這行相當於「在畫面上顯示字串！」的命令。

註 9-❹

正確來說應該稱之為「方法（Method）」，不過目前還不需要特別區分函數和方法之間的差異。

註 9-❺

想了解詳細狀況的讀者請參閱旗標出版的「最新 Java 程式語言 第五版」。

編譯與執行程式

將原始碼存成檔案放在資料夾之後，便完成了 Java 的原始碼檔案，不過此檔案無法直接運行，接下來還必須經過「編譯（Compile）」的步驟，才能製作出可執行的 Java 程式檔案。「compile」這個英文單字原本的意思是「進行編輯」，在程式的世界中，它被用來代表「將人員所撰寫的原始碼、轉換成電腦能執行的程式碼」的意思。

KEYWORD
● 編譯

使用 SQL 操作資料庫的過程中，不需要特別經過編譯的步驟，不過實際上這是因為每次執行 SQL 敘述的時候，資料庫內部都會自動進行類似的動作。而 Java 或 C 語言等程式語言，則必須以手動方式明確進行編譯（註 9- ❻）。

註 9- ❻
也有執行前不需明確進行編譯的 Python 或 PHP 等程式語言，這些語言同樣採用執行時才在內部進行編譯的方式（亦稱為直譯語言）。

進行編譯的時候，需要使用到「javac.exe」這支程式，它被包含在先前安裝完成的 JDK 之中，其名稱結尾的「c」為 compile 的縮寫，由於它應該被存放在「C:\xmapp\java\jdk\bin」的資料夾之中，編譯前請先確認一下（圖 9-5）。

圖 9-5　用來編譯程式的 javac.exe

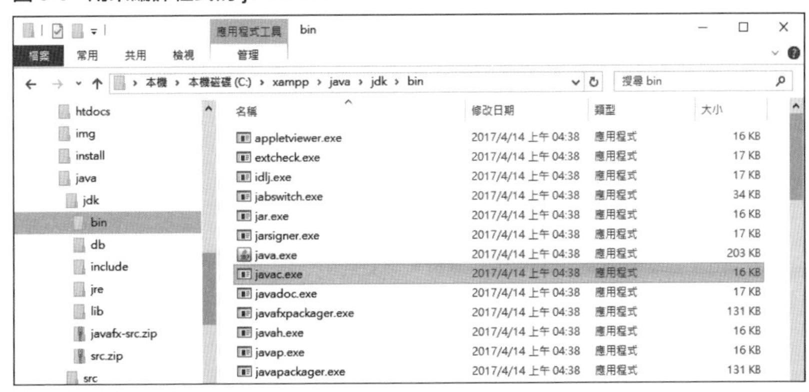

使用 javac.exe 的時候，必須在**命令提示字元**視窗中執行指令。若想在 Windows　10 作業系統中啟動命令提示字元，請在桌面畫面將滑鼠游標移至左下角的「Windows」圖示按鈕 之上，然後按下滑鼠右鍵顯示快顯選單，點選其中的「**命令提示字元（系統管理員）**(A)」項目（註 9- ❼）（以系統管理員啟動命令提示字元需要允許權限），命令提示字元啟動之後將出現如圖 9-6 所示的視窗。

註 9- ❼
Windows 8/8.1 作業系統請按照下列步驟啟動命令提示字元。
1. 在電腦起始畫面（Modern UI 畫面）按住鍵盤的 Windows 鍵 、再按下 X 鍵。
2. 由於此時會顯示相同的選單，請點選其中的「命令提示字元（系統管理員）(A)」。

圖 9-6 命令提示字元的視窗

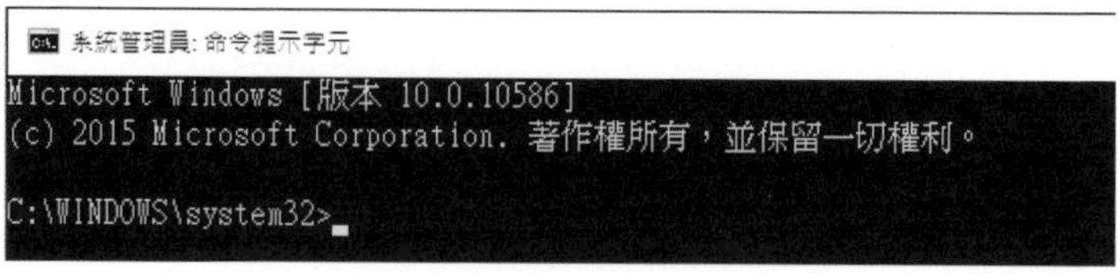

```
系統管理員: 命令提示字元
Microsoft Windows [版本 10.0.10586]
(c) 2015 Microsoft Corporation. 著作權所有，並保留一切權利。

C:\WINDOWS\system32>
```

首先，為了移動至原始碼檔案所在的資料夾，請輸入下列的指令（註 9-❽），輸入完畢後需要按下 Enter 送出執行。

註 9-❽
cd 這個指令的名稱來自於「Change Directory」的縮寫，Directory（目錄）其實等同於資料夾，是 UNIX/Linux 等作業系統經常使用的稱呼。

cd 指令（移動至指定的資料夾）

```
cd C:\xampp\java\src
```

指令執行成功之後，不會出現什麼特別的訊息（圖 9-7），而失敗的時候，畫面上則會顯示相關錯誤訊息，請再檢查指令或資料夾的名稱是否輸入錯誤。另外，cd 後面緊接的空白必須使用半形空白，而今後在命令提示字元中輸入的文字也均為半形文字（除非有中文的資料夾或檔案名稱），由於全形文字可能會造成錯誤，請避免使用。

圖 9-7 「cd C:\xampp\java\src」的執行結果

```
C:\WINDOWS\system32>cd C:\xampp\java\src

C:\xampp\java\src>
```

■ 以 javac 指令編譯出類別檔案

現在應該已經移動至指定的資料夾，再來請在命令提示字元視窗中輸入下列的指令，再按下 Enter 送出執行（註 9-❾）。

註 9-❾
您也許會覺得「C:\xampp\java\jdk\bin\javac」這樣輸入全部資料夾名稱的方式相當麻煩，實際上可以設定成只需輸入「javac」而省略掉資料夾路徑的部分，這需要設定作業系統的「環境變數 PATH」，提供給讀者參考。

javac 指令（編譯程式）

```
C:\xampp\java\jdk\bin\javac Hello.java
```

稍待片刻便可完成編譯的動作，這個時候如果編譯成功執行完畢，命令提示字元的視窗中不會顯示任何訊息（圖 9-8），假若畫面出現了一些訊息，表示遇到某些錯誤狀況而導致編譯失敗。

圖 9-8 「C:\xampp\java\jdk\bin\javac Hello.java」的執行結果

```
C:\xampp\java\src>C:\xampp\java\jdk\bin\javac Hello.java

C:\xampp\java\src>
```

牢記的原則 9-1

若想讓Java程式能實際運行，在原始碼撰寫完成之後，必須先進行編譯的動作。

編譯成功之後，在放置原始碼檔案的資料夾中，會產生 1 個名為「Hello.class」的新檔案（圖 9-9），這是稱為「類別檔案（Class File）」的 Java 可執行檔案。

圖 9-9　編譯成功後產生類別檔案

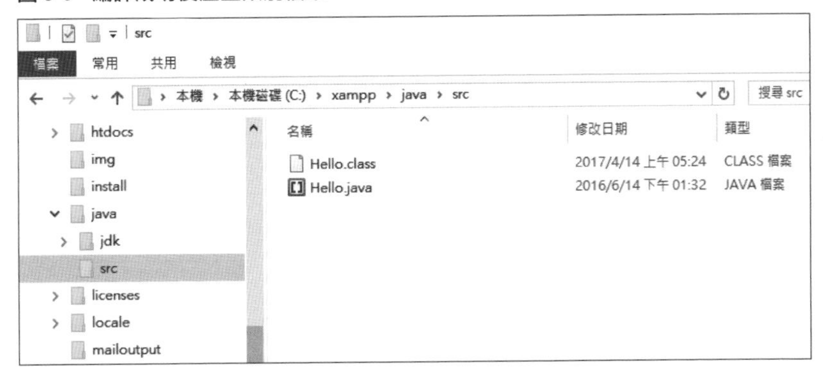

■ 以 java 指令執行程式

成為這種狀態之後，程式已經可以實際執行，而若想執行此種格式的程式，需要使用包含在「C:\xampp\java\jdk\bin」資料夾內的「java.exe」執行檔，請在命令提示字元中輸入下列的指令，再按下 Enter 送出執行。「Hello」是類別（Class）的名稱，和檔案副檔名前方的主檔名相同。

java 指令（執行程式）

```
C:\xampp\java\jdk\bin\java Hello
```

如果命令提示字元視窗顯示「Hello, World」的訊息，代表成功執行完畢（圖 9-10）。

圖 9-10 「C:\xampp\java\jdk\bin\java Hello」的執行結果

```
C:\xampp\java\src>C:\xampp\java\jdk\bin\java Hello
Hello, World
C:\xampp\java\src>
```

如上所述，以 Java 語言撰寫程式的時候，必須按照下列的順序操作，請您一定要把這 3 個步驟記起來。

1. 撰寫原始碼，儲存成原始碼檔案

2. 以 javac 指令進行編譯，產生類別檔案

3. 以 java 指令執行類別檔案

常見的錯誤

以 Java 撰寫原始碼的時候，初學者會有一些常犯的錯誤，這裡列出幾點，請您撰寫時多加留意。

■ 弄錯大寫與小寫字母

撰寫 SQL 敘述時，保留字的大寫或小寫在功能上沒有分別，例如無論是寫成「SELECT 1;」或寫成「select 1;」，都可以正常執行並獲得相同的結果，不過 Java 語言會區分英文字母的大小寫。

舉例來說，對於前面用來在畫面上顯示字串的函數「System.out.print」，若試著改寫成如同下面範例 9-2 所示全部小寫的樣子。

範例 9-2 [錯誤範例] 將大寫字母輸入成小寫字母

```
public class Hello{
    public static void main(String[] args){
        system.out.print("Hello, World");
    }
}
```

然後將這段原始碼同樣儲存成檔案、以 javac 指令進行編譯時，將會獲得如下的錯誤訊息。

執行結果

```
Hello.java:3: error: package system does not exist
            system.out.print("Hello, World");
                  ^
1 error
```

這段訊息主要在表示「Hello.java」檔案的第 3 行部分有誤，由於我們把「System」寫成小寫的「system」，導致編譯程式找不到對應名稱的套件。

牢記的原則 9-2

Java 的原始碼會區分保留字的大小寫，這是不同於 SQL 的差異。

■ 使用全形空白

如同先前所述，原始碼中不能使用全形的文字（除了中文的字串資料和註解），此規則和 SQL 敘述相同，雖然應該不會有人特別使用全形的英文字母來撰寫原始碼，不過有時候可能會不小心把半形空白輸入成全形空白。

舉例來說，若像範例 9-3 一樣把第 2 行開頭的空白輸入成全形空白。

範例 9-3

```
public class Hello{
    public static void main(String[] args){
        system.out.print("Hello, World");
    }
}
```

雖然看不出來，不過這裡實際上是全形空白

如果將這樣的原始碼儲存成檔案、交給 javac 指令進行編譯，畫面上將會顯示如下的錯誤訊息。

執行結果

```
Hello.java:2: error: illegal character: '\u3000'
    public static void main(String[] args){
^
1 error
```

這段訊息主要在說明「Hello.java」檔案內容的第 2 行有誤，其中的「\u3000」是全形空白對應的文字編碼，因為「使用了不能使用的文字」而導致無法進行編譯。由於全形空白和半形空白在文字編輯軟體上比較難以分辨，也是初學者容易發生的錯誤狀況。

牢記的原則 9-3

Java 的原始碼中沒有全形文字／全形空白出場的機會（註解除外）。

■ 原始碼檔案的檔名和類別名稱不一致

以實際的例子來說，如果試著把先前建立的原始碼檔案「Hello.java」直接改名為「Test.java」，再進行編譯的動作，當然編譯指令也需要改成如下的樣子。

編譯

```
C:\xampp\java\jdk\bin\javac Test.java
```

不過卻出現以下的錯誤訊息。

執行結果

```
Test.java:1: error: class Hello is public, should be declared in a ➡
file named Hello.java
public class Hello{
       ^
1 error
```

這是因為原始碼檔案內所命名的類別名稱「Hello」、和檔案名稱的「Test」不一致而發生的錯誤。**Java 原始碼檔案的名稱必須和其內容第 1 行的類別名稱相同**，而且連英文字母的大小寫都必須相同，此點請多加注意。

■ 資料夾路徑或檔案名稱等輸入錯誤

進行編譯或執行的時候，如果不小心輸入錯誤的資料夾名稱或指令名稱，當然只會獲得錯誤訊息，尤其請特別留意 javac 或 java 指令前方的資料夾名稱是否正確。

舉例來說，若像下面這樣將「bin」資料夾輸入成錯誤的「vin」，那麼執行後將會出現錯誤訊息。

執行（資料夾路徑錯誤）

```
C:\xampp\java\jdk\vin\java Hello
```

執行結果

```
系統找不到指定的路徑。
```

路徑指的是一連串資料夾所構成的存放位置，正如同訊息所示，因為「找不到指定的資料夾」而無法順利執行。

或是將類別名稱「Hello」錯誤輸入成「Hallo」，也會發生錯誤：

執行（類別名稱錯誤）

```
C:\xampp\java\jdk\bin\java Hallo
```

執行結果

```
錯誤： 找不到或無法載入主要類別 Hallo
```

這次則是因為「找不到指定的類別」而無法順利執行。

為了減少這類輸入錯誤，實際上可以設定成不需指定前面長串的路徑，不過由於本書執行指令的次數較少，所以沒有特別介紹設定的方式。其實您可以改用複製貼上的方式，那麼就不必每次自行輸入，這樣應該比較不會造成負擔吧。

註 9- ⑩

如果無法在 Windows 10 的命令提示字元中使用 Ctrl + V 鍵，請按照下列的步驟開啟〔啟用 Ctrl 鍵快速鍵〕選項。

1. 在命令提示字元的標題列點選滑鼠右鍵，在開啟的選單中點選〔預設值〕，呼叫出命令提示字元的內容視窗。
2. 在內容視窗的〔選項〕頁籤中，勾選〔啟用 Ctrl 鍵快速鍵〕再按〔確定〕按鈕退出。

COLUMN

貼上命令提示字元的方法

Windows 10 作業系統的命令提示字元，已經可以使用 Ctrl 系列的快速鍵，因此，您可以利用 Ctrl + C 鍵複製文字檔案中的指令字串，然後在命令提示字元視窗中以 Ctrl + V 鍵貼上整段指令（註 9- ⑩）。

使用這樣的操作方法，就不需自行輸入冗長的指令，相當便利。

Windows 8/8.1 之前的作業系統

如果想把已經複製起來的指令字串貼至命令提示字元，可以在命令提示字元的標題列上點選滑鼠右鍵顯示選單，然後點選其中的〔編輯 (E)〕→〔貼上 (P)〕(圖 9-11)。

圖 9-11　將文字貼上至命令提示字元中

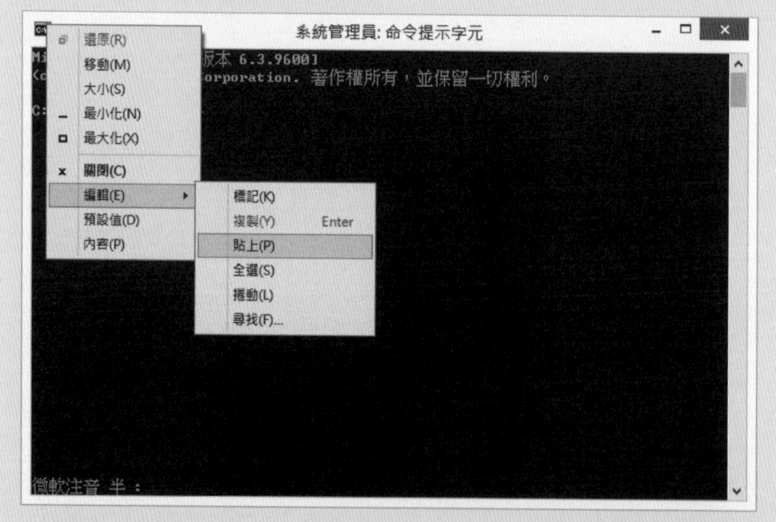

而需要從命令提示字元複製文字的時候，可以使用類似的做法先點選〔編輯 (E)〕→〔標記 (K)〕，再以滑鼠游標拖曳的方式反白要想選取的文字，最後點選〔編輯 (E)〕→〔複製 (Y)〕即完成複製的動作。

對於經常需要在 Windows 作業系統中使用命令提示字元的人來說，學會這樣的操作方式就不用重複輸入相同的冗長指令。

9-3 利用程式連到MariaDB

學習重點

- 在 Java 程式中，可以透過資料庫的驅動程式執行各式各樣的 SQL 敘述。
- 資料庫將 SELECT 敘述的結果資料回傳給 Java 程式之後，程式需要以迴圈方式逐一處理每 1 行資料，這是能 1 次處理多行資料的資料庫世界、以及 1 次只能處理 1 行資料的程式世界之間的差異。

執行 SQL 敘述的 Java 程式

前面看過了 Java 程式的編譯以及執行方法之後，接下來終於開始進入這個章節真正要完成的事情，那便是連上資料庫以及操作資料表當中儲存的資料。

首先所要撰寫的程式，其功能為執行「SELECT 1 AS col_1」這樣非常簡單的 SELECT 敘述、並且將執行的結果顯示於畫面之上。此段 SQL 敘述僅取得常數 1 的單筆單欄結果，可說是相當單純的 SELECT 敘述，雖然沒有 FROM 子句以及之後的部分看起來有些奇怪，不過由於其執行結果只會篩選出常數，所以可以只使用 SELECT 子句來撰寫 SQL 敘述（註 9- ⓫）。

註 9- ⓫
可參照 2-2 節的 COLUMN「FROM 子句是必要的嗎？」

能達成上述功能的 Java 程式原始碼如下所示。

範例 9-4　執行 SELECT 敘述的 Java 程式

```
import java.sql.*;

public class DBConnect1 {
  public static void main(String[] args) throws Exception {

    /* 1) 連接至 MariaDB 的資訊 */
    Connection con;
    Statement st;
    ResultSet rs;                                              ①

    String url = "jdbc:mariadb://localhost:3306/mysql";
    String user = "< 帳號 >";
    String password = "< 密碼 >";
```

接下頁

```
        /* 2) 載入 JDBC 驅動程式 */
        Class.forName("org.mariadb.jdbc.Driver"); ——②


        /* 3) 連接至 MariaDB */
        con = DriverManager.getConnection(url, user, password);
        st = con.createStatement(); ——③

        /* 4) 執行 SELECT 敘述 */
        rs = st.executeQuery("SELECT 1 AS col _ 1"); ——④

        /* 5) 將結果顯示於畫面上 */
        rs.next();
        System.out.print(rs.getInt("col _ 1")); ——⑤

        /* 6) 關閉和 MariaDB 之間的連線 */
        rs.close();
        st.close();
        con.close(); ——⑥
    }
}
```

需要完成的事情比前個小節的程式多，因此原始碼也比較長一些，下個單元將逐一為您做解說。另外，Java 的原始碼和 SQL 敘述相同，一樣可以使用 /* */ 的格式來撰寫註解說明，由於註解不會影響到程式的功能，所以註解的範圍內可以使用包含中文字的全形文字。

Java 如何從資料庫取得資料

首先，原始碼的第 1 行為「import java.sql.*;」，這是為了能連上資料庫以及傳送執行 SQL 敘述，預先宣告匯入 Java 的相關必要功能，如果少了這行程式碼，下面所要介紹的 Connection 和 Statement 等類別將無法使用。

接下來請看到段落 ① 的部分，這裡宣告了連線所需的物件（Object）、並且帶入使用者帳號和密碼等必要資訊，以便之後連接登入資料庫。從 Java 程式連接至資料庫的時候，下列 3 個物件是不可缺少的要素，您可以把它們想成是連接資料庫專用的 1 組物件，而其它程式語言也會採用名稱不同、但功能相似的物件。

Connection：連線，負責連接資料庫的任務。

Statement：陳述，負責儲存想要執行的 SQL 敘述。

ResultSet：結果集合，負責儲存 SQL 敘述的執行結果。

另外還宣告了 url、user 和 password 等 3 個字串變數，其中的 user 和 password 是用來登入資料庫的使用者帳號和密碼，應該很容易理解，而 url 的用途可能比較難以想像，總之此字串變數相當於目標資料庫的「地址」，其表達方式有點類似 Web 網站的 URL，以斜線（/）區隔各項資訊。

若從左邊開始依序說明，「jdbc:mariadb://」的部分代表了連線的協定，表示「使用 JDBC 連接至 MariaDB 資料庫」的意思，類似網站 URL 的「http://」部分。

後面的「localhost」用來指定安裝著 MariaDB 的電腦主機或設備的網路位置，由於目前 Java 程式和資料庫同在 1 部電腦上運行，所以寫著代表本機電腦的「localhost」字串，這等同於寫入「127.0.0.1」的 IP 位址。實際的系統或進行開發的時候，Java 應用程式和資料庫分別運行於不同的電腦主機是相當常見的狀況，在這種狀況之下，此處需要改成資料庫運行設備的 IP 位址或主機名稱。

再來「3306」的數字代表 MariaDB 所使用的埠號（Port），而所謂的埠號相當於電腦中運行程式對外通訊用的「窗口」，再換個說法，如果把 IP 位址或主機名稱比喻成住宅大樓的地址或大樓名稱，那麼埠號就有如各住戶單元的房號。安裝 MariaDB 的時候若沒有特別做變更，使用預設的埠號「3306」即可連線。

最後的「mysql」用來指定登入 MariaDB 之後所使用的資料庫名稱（作用中的資料庫）。其實各家 DBMS 都可以在內部建立多個不同名稱的資料庫，由於 MariaDB 安裝後必定會產生「mysql」資料庫、用來儲存系統相關的設定，而且此範例的 SELECT 敘述不會實際影響到資料，所以借用了這個資料庫的名稱。

請繼續往下看，段落 ② 的功用為載入 JDBC 驅動程式，此行程式碼表達連線時應該使用何種驅動程式，當中的「org.mariadb.jdbc.

Driver」是 MariaDB 的 JDBC 驅動程式的類別名稱。如果使用其他的 DBMS 或其他的驅動程式時，需要配合修改成適當的文字。

附帶一提，MariaDB Connector/J 的說明有提到，現在可以省略這行程式碼，實際試過註解掉也能正常執行。

到了段落 ③ 的部分，這裡才實際使用 URL、使用者帳號、密碼等資訊連上 MariaDB，然後在段落 ④ 的部分執行 SELECT 敘述、段落 ⑤ 則負責將獲得的結果顯示於畫面上。如果程式成功執行到這個地方，命令提示字元視窗中應該會顯示「1」的訊息。

最後的段落 ⑥ 部分會關閉（Close）與資料庫之間的連線。為什麼需要這個關閉連線的動作呢？因為和資料庫建立連線之後，會消耗 2 端設備連線所需的記憶體容量，雖然數量不多，不過若是每次操作資料庫之後都沒有關閉連線，隨著連線所造成的「占用片段」越來越多，勢必會壓迫到記憶體的容量而引發效能上的問題。像這樣由於忘記關閉連線等原因、導致可用記憶體減少的現象稱為「**記憶體遺漏（Memory Leak）**」，英文單字 Leak 為「漏失」的意思，因為此現象經過較長時間才會對效能造成明顯影響，可說是較難追究原因的麻煩問題（註 9- ⓬）。

註 9- ⓬

Java 在記憶體管理方面相當優秀，具有「垃圾回收（Garbage Collection）」的功能，能釋放已經不使用的連線或物件等所占用的記憶體，預防陷入記憶體不足的窘況，Java 程式運行的時候會自動執行此功能，不過這樣還是無法完全防止記憶體遺漏的問題，明確加上關閉連線的程式碼仍然非常重要。

執行連接至資料庫的程式

接下來也請試著動手編譯此原始碼並實際執行看看吧！編譯的指令和之前差不多，如果原始碼檔案的名稱為「DBConnect1.java」、並且存放在「C:\xampp\java\src」的資料夾之中，那麼便可在命令提示字元中執行如下的 javac 指令，將原始碼檔案編譯成可執行的類別檔案。

編譯

```
C:\xampp\java\jdk\bin\javac DBConnect1.java
```

另外，執行此段指令之前，也需要先將當前資料夾移動至存放原始碼檔案的資料夾，否則會因為找不到原始碼檔案，而產生 9-2 節所說明的「**資料夾路徑或檔案名稱等輸入錯誤**」無法順利編譯。

編譯成功之後，存放原始碼檔案的資料夾中會產生名為「DBConnect1.class」的新檔案，雖然和之前的範例程式同樣需要以 java 指令來執行此檔案，不過此次的指令必須增加 1 個附加參數。

指定 JDBC 驅動程式檔案的同時執行 Java 程式

```
C:\xampp\java\jdk\bin\java -cp C:\xampp\mysql\jdbc\*;. DBConnect1
```

此次在 java 指令和類別名稱「DBConnect1」之間，增加寫入了「-cp C:\xampp\mysql\jdbc*;.」的文字，這是為了告知 Java 程式，JDBC 驅動程式的檔案「mariadb-java-client-1.5.9.jar」存放於何處，「cp」是「類別路徑（Classpath）」的縮寫，代表「類別檔案存放位置」的意思（註 9-⓭）。

註 9-⓭
類別路徑亦可設定成環境變數 CLASSPATH，之後便能省略輸入，想了解詳細做法的讀者請參考註 9-5 所列舉的 Java 入門書籍。

此時您可能會好奇「JDBC 驅動程式的副檔名明明是 jar 而非 class，為什麼稱之為類別路徑呢？」，這是因為 jar 檔案其實是彙集了多個類別檔案的壓縮檔，所以也可以將類別路徑指向 jar 檔案。而「C:\xampp\mysql\jdbc*」這段文字，代表了「C:\xampp\mysql\jdbc」資料夾內的所有檔案，「*」星號是 Windows 系統中代替「任意長度字串」的萬用字元，類似於「SELECT　*」代表「篩選所有欄位」的意思。再看到最後的「;.」部分，「;」分號是用來隔開多個指定路徑，而「.」句點則代表當前的路徑，這是為了納入「DBConnect1.class」所在的資料夾路徑。

上述指令執行之後，命令提示字元視窗中若顯示「1」的訊息，表示成功執行完畢。

嘗試篩選出資料表的資料

終於要開始撰寫此章節最終目標的程式，試著從儲存著多筆記錄的資料表篩選出資料、並且顯示於畫面之上，而操作對象的範例資料表，將採用範例 1-2 所建立的商品（Shohin）資料表。此資料表使用第 0 章的步驟「建立學習用的資料庫」建立出學習用的「shop」資料表，然後以範例 1-6 的 INSERT 敘述存入資料，成為如下所示的狀態。

Shohin 資料表

shohin_id	shohin_name	shohin_catalg	sell_price	buying_price	reg_date
0001	T 恤	衣物	1000	500	2009-09-20
0002	打孔機	辦公用品	500	320	2009-09-11
0003	襯衫	衣物	4000	2800	
0004	菜刀	廚房用品	3000	2800	2009-09-20
0005	壓力鍋	廚房用品	6800	5000	2009-01-15
0006	叉子	廚房用品	500		2009-09-20
0007	刨絲器	廚房用品	880	790	2008-04-28
0008	鋼珠筆	辦公用品	100		2009-11-11

為了方便您練習，這裡再次列出建立資料表和存入資料的步驟（範例 9-5），如果已經完成建立資料表和存入資料的動作，執行此 SQL 敘述將會因為動作重複而發生錯誤。

範例 9-5　建立 Shohin 資料表的 SQL 敘述

```
-- 建立 shop 資料庫
CREATE DATABASE shop;

-- 暫時以「\q」退出 MariaDB，再度從命令提示字元登入 MariaDB 並 ➡
啟用 shop 資料庫，這裡需要使用安裝時指定的帳號和密碼。
C:\xampp\mysql\bin\mysql.exe -u<帳號> -p<密碼> shop

-- 建立 Shohin 資料表
CREATE TABLE Shohin
(shohin_id      CHAR(4)       NOT NULL,
 shohin_name    VARCHAR(100)  NOT NULL,
 shohin_catalg  VARCHAR(32)   NOT NULL,
 sell_price     INTEGER,
 buying_price   INTEGER,
 reg_date       DATE,
 PRIMARY KEY (shohin_id));

-- 存入商品資料
START TRANSACTION;
INSERT INTO Shohin VALUES ('0001', 'T 恤' ,'衣物', 1000, ➡
500, '2009-09-20');
INSERT INTO Shohin VALUES ('0002', '打孔機', '辦公用品', ➡
500, 320, '2009-09-11');
INSERT INTO Shohin VALUES ('0003', '襯衫', '衣物', 4000, ➡
 2800, NULL);
INSERT INTO Shohin VALUES ('0004', '菜刀', '廚房用品', ➡
3000, 2800, '2009-09-20');
INSERT INTO Shohin VALUES ('0005', '壓力鍋', '廚房用品', ➡
6800, 5000, '2009-01-15');
```

接下頁

```
INSERT INTO Shohin VALUES ('0006', '叉子', '廚房用品', ➡
500, NULL, '2009-09-20');
INSERT INTO Shohin VALUES ('0007', '刨絲器', '廚房用品', ➡
880, 790, '2008-04-28');
INSERT INTO Shohin VALUES ('0008', '鋼珠筆', '辦公用品', ➡
100, NULL, '2009-11-11');
COMMIT;
```

程式將從此資料表篩選出「shohin_id」和「shohin_name」這 2 個欄位的全部記錄，完整的原始碼如同範例 9-6 所示，而原始碼檔案的名稱請命名為「DBConnect2.java」。

範例 9-6　從 Shohin 資料表篩選出「shohin_id」和「shohin_name」這 2 個欄位所有記錄

```
import java.sql.*;

public class DBConnect2{
  public static void main(String[] args) throws Exception {

    /* 1) 連接至 MariaDB 的資訊 */
    Connection con;
    Statement st;
    ResultSet rs;
                                                              ①
    String url = "jdbc:mariadb://localhost:3306/shop";
    String user = "<帳號>";
    String password = "<密碼>";

    /* 2) 載入 JDBC 驅動程式 */
    Class.forName("org.mariadb.jdbc.Driver");                 ②

    /* 3) 連接至 MariaDB */
    con = DriverManager.getConnection(url, user, password);   ③
    st = con.createStatement();

     /* 4) 執行 SELECT 敘述 */
     rs = st.executeQuery("SELECT shohin_id, ➡                 ④
shohin_name FROM Shohin");

    /* 5) 將結果顯示於畫面上 */
    while(rs.next()) {
     System.out.print(rs.getString("shohin_id") + ", ");      ⑤
     System.out.println(rs.getString("shohin_name"));
    }
```

接下頁

```
        /* 6) 關閉和 MariaDB 之間的連線 */
        rs.close();
        st.close();                  ⑥
        con.close();
    }
}
```

此段原始碼經過編譯以及執行之後，命令提示字元視窗應該會顯示如下的結果。

執行結果

```
0001, T 恤
0002, 打孔機
0003, 襯衫
0004, 菜刀
0005, 壓力鍋
0006, 叉子
0007, 刨絲器
0008, 鋼珠筆
```

而編譯以及執行的指令如下所示。

編譯

```
C:\xampp\java\jdk\bin\javac DBConnect2.java
```

執行

```
C:\xampp\java\jdk\bin\java -cp C:\xampp\mysql\jdbc\*;. DBConnect2
```

在段落 ① 的部分，請注意連接資訊的字串 url 最後的資料庫名稱，需要從先前的「mysql」改為「shop」，而登入帳號使用具有 shop 資料表權限的帳號即可。另外由於是使用相同的 JDBC 驅動程式，所以段落 ② 和段落 ③ 的部分不必做修改。

接下來段落 ④ 部分的 SQL 敘述，需要改成此次執行目標的 SELECT 敘述。而段落 ⑤ 的部分請您特別注意，由於最後要呈現多行資料的結果，所以需要使用 while 迴圈逐行取得資料、再顯示於畫面之上。

rs 是名為 ResultSet（結果集合）的物件，負責儲存 SELECT 敘述執行之後回傳的結果，您可以把它儲存資料的方式想像成如圖 9-12 所示的 2 次元表格形式。由於 Java 之類的一般程序型程式語言（Procedural Language）基本上需要逐行處理資料，所以想要操作多行資料的時候，必須使用迴圈的功能來達成。而先前練習 SQL 敘述的時候，1 段 SQL 敘述就能操作多筆記錄，這便是 SQL 和一般程式語言在思考模式上的差異。

圖 9-12　結果集合為 2 次元表格的形式

shohin_id	shohin_name
0001	T 恤
0002	打孔機
0003	襯衫
0004	菜刀
0005	壓力鍋
0006	叉子
0007	刨絲器
0008	鋼珠筆

指標由上而下逐行移動

「rs.next()」會將當前的讀取位置移動至下 1 行，所以「while(rs.next())」代表每輪迴圈移動到下 1 行資料的意思，如此一來就像是有個游標在結果集合中由上往下移動，而此游標亦稱為「指標（cursor）」。

牢記的原則 9-4

在 Java 等程式的世界中，1 次僅能處理 1 行資料，而需要處理多行資料的時候，需要寫成迴圈的形式。

嘗試修改資料表的資料

這個章節的最後，將嘗試從 Java 程式送出能修改資料的 SQL 敘述，改變資料表中儲存的資料，而此次範例的目標，便是傳送能刪除商品資料表中所有資料的 DELETE 敘述。完整的原始碼如同範例 9-7 所示，而原始碼檔案請命名為「DBConnect3.java」。

範例 9-7　刪除 Shohin 資料表中所有記錄的 Java 程式

```
import java.sql.*;

public class DBConnect3{
   public static void main(String[] args) throws Exception {
      /* 1) 連接至 MariaDB 的資訊 */
      Connection con;                                              ┐
      Statement st;                                                │
                                                                   ①
      String url = "jdbc:mariadb://localhost:3306/shop";           │
      String user = "< 帳號 >";                                     │
      String password = "< 密碼 >";                                 ┘

      /* 2) 載入 JDBC 驅動程式 */
      Class.forName("org.mariadb.jdbc.Driver");                    ②

      /* 3) 連接至 MariaDB */
      con = DriverManager.getConnection(url, user, password);      ┐ ③
      st = con.createStatement();                                  ┘

      /* 4) 執行 DELETE 敘述 */
      int delcnt = st.executeUpdate("DELETE FROM Shohin");         ④

      /* 5) 將結果顯示於畫面上 */
      System.out.print(" 刪除了 " + delcnt + " 筆記錄 ");            ⑤

      /* 6) 關閉和 MariaDB 之間的連線 */
      st.close();                                                  ┐ ⑥
      con.close();                                                 ┘
   }
}
```

此段原始碼主要改變的地方，在於段落④的 SQL 敘述改為 DELETE 敘述，以及傳送執行 SQL 敘述的指令從 executeQuery 改成 executeUpdate。無論是 INSERT 敘述或 UPDATE 敘述，從 Java 程式送出更新資料的 SQL 敘述時，需要使用 executeUpdate 的方法。另外，由於這次不會從資料表取得資料，用不到 ResultSet 類別的物件，所以原始碼刪除了相關的部分。

編譯以及執行的指令如下所示。

編譯

```
C:\xampp\java\jdk\bin\javac DBConnect3.java
```

執行

```
C:\xampp\java\jdk\bin\java -cp C:\xampp\mysql\jdbc\*;. DBConnect3
```

若最後執行成功，命令提示字元視窗中應該會顯示「刪除了 8 筆記錄」的訊息，而想要執行多段更新資料的 SQL 敘述時，原始碼撰寫上需要注意交易功能控制的問題，不過基本做法還是相同的。附帶一提，以 DBConnect3 執行 DELETE 敘述的時候，會自動執行認可（COMMIT）的動作。

牢記的原則 9-5

透過資料庫的驅動程式，便能從程式執行SELECT、DELETE、UPDATE和INSERT敘述等所有的SQL敘述。

小結

如果能完成前面所有的練習範例，之後只要修改段落 ④ 和 ⑤ 的部分，那麼無論多麼複雜的 SQL 敘述都能透過程式來執行。在實際運作的資訊系統上，會在程式中以動態的方式組合出所需的 SQL 敘述，或先從資料庫篩選出資料、經過編輯之後再回存至資料庫中，還會根據複雜的商業邏輯撰寫出各種與資料庫連動的程式，不過這些應用方式的基礎仍然是本章節所介紹內容的組合運用。

自我練習

9.1 執行了 DBConnect3 之後，Shohin 資料表將成為空無一物的狀態，所以這裡要再次以範例 1-6 所示的 INSERT 敘述重新存入資料，不過需要透過 Java 程式來進行，請您先撰寫出 Java 程式的原始碼，再完成編譯以及執行的動作。

範例 1-6　在 Shohin 資料表中新增資料的 SQL 敘述（重列）

```
INSERT INTO Shohin VALUES ('0001', 'T恤' ,'衣物', ➡
1000, 500, '2009-09-20');
INSERT INTO Shohin VALUES ('0002', '打孔機', ➡
'辦公用品', 500, 320, '2009-09-11');
INSERT INTO Shohin VALUES ('0003', '襯衫', ➡
'衣物', 4000, 2800, NULL);
INSERT INTO Shohin VALUES ('0004', '菜刀', ➡
'廚房用品', 3000, 2800, '2009-09-20');
INSERT INTO Shohin VALUES ('0005', '壓力鍋', ➡
'廚房用品', 6800, 5000, '2009-01-15');
INSERT INTO Shohin VALUES ('0006', '叉子', ➡
'廚房用品', 500, NULL, '2009-09-20');
INSERT INTO Shohin VALUES ('0007', '刨絲器', ➡
'廚房用品', 880, 790, '2008-04-28');
INSERT INTO Shohin VALUES ('0008', '鋼珠筆', ➡
'辦公用品', 100, NULL, '2009-11-11');
```

9.2 對於問題 9.1 所重新存入的資料，請試著修改其中的部分內容，如下所示將商品「T 恤」的名稱改為「Polo 衫」。

修改前

```
shohin_id | shohin_name   | shohin_catalg| sell_price  | buying_price| reg_date
----------+---------------+--------------+-------------+-------------+-----------
0001      | T恤           | 衣物         | 1000        | 500         | 2009-09-20
```

修改後

```
shohin_id | shohin_name   | shohin_catalg| sell_price  | buying_price| reg_date
----------+---------------+--------------+-------------+-------------+-----------
0001      | Polo衫        | 衣物         | 1000        | 500         | 2009-09-20
```

請您撰寫出能完成此修改動作的 Java 程式原始碼，並且完成編譯以及執行的動作。

旗 標 FLAG
http://www.flag.com.tw

旗 標 FLAG

好書能增進知識 提高學習效率 卓越的品質是旗標的信念與堅持

旗 標 FLAG

http://www.flag.com.tw